本书获得中国博士后科学基金第 59 批资助（项目

IP 知识产权专题研究书系

ZHUANLI SHIYONGXING
YAOJIAN YANJIU

专利实用性要件研究

杨德桥　著

知识产权出版社

全国百佳图书出版单位

图书在版编目（CIP）数据

专利实用性要件研究/杨德桥著. —北京：知识产权出版社，2017.2
ISBN 978 - 7 - 5130 - 4739 - 5

Ⅰ.①专… Ⅱ.①杨… Ⅲ.①专利—实用性—研究Ⅳ.①G306

中国版本图书馆 CIP 数据核字（2017）第 017711 号

内容提要

专利实用性自专利制度诞生之日起就开始发轫、成长，在西方经历了漫长的发展历程，专利实用性要件理论日益丰富。但我国一直以来少有以专利实用性为论题的学术著作出版，也没有相应的博士论文发表。现实中对专利实用性问题进行的系统研究不多，本书在很大程度上填补了研究的空白。本书首先系统考察专利实用性要件的历史沿革，其次深入地讨论了专利实用性要件的理论和价值标准并提出了一整套较为科学的判断规则，最后系统地检讨了我国专利实用性要件的立法和司法实践。

读者对象：专利代理人、专利审查员以及专利研究者。

责任编辑：胡文彬　　　　　　　　　责任校对：王　岩
封面设计：SUN 工作室　　　　　　 责任出版：刘译文

专利实用性要件研究
杨德桥　著

出版发行：知识产权出版社有限责任公司　网　　址：http：//www. ipph. cn
社　　址：北京市海淀区西外太平庄 55 号　邮　　编：100081
责编电话：010 - 82000860 转 8031　　　责编邮箱：huwenbin@ cnipr. com
发行电话：010 - 82000860 转 8101/8102　发行传真：010 - 82000893/82005070/82000270
印　　刷：北京嘉恒彩色印刷有限责任公司　经　　销：各大网上书店、新华书店及相关
　　　　　　　　　　　　　　　　　　　　　　　　　专业书店

开　　本：880mm×1230mm　1/32　　　印　　张：10.5
版　　次：2017 年 2 月第 1 版　　　　　印　　次：2017 年 2 月第 1 次印刷
字　　数：280 千字　　　　　　　　　定　　价：38.00 元
ISBN 978 -7 -5130 -4739 -5

序

专利的实用性要件理论，自专利制度诞生之日起即开始发轫和成长，从世界上第一部成文专利法《威尼斯专利法》算起，至今已有500多年的历史；即使从第一部近代意义上的专利法——英国垄断法规算起，也有近400年的历史。专利制度诞生后的四五百年来，经过立法的革新和专利实践的推动，特别是最近一百年来新兴科学技术领域专利实践的挑战和判例法的创新，专利实用性要件理论日益丰富，时至今日在发达资本主义国家已经形成了一套较为完整的理论体系。就国内学术研究情况而言，以专利实用性问题作为直接研究对象的成果还不多。截至目前，尚没有以专利实用性为论题的学术著作出版，也没有相应的博士论文发表。目前已经公开的研究成果主要是一些期刊论文和为数不多的硕士学位论文。可以说，眼下对专利实用性问题进行系统研究，可以直接借用的资料不多，更没有可以参照的较为严整的结构体例，甚至已有的成果关于实用性的看法也是较多分歧而较少一致性，所以本书对专利实用性的系统研究具有开拓性质，在很大程度上也属于对研究空白的填补。

由于国内关于专利实用性问题的研究成果相对比较贫乏，作者更多地借鉴了国外特别是美国的相关学术研究成果，同时搜集并挖掘了英文文献中的相关法院判例，从这些判例的裁判意见中汲取了很多营养。相对于国内当前较为薄弱的研究成果，本书的突破主要体现在以下三个方面。首先，作者较为系统地考察了专利实用性要件的历史沿革，通过历史分期的方法，总结了不同时代专利实用性要求的不同表现方式及其成因；其次，相较于当下广泛流行的、以《专利法》和《专利审查指南2010》中关于专利实用性的规定作为主要研究对象和研究根据的注释法学式的研究方法，作者深入地讨论了专利实用性要件的理论和价值基础，使本书的规范性研究建立在一个宽广的理论背景之上；最后，关于专利实用性的判断基准，作者结合了美国专利法上的"实用性"和日、欧专利法上的"工业实用性"两种不同的立法模式，提出了一整套较为科学的判断规则。关于专利实用性判断的规则，作者又创造性地将其归结为判断标准和辅助因素两个大的方面。

学术研究的最终目的还是要服务于中国的立法和司法实践。作者在前四章理论研究成果的基础上，在第五章系统地检讨了我国专利实用性要件的立法和司法实践。作者认为，中国《专利法》和《专利审查指南2010》对实用性要件的规定过于粗放和滞后，无法满足新技术专利审查实践的需要，致使专利审查和司法实践中实用性要件存在被严重弱化和虚化的现象。针对这些缺陷，作者提出应该明确将实用性定义为"产业应用性"，引入特定、本质和可信的实用性判断标准作为产业应用性基准的执行机制，引入公认的实用性理论以解决实用性披露的问题，以及在《专利审查指南2010》中明确规定实用性审查中的关键性程序权利、证明标准以及对证据形式的要求。作者提出的这些意见和建议虽多属于对域外法制的移植，但是相对于国内现有研究状况而言具有创新性，对于我国《专利法》和《专利审查指南2010》的完善具有一定的借鉴意义，同时也有利于我国专利实用性要件的审查和司法实践的开展。

中国政法大学教授、博士生导师

张楚

2016 年 10 月 30 日

目　录

绪　论

一、研究缘起

实用性与新颖性、创造性一道构成了发明和实用新型专利获得授权的实质性条件。实用性要件的法律地位基本为世界各国国内法和国际或地区公约所肯定。美国专利法第101条（可专利性发明）规定："任何人发明或者发现一切新颖而实用的方法、机器、制造物、物质的组分，或者是对其进行了新颖而实用的改进，都可以根据本法所规定的条件和要求获得专利权。"《欧洲专利公约》第52条第1款规定："对于任何技术领域的所有发明，只要具备新颖性、包含有创造性步骤并适于在工业中应用，授予欧洲专利。"日本专利法第29条第1款规定："做出工业上可得利用的发明者，……就其发明可享有专利。"日本实用新型法第3条第1款规定："……在工业上可得利用的、与产品的形状、构造或产品结合有关的设计都可以获得实用新型登记。"在世界范围内有广泛影响的、在某种意义上也是迄今为止在知识产权领域内最重要的国际公约《与贸易（包括假冒贸易）有关的知识产权协定》（TRIPS）同样对专利的实用性要件作出了明确规定。TRIPS第27条第1款（可授予专利的客体）规定："……所有技术领域内的任何发明，无论是产品还是工艺，均可获得专利权，只要它们是新的、包含一个发明性的步骤，并且能够在工业上应用。"可以看出，实用性作为发明或者实用新型获得专利授权的法定条件的地位，在世界范围内已经没有争议。但是，与新颖性和创造性要件相比，实用性要件所设定的实质门槛比较

1

低，相对容易获得满足。❶ 在大多数发明中，实用性要件从未被挑战过。❷ 在专利侵权诉讼中，借缺乏实用性之理由主张专利无效而抗辩者，也实属罕见。❸ 以至于在多数涉及专利授权条件的著述中，关于实用性要件的话题一般都被一笔带过或者干脆省略掉，❹ 虽然与此同时新颖性和创造性被详细加以讨论。笔者之所以选择这一备受人们冷落的主题作为研究对象，是因为"士别三日当刮目相待"，时代的变迁已经使得实用性要件的作用今非昔比。由于实用性涉及更深层次的问题，无论是概念上还是案件事实中，新兴技术领域内专利诉求的争议焦点常常微妙地落足于实用性要件。❺

（一）技术和经济的发展激活了沉睡中的专利实用性要件

自专利制度创设以来很长一段历史时期，占据绝对主导地位的专利申请和授权都集中在机械和电学领域，❻ 而且一般多为产品专利，法律对于方法的专利问题抱有普遍的怀疑态度。❼ 机械和电学产品由于其贴近生活的特点，绝大多数产品的实用性都是

---

❶ Juicy Whip, Inc. v. Orange Bang, Inc. , 185 F. 3d 1364, 1366 (Fed. Cir. 1999).

❷ JANICE M. MUELLER. An Introduction to Patent Law [M]. New York：Aspen Publisher, Inc. , 2006：195.

❸ 谢尔登·W. 哈尔彭，克雷格·艾伦·纳德，肯尼思·L. 波特. 美国知识产权法原理 [M]. 宋慧献，译. 北京：商务印书馆，2013：238.

❹ 郑成思教授在其所著《知识产权法》一书中讲到专利实用性时，仅仅简要介绍了实用性的含义和不具有实用性的 2 个例子，然后即总结道："实用性要件是比较好理解、好掌握的，无需讲得太多。"参见郑成思. 知识产权法 [M]. 北京：法律出版社，2003：222.

❺ 罗伯特·P. 墨杰斯，比特·S. 迈乃尔，马克·A. 莱姆利等. 新技术时代的知识产权法 [M]. 齐筠，张清，彭霞，等，译. 北京：中国政法大学出版社，2003：131.

❻ 20 世纪之前，无论是发明的种类、数量，还是有重大影响的发明，基本都是产品专利而且局限在机械、电子和日常生活领域；20 世纪特别是 50 年代以后，化工、生物和医学领域内的重大发明则占据了支配地位。参见戴吾三，等. 影响世界的发明专利 [M]. 北京：清华大学出版社，2010.

❼ LIZA VERTINSKY, TODD M. RICE. Thinking about Thinking Machines：Implications of Machine Inventors for Patent Law [J]. B. U. J. SCI. &TECH. L. 574, 2002 (2)：574 – 614.

非常直接的和浅显的，所以对于这一类产品的专利申请，实用性审查基本上就是走过场。"机械和电学类发明创造，很少发生实用性问题；即使那些可能被认为琐细的、没什么价值的新玩意、游戏或者玩具也能满足实用性的要求。"❶ 由于机械和电学类发明创造的实用性和可实施性在本质上具有相同的性质，所以我们能够见到的和想象到的在传统的机械和电学领域没有实用性的专利申请。基本上限定于永动机或者可以被视为永动机一类的发明，而很显然这不可能是一种经常性的现象。所以，在传统的专利实践中，实用性要件基本上长期处于休眠之中。"作为一种专利政策杠杆，实用性要件从未被充分利用。"❷ 然而，20 世纪中期以来，随着科学技术的发展和经济形势的变化，这种状况正在慢慢地发生深刻的改变。20 世纪中期以来，可授予专利的客体不断扩大，专利正在向一些其从未涉足过的领域进军。❸ 专利客体的扩大有两个主要的原因：一是随着科学技术的发展，发明创造的表现形态正在日益多样化，专利法作为保护发明创造的法律必然要考虑对这些全新的发明创造提供保护，因此发明创造的客体范围不断扩大。比如，随着化学工业的发展，出现了新型化学物质的专利保护问题；随着生物技术产业的发展，出现了新式药品和生物物质专利保护的问题；随着微电子技术的发展和广泛运用，出现了计算机软件专利保护的问题，等等。二是随着垄断资本主义的深化发展和市场竞争的日趋激烈，专利垄断市场从而可以获得超额利润的作用日益受到重视，市场主体绞尽脑汁想出各种办法在传统上不可能被授予专利的领域获取专利，比如商业方

---

❶ JANICE M. MUELLER. An Introduction to Patent Law［M］. New York：Aspen Publisher, Inc. , 2006：196.

❷ MICHAEL RISCH. Reinventing Usefulness［J］. Brigham Young University Law Review, 2010：1195 – 1257.

❸ 专利权扩张的具体情况，可以参见：冯晓青. 专利权的扩张及其缘由探析［J］. 湖南大学学报（社会科学版），2006（5）：137 – 138.

法专利。

当专利扩展至新的客体领域时，遇到的一个传统专利实践没有遇到的问题就是发明创造的实用性问题。与此同时，鉴于其他授权条件没有遇到多少新问题，所以在某种意义上，是否具备实用性就成为这些新型主题能否晋身为专利权适当客体的关键所在。在化学和生物领域，新兴技术发现、提取或者制造出了全新的化学和生物物质，而在这些物质最初被发现和制造出来的时候，人们往往并不知道它们有什么用途，甚至不能确定将来会不会找到一定的用途，❶ 更不用说具有像传统的机械和电子产品那种一眼看得见的实用性了。虽然尚不清楚这些新物质的具体用途，但是由于预测其将来可能有难以预见的重大市场价值，为了抢先进行未来市场的"跑马圈地"，研发出这些新物质的公司或个人开始积极申请专利保护。围绕这些连顶尖科学家都不清楚其价值的新物质在专利法上的实用性问题，专利申请人、审查员、法官、科学家乃至社会公众展开了一拨又一拨的争辩，专利的实用性话题被激活，专利的实用性理论开始获得迅速和深入的发展。20 世纪 70 年代以来，随着微型计算机的推广，计算机软件产业开始获得迅猛发展。随着产业的成长和做大，产业部门开始游说行政和司法机关，部分与计算机程序有关的发明主题开始被授予专利权。在计算机程序是否应被授予专利的辩论中，一个强有力的反对理由就是计算机程序在本质上属于思维规则，而执行程序的计算机不过是人脑的替代物，基于思维规则不能被授予专利权的传统，计算机软件也不应该获得授权。更深入的解释理由

---

❶ 以液晶材料的发现为例：早在 1888 年，奥地利植物学家莱尼茨尔合成出了液晶材料，也观察到了该材料的理化特征，但是却无法确定它有任何实际的用途。直到 1961 年，美国 RCA 公司普林斯顿实验室的年轻电子学者 F. Heimeier 才发现了液晶的用途，该发现被其所在公司列为企业的重大机密项目，直到 1968 年对外公布，而后才开始广泛运用于微电子产品中。参见：崔英敏，吕刚. 液晶的历史 [J]. 现代物理知识，2006（3）：3-6.

是，如果一项发明的实施过程需要人的主观思维判断能力的介入，则发明方案的技术效果不可避免地依赖于不同人的主观思维能力，具有不确定性。也就是说该发明方案不具备重复再现所需要的客观性，从而不具有专利法上的实用性。❶ 伴随着计算机软件专利的发展而成长起来的商业方法专利也遇到了同样的实用性问题。美国联邦巡回上诉法院（the United States Court of Appeals for the Federal Circuit，CAFC）在 State Street Bank & Trust Co. v. Signature Financial Group，Inc. 一案中，针对商业方法能否被授予专利权提出了所谓的"实用、具体和有形的结果"测试法。该案的判决书写道：一项权利要求是否涵摄于法定客体之中，不应该仅关注于该权利要求究竟指向四类客体（即方法、机器、制造物、物质的组分）中的具体哪一类，相反，更应该关注该客体的本质特征，特别是它的实用效果（Practical Utility）……根据我们的分析，权利要求 1……不可否认地产生了"实用、具体和有形的结果。这使之成为法定客体（的一种表现形式），即使该实用结果是以数字的形式来表达……"❷ 可以看出，在专利权向新领域扩展的进程中，遇到的最本质性的问题就是如何认定新客体的实用性问题，实用性问题往往成为决定其是否具有可专利性的关键因素。

（二）国外专利实用性理论不断推陈出新，而中国的理论和实践则明显地滞后于时代和客观需要

20 世纪 50 年代以来，以美国为代表的发达资本主义国家的专利法，在由科技进步催生的新式实用性案件的推动下，实用性要件理论获得了迅速的发展，在大多数专利审查中，已经能够像新颖性、创造性一样成为真正需要考虑和审查的对象。国外的实

❶ 崔国斌. 专利法上的抽象思想与具体技术——计算机程序算法的客体属性分析［J］. 清华大学学报（哲学社会科学版），2005（3）：37-51.

❷ State Street Bank & Trust Co. v. Signature Financial Group，Inc.，149 F. 3d 1368（Fed. Cir. 1998）.

用性理论经过发展，已经呈现出系统化的特征，其主要内容至少包括了如下三个方面：其一，专利实用性的审查已经全面超越了传统专利法上的可操作性的要求，发展出了特定实用性（Specific Utility）和本质实用性（Substantial Utility）的新标准。特定实用性要求申请专利保护的发明创造必须具有某种特定的用途，而不能是某类物质的一般通用用途，而且这种产品必须能够给社会公众带来明确的和特殊的利益；本质实用性要求申请专利保护的发明创造，必须在其申请当时以说明书披露的形式即对社会有益，而不能仅仅是在将来进一步研究之后才可能具备实际用处，仅仅适用于研究目的不符合实用性的要求。其二，在实用性是否存在的判断上，采用了公认实用性（Well-established Utility）和可信实用性（Credible Utility）相结合的判断规则。如果一项产品或者工艺已经处在成熟的技术环境中，其实用性是显而易见的，则申请人无须在申请书中披露其实用性。但是如果一项产品或者工艺所处的技术环境正在成长过程中，特别是例如生物技术、纳米技术等新兴高科技领域，申请书必须详细披露发明创造的实用性，需要引用可信赖的数据和资料，达到所属技术领域普通技术人员可以相信的地步，才认为满足了实用性的要求，虽然并不要求在申请专利之前该发明已经实施。可信实用性标准调和了专利法实用性要求与产业开发一般滞后于研究的规律性之间存在的紧张关系，较为恰当地处理了信息披露和权利垄断之间的平衡。其三，在实用性举证责任的分配上，明确并细化了相应的操作规则。专利申请人在说明书中对于实用性的描述首先被推定为正确，如果专利审查员提出质疑，应该提供相应的理论证据，审查员提出的理论证据应该是充分的和有效的，然后证明实用性有效的责任才能转移给申请人。申请人提供相应的反驳证据，包括实验数据、专家声明书、公认的科技文献等，以证实被质疑的发明其实具备实用性。审查员在充分考虑上述两个相反方面证据的基础上作出发明是否有实用性的判断，事实存在与否的证明标准为证据盖然性占优标准。可以看出，国外关于专利实用性要件的理论已经远远超出了我们通常理解的"可操作性"的范畴，已经丰富和精细化为一套较为完整的理论体系。

中国《专利法》关于实用性的规定，自 1984 年该法制定以来从未修改过。国家知识产权局公布的《专利审查指南2010》关于实用性的规定虽然看似已经比较具体，但是实际上该指南的实质内容和《专利法》自身的规定一样，都没有超出传统意义上的"可操作性"的要求，基本上停留在机械和电子时代。国家知识产权局以缺乏实用性驳回申请的案例也不多见。据笔者目前所搜集到的资料，这些案例基本上局限在那些在本质上属于永动机一类的发明申请。2008 年 5 月 12 日，国家知识产权局专利复审委员会作出第 13397 号复审请求审查决定，驳回了一件申请号为 200520092407.8、名称为"热磁动机"的实用新型专利申请。专利复审委员会在驳回决定中说："该实用新型请求保护的实质是一种永动机，其工作原理违反能量守恒定律，因此不能使用并产生积极效果，故不是适于实用的技术方案，不符合专利法实施细则第 2 条第 2 款的规定。"2006 年 5 月 19 日，国家知识产权局作出审查决定，驳回了一件申请号为 02102237.2、名称为"气体自激电离能量发生器及应用方法和产品"的发明专利申请。国家知识产权局在驳回理由部分写道："本申请中自激放电以 M（2n−1）的增量模式最终造成电子雪崩的理论违背了能量守恒定律和动量守恒定律，本申请中在自激放电过程中很少的外部电能投入可以取得较大的自激放电效果的理论违背了能量守恒定律，因此不符合专利法第 22 条第 4 款的规定。"2011 年 9 月 14 日，国家知识产权局公告驳回了一件申请号为 200510127604.3、名称为"磁悬浮电力发电机组"的发明专利申请，理由同样是违背了能量守恒定律，技术方案不具备实用性。除上述类型案例外，基本上再难以找到因为缺乏实用性而被最终驳回的案例了。而在国外，因为缺乏实用性被驳回的案例类型已经比较丰富了，特别是在一些新兴技术领域运用就更为广泛。比如，美国联邦最高法院在 In re Brenner 案中终审驳回了申请人对于一种类固醇（申请人新发现的化学物质）产品及其制造方法的权利要求，理由是申请人未能为该新物质找到一种具体的实际用途，不符合专利法上的实用性要求。❶ 在 In re Fisher 案中，美国联邦巡回上诉法院驳回了一项生物技术领域内的关于"表达序列标签"（Expressed Sequence Tags，EST）的专利权要求，理由同样是申请人未能找到这些 EST 的实际用途，不符合本质实用性的要求，虽然它们可以作为今后研究的对象。❷ 当然，美国也发生过驳回永动机类专利申请的案例，❸ 只不过这类案件已经不再是美国专利实用性要件防范的主要对象了。这些在国外发生的不符合实用性要求的新式专利申请，虽然中国目前还难见其实例，但这并不能说明这类申请在中国就没有被提起，中国《专利法》并没有排除这些新技术领域专利申请的可能，只不过申请人多采用了貌似有重大作用的华丽辞藻对其本不存在的实用性加以修饰，顺利地逃过了审查员的眼睛而已。申请人关于实用性的欺骗性伪装之所以能够成功，恐怕除了审查员的经验和水平之外，更重要的还是我们的《专利法》及《专利审查指南 2010》关于实用性的规则过于滞后于时代和现实需要了。

二、范畴界定

虽然国际社会公认专利授权实质性条件为新颖性、创造性和实用性，然而不同国家对这三个术语的表达和理解存在一定的差异，并对专利授权实践产生了不同的影响。各国专利法对于新颖

---

❶ Brenner v. Manson，383 U. S. 519（1966）.

❷ In re Fisher，421 F. 3d 1365（Fed. Cir. 2005）.

❸ Newman v. Quigg，877 F. 2d 1575（Fed. Cir. 1989）.

性的表述和理解差异最小，在术语上都是用"New"（新的）这个英文单词来表达，操作标准基本也都是全球新颖性，虽然具体的执行规则有所区别。对于创造性的表述不同国家有一定差异，美国专利法从消极方面看待创造性，将其称之为"Non-obviousness"（非显而易见性），欧洲和日本则从正面定义创造性，《欧洲专利公约》称之为"Inventive step"（创造性步骤），日本则称之为"进步性"。❶ 但是在对创造性的判断标准上，美、日、欧的差异并不大，基本上都采用了（根据现有技术）"本领域普通技术人员不能轻易得出"（请求专利保护的技术方案）的标准，只是在具体操作上，一般认为日、欧的要求略高于美国。但是对于实用性的要求差别就比较大了，以美国为代表的"Utility"（实用性）和以日、欧为代表的"Industrial Applicability"（工业实用性）不但术语有别，背后的理念相对前两个标准也有更大的差异，并且这种术语和理念的差异导致了专利实践中的一些重要不同。本书以"实用性"作为研究对象，实有必要厘清这两个概念的本质不同，并澄清本书基于中国专利立法所谈论的"实用性"的确切含义。

（一）实用性和工业实用性标准的理论异同

美国专利法要求申请专利保护的发明创造必须具有"实用性"，但是并没有给"实用性"再施加任何法律上的限定。根据美国权威知识产权法专家威廉·罗宾逊教授的论述，美国专利法要求发明创造具有实用性的目的在于排除"一种单纯的好奇心，一种仍在设想中而尚未产生成果的科技工艺，或者是那种无益于工艺进步和人类财富增长的轻佻的纸上谈兵"。❷ 美国拒绝将"实用性"限定在"工业"范畴内，认为这样做会严重限制可以

---

❶ 参见：冯晓青，刘友华. 专利法［M］. 北京：法律出版社，2010：111.

❷ W. ROBINSON. The Law of Patents for Useful Inventions［M］. Boston：Little, Brown, and Company, 1980：463.

获得专利的主题范围，无法满足现代科学技术特别是生物技术及其产业发展的需要。日、欧专利法上使用的"工业实用性"的概念诞生于工业革命时代，是大陆法系国家专利法中的一个传统术语。这里所讲的"工业"是一个极为宽泛的概念，不但包括狭义的机器大工业，还包括商业、采掘业、手工业、农业、渔业、服务业、运输业、通信业，等等。一般认为，只要"能在任何类型的工业（产业）上制造或者使用"，即满足了工业实用性的要求。虽然"工业实用性"的要求已经很宽泛，但是和美国的"实用性"之间仍有一定的距离。其一，工业虽和商业不能等同，但"工业实用性"一般仍然意味着获取商业上盈利目的的存在，那些只能严格用于私人生活领域而无法商业化的发明创造，一般是不符合工业实用性要求的。而美国的实用性要求则没有这种限制，除非发明人给出的实用性是荒诞不经的。其二，工业意味着重复生产和重复生产的先后一致性，那些过度依赖操作者个人的技巧和经验以至于难以由他人再现的发明创造，是不符合工业实用性的要求。比如，医疗方法、艺术创作等可专利性的排除，在很多国家就是基于缺乏工业实用性的理由。❶ 欧洲的"工业实用性"标准也有其宽泛性的一面。由于工业实用性仅要求在"工业"上"实用"，也即仅强调其能够在产业上制造或者使用，至于通过工业手段制造出的专利产品或者使用专利方法生产出来的产品，是否有某种真正的价值或者用途，则并不关心。而美国的"实用性"则强调专利产品或者使用专利方法生产出来的产品，必须具有某种特定、实质和可信的实际用途。所以，例如那些在化学等领域制造出来的新物质，在找到其实际用途之前，无论其产品还是制造方法，在美国都是不能获得专利保护的；而在欧洲，由于这些尚不知道用途的新物质可以在工业上被

---

❶ 张晓都．发明与实用新型的实用性［M］//国家知识产权局条法司．专利法研究2002．北京：知识产权出版社，2002：55．

制造或者其制造方法可以在工业上应用，符合了工业实用性的定义，新物质及其制造方法都是可以获得专利保护的。❶ 当然，"工业实用性"和"实用性"标准也有其一致性的一面，而且这种一致性也远远大于差异性，绝大多数符合"工业实用性"要求的主题也都是符合"实用性"的，反之亦然。二者在除外客体上也呈现出很大的相似性，比如科学发现、抽象观念、科学和数学原理以及自然规律、纯粹的艺术创作等，都是不可专利的主题。

（二）实用性和工业实用性标准的国际协调

实用性标准的不统一给专利的国际保护造成了一定的困境，特别是生物技术等新兴领域内的专利诉求。为了克服授权标准不一造成的弊端，在美、日、欧等发达国家的主导下，国际社会先后展开了多种形式的协调行动。首先进行的是语义上这一较低层级的协调。早在 20 世纪 90 年代初制定 TRIPS 的时候，实用性和工业实用性就出现了协调上的困难。最后通过的 TRIPS 在正文中采纳了日、欧工业实用性的表述，即第 27 条第 1 款之规定：在符合本条下述第 2 款和第 3 款的条件下，一切技术领域内的任何发明，无论是产品发明还是方法发明，只要具备新颖性、包含创造性步骤并适于工业应用，均可以获得专利保护。同时，为了满足美国的要求，特别给本条款添加了法定注释。该注释写道：本条款中的"适于工业应用"与某些成员使用的"实用性"系同义词。TRIPS 表面上协调了实用性和工业实用性的差别，实质上由于没有对这两个概念的真正不同的地方作出任何统一，而且在实践上放任各国依旧执行各自的标准，所以对于消除二者的差异并没有多大意义，只是暂时满足了制定 TRIPS 所需要的形式上的一致性。接下来，美、日、欧三方在生物技术这一要紧而且冲突

---

❶ 张勇，朱雪忠. 专利实用性要件的国际协调研究 ［J］. 政法论丛，2005 (4)：88 - 92.

比较严重的特定领域内首先展开了实质意义上的统一化行动。美国专利商标局（USPTO）、日本特许厅（JPO）和欧洲专利局（EPO）从1995年开始对生物技术发明特别是与遗传工程有关的发明的专利审查标准进行比较研究，希望在研究成果的基础上就生物技术发明的专利审查标准进行协调。1997年，美、日、欧三方专利局公布了第一份研究报告《生物技术专利实践比较研究报告》，该报告基于假想的人类基因组文库案例，讨论了遗传物质的实用性问题。1999年，三方专利局又公布了第二份研究报告《DNA片段的可专利性》。在这份研究报告中，三方达成了比较重要的共识：如果DNA片段只是在获取相应全长DNA的过程中作为探针（实验工具）使用，那么该DNA片段发明没有满足实用性要求；如果DNA片段被用来作为诊断某一具体疾病的探针使用，则该DNA片段发明具有特定的实用性，从而满足了实用性的要求。2000年，三方专利局又公布了一份《功能可基于相似性推定的核苷酸分子相关发明》的研究报告。在该报告中，三方专利局就核苷酸分子的实用性认定方法问题达成了最后的共识：基于低相似性的一项功能或者实用性，可以不被认为是一项具体的功能或者具体的、实在的和可信的实用性；基于高相似性的一项功能或者实用性，应该足以支持一项具体的功能或者具体的、实在的和可信的实用性。至此，三方专利局在生物技术领域取得了较为满意的协调成果，为下一步在更广泛的领域内协调立场树立了榜样。为了彻底解决工业实用性和实用性标准之间的冲突，借助于2000年开始的《实质性专利法条约》谈判机遇，世界知识产权组织（WIPO）开始协调采用不同标准国家的立场，试图达成一个完全统一的实用性标准。经过多次磋商，到2004年5月WIPO专利法常设委员会（SCP）第10次会议时各国仍未能就实用性的表述和标准达成一致，期间SCP曾就实用性标准问题专门询问参与谈判国家的立法和实践情况，并编辑发布了一份详尽的非正式报告供谈判各方参考。❶ SCP 在专利实用性判断中，达成的最终成果为三种备选方案："申请专利保护的发明应该是适于工业应用的（有用的）。一项发明应该被认为是适于工业应用的（有用的），如果（备选项 A）发明能在任何商业（或经济）活动领域以实施目的而制造或使用；（备选项 B）发明能在任何类型的工业中制造或使用，而'工业'一词应该如巴黎公约中的一样被从最广泛的意义上理解；（备选项 C）发明具有一项特定的、本质的和可信的实用性。"❷ 鉴于各国在实质性专利法立场上的巨大分歧，自 2008 年起，SCP 放弃了就《实质性专利法条约》的谈判，将精力集中于建立一个技术和法律资源数据库上来。至此，借助于《实质性专利法条约》进行实用性标准全球统一化的努力宣告失败，统一化的路途仍然漫长，前景依旧扑朔迷离。这充分体现了在实用性问题上不同国家立场对立的尖锐性。

（三）本书所用"实用性"一词含义的规定性

笔者是在中国《专利法》的背景下讨论专利的实用性问题的，所以弄清楚中国专利制度语境下的实用性含义是一件重要工作。《专利法》第 22 条第 4 款对发明和实用新型应该具备的实用性的含义进行了规定，该条文表述道："实用性，是指该发明或者实用新型能够制造或者使用，并且能够产生积极效果。"仅仅从法条上看，似乎没有将实用性限定到日、欧专利法所强调的"工业"范畴中去，更像是美国专利法对于实用性的宽泛界定。但如果再结合国家知识产权发布的《专利审查指南 2010》，结论

---

❶ World Intellectual Property Organization. SCP/9/5："Industrial Applicability" and "Utility" Requirements：Commonalities and Differences [EB/OL]. (2003 - 03 - 07) [2013 - 07 - 23]. http：//www. wipo. int/edocs/mdocs/scp/en/scp_ 9/scp_ 9_ 5. pdf.

❷ World Intellectual Property Organization. SCP/10/4：Draft Substantive Patent Law Treaty [EB/OL]. (2003 - 09 - 30) [2013 - 07 - 23]. http：//www. wipo. int/edocs/mdocs/scp/en/scp_ 10/scp_ 10_ 4. pdf.

就不是这样了。国家知识产权局的《专利审查指南2010》对实用性的含义和判断规则进行了较为细致的规定。《专利审查指南2010》第二部分第五章第2节"实用性的概念"中规定："实用性，是指发明或者实用新型申请的主题必须能够在产业上制造或者使用，并且能够产生积极效果。……所谓产业，它包括工业、农业、林业、水产业、畜牧业、交通运输业以及文化体育、生活用品和医疗器械等行业。"可以看出，《专利审查指南2010》将实用性限定在"产业"范畴之内，但实际上通过其中对产业的进一步定义可以看出，这里所讲的"产业"和欧洲的"工业"的含义几乎没有什么不同，可以认为是完全接受了欧洲的工业实用性标准。这个结论还可以进一步从国家知识产权局发布的《专利审查指南2010》英文版本的用语中得到证实。《专利审查指南2010》英文版将中文版中的"产业"译为"Industry"，虽然同时将实用性译为"Practical Applicability"而非美国法上的"Utility"。此外，长期以来，我国知识产权法学界也是将我国的实用性作为工业实用性进行解读的，这已经是学术界的共识。实际上，如前文所述，实用性和工业（产业）实用性是有区别的，这种区别不但是语词上的，而且还是观念上的，并且也确实导致了不同的实际效果。在我国《专利法》未将实用性定义为工业实用性的情况下，国家知识产权局作为执法机关通过部门规章的形式将其解释和执行为欧洲专利法意义上的"工业实用性"是否合适，不无疑问。笔者在本书中坚持法条"原教旨主义"，既不将本书谈论的实用性解释为美国法意义上的"实用性"，也不将其限定为欧洲法意义上的"工业实用性"，而是在与新颖性、创造性相并列的专利授权条件——有用性——意义上来使用的，因为我们的《专利法》本身在条文上没有将自己定义到某种国外模式上去。本书研究的中心目的就是在借鉴世界上两种主要的实用性模式的基础上，结合中国的立法和实践，提出自己认为比较理想的实用性理论。实际上，所谓的美国的实用性模式和欧洲的工业实用性模式，在很大程度上具有的是符号意义。正如世界知识产权组织在对两大模式进行细致研究以后所说的那样，"工业实用性"这个词的意义和范围在不同国家是不一样的，"实用性"也是如此。❶ 所以说，我们没有必要将研究视野拘泥于一个本来就游移不定的单纯的词汇身上，而更应该将精力集中于词语背后的理念和规则之上。

---

❶　World Intellectual Property Organization. SCP/9/5："Industrial Applicability" and "Utility" Requirements：Commonalities and Differences ［EB/OL］.（2003 – 03 – 17）［2013 –07 –23］. http：//www. wipo. int/edocs/mdocs/scp/en/scp_ 9/scp_ 9_ 5. pdf.

第一章 实用性要件的历史基础

西谚有云："罗马不是一天建成的。"该谚语表达了复杂事物演进的历史性和累积性特征。今天我们所拥有的复杂而严整的专利系统，同样绝非一日之功，它经历了几百年的发展和完善历程。从历史的角度考察，包括可专利性要件制度在内的专利系统中的每一项具体制度，基本也都是在长期的专利实践中逐渐形成的。一般来说，新颖性标准首次出现在 1624 年英国垄断法规之中，而实用性标准则产生更早。❶ 可以说，对于实用性的要求，随着世界上第一件专利的授予就同时出现了，并且时至今日从未被任何一个国家的专利法所否认。抽象地说，关于专利实用性的要求包括两个层面的内容：第一个层面是关于实用性的本体内容的要求，即发明技术方案必须可行并且发明的运用须对社会有实际效用；第二个层面是关于实用性的控制手段的要求，即通过一定法律措施的运用，保障实用性本体内容的要求落到实处，这些法律措施可以分为授权之前的控制措施（事前控制）和授权之后的控制措施（事后控制）。虽然从专利发展史的角度来看，不同历史时期不同国家对于专利实用性的要求有上述形式上的共性，但是这些形式所包含的具体内容却因历史的变迁呈现出不同的面貌。本书尝试总结专利实用性要件历史变迁的规律性，以便于我们能更深刻地理解和更准确地评价当今法律上的实用性要件制度。为此，我们必须先对专利制度的历史进行分期，以便于更有针对性地加以把握。根据专利实用性所呈现出的不同特点，本

---

❶ 杨利华. 从"特权"到"财产权"：专利制度之起源探微 [J]. 湘潭大学学报（哲学社会科学版），2009，33（1）：40-43.

书将专利制度的全部发展史划分为三个历史阶段，即早期专利法律制度、近代专利法律制度和现代专利法律制度。实际上，由于历史发展是一个连续的过程，任何试图对之进行分段的做法都会或多或少地失之武断，从而产生某种片面性。笔者承认这种区分在某种程度上是人为的，但是相信它为我们探索和理解专利法的历史规律性提供了一个有用的基础。❶ 通过对这三个不同历史时期专利制度的考察，笔者发现，虽然不同时期专利实用性制度变化巨大，但有一点是自始至今所共有的，那就是以某种形式要求专利具有实用性并且采取在当时看来合适的控制手段保证这种实用性的存在，以使专利给社会经济和人们的生活带来某种便利性和益处。可以有把握地说，专利通过其实用性带给人们的益处是国家施行专利制度的初衷，也是专利制度自身最重要的社会功能，舍此，专利制度似无存在的价值和必要。所以，关于实用性存在的法理基础似乎很少被讨论，仿佛它像公理一样具有不证自明性。

第一节　早期专利法上的实用性

本节所指称的早期专利法以欧洲中世纪晚期各封建政权的专利法制为典型，同时还延伸包括了资产阶级革命成功之后一个历史时期内的专利制度，以及美国殖民地时期的专利法律制度。之所以包括了资产阶级革命之后一个时期内的专利法律制度，主要的原因是有些国家在资产阶级革命后一个历史时期内其专利制度基本没有大的变化，在其采取实质性立法措施之前，至少从专利实用性制度建设角度而言，当时的制度实践与封建的专利制度更为相像，而与因应工业革命之需采取变革措施后的专利制度有明

---

❶ 布拉德·谢尔曼，莱昂内尔·本特利. 现代知识产权法的演进：英国的历程（1760－1911）［M］. 金海军，译. 北京：北京大学出版社，2012：3.

显区别。在具体的研究对象上，本节主要谈论了以威尼斯共和国为代表的南欧专利实践、以英国和法国为代表的西欧专利实践以及美国殖民地时代各主权州的专利实践。

一、特征及成因分析

（一）特征分析

早期专利法上的实用性要求，表现为一种很高的标准，基于其自身的规定性，笔者将其称为"经济实用性"。所谓早期专利法上的"经济实用性"，就是说根据当时的专利制度，被授予专利权的发明创造，不但在技术上是可行的，能够产生申请人所描述的技术效果，而且这种专利的实施还会给国家和社会产生真正的重要效用。相反，如果申请专利保护的发明创造在技术上不可行，无法产生预设的技术效果，或者虽然技术上可行，但是其实施所产生的社会经济效益达不到国家所要求的某种程度上的重要性，则该等专利都会被认为缺乏实用性。从实用性的控制机制上来讲，国家为了保证所授予的专利权能够产生重大的经济效益，采取了一系列的法律控制措施。这些控制措施主要以授权后的事后控制为主，偶尔也可能会使用个别事前控制手段。事后控制手段主要表现为，必须在规定时间内在本国投产，而且生产要达到一定的规模；必须要招聘一定数量的本国工人，而且要将技术原原本本地传授给他们；必须要将产品的价格控制在一个合理的限度之内，而且产品的质量不能低于技术来源国的质量；❶ 封建君主保留对所授予的专利权收取租金的权利，而且要求专利权人实施专利权的营业须在本国照章纳税。需要注意的是，以上各项义务只是代表了早期专利法的一般要求，并非对所有专利权人的要

---

❶ 这里所谈到的产品质量控制条款主要适用于引入外国技术的外来专利权人，授权国一般都要求他们生产的产品的质量不得低于其"母国"水平，以真正实现其本国工业品自足的授权目的。

求都是一样的。实际上，由于早期专利权的君主恩惠性质和专利制度自身的不完善，不同国家在不同历史时期由不同君主授予的专利权所附带的义务是不尽一致的，甚至同一位君主因应不同的情形甚至心情的不同，所授予的专利权的权利内容和附带的义务情况也不完全相同。但是不可否认，无数变幻莫测的个案在总体上所呈现出的上述规律性还是清晰可辨的，特别是当我们把早期的专利义务与近现代专利法上的义务相比较时，上述特征就更加明显，从而也就更容易被提炼、总结出来。

（二）成因分析

早期专利法在专利实用性自身规定性和相应的控制机制上所呈现出来的上述特征，是由当时社会的政治状况和经济形势所决定的，具有深刻的社会根源，绝非某位君主的好恶所致，也不是任何智者的发明。这些特征的成因可以概括为以下四个方面。

1. 由专利权的垄断特权性质所决定的

从辞源上来讲，中文所称"专利"一词系对英文"Patent"的意译，英文"Patent"是"Letters Patent"的简称，而英语中的"Letters Patent"又来自于拉丁文 Litterae Patentes。❶ 从权利属性上来讲，早期专利法上的"Patent"包括两个层面的含义，分别是特权"Privilege"和垄断权"Monopoly"。之所以说早期的专利权是一种特权，在于早期专利权是以 Letters Patent（公示令状）这一法律文件来为根据获得的，而颁发 Letters Patent 的权力是英王根据普通法所享有的一项特权（Privilege），所以早期专利法上所有的专利权都属于"特权"的范畴。而所谓特权，是指在法律为一般禁止的情况下，特别准许某人从事该等受限行为的权利。但是特权并不意味着垄断，不排除其他人获得同等特权的可能。英王为规制新的商业贸易而授予商人一定特权的权力在很

---

❶ FRITZ MACHLUP. An Economic Review of the Patent System［M］. Washington：United States Government Printing Office，1958：1.

早之前就被普遍认可了。在 1367 年的一个普通法判例中，确立了这样一项普通法原则：作为全体臣民利益的首席捍卫者，出于公共利益的考虑，英王有权通过行使其享有的君权（Prerogative）而授予多种形式的特权（Privilege），尽管这些权利在表面上看起来与普通法上的权利相冲突。同时，该判例确认，科学和技艺（Arts）属于有重要公共利益的事项。这说明，英国君主授予特权的权力具有古老的根源并且起源于早期普通法自身。❶

专利权的垄断权特性的产生过程要更为复杂和曲折一些。"Monopoly"这个词是由古希腊人所创造的，系由"alone"和"to sell"两种含义构成，字面意思为"单独销售"。公元前 347 年，亚里士多德在其所著的《政治学》中首次使用了该词。❷ 在专利法上，"垄断"（Monopoly）意味着享有这样一种专营特权：经营一种特别的商业或者贸易、制造一种特别的物品或者控制一种商品的所有供给。虽然同样都是来源于君主权，同样采取了特权的外在表达，但是与一般意义上的封建特权完全不同的是，垄断特权损害了自由经商的普通法权利，因此，除非公众能获得某种真正的对价（Consideration），否则不应当有任何垄断特权的授予。普通法上的自由经商权来源于《大宪章》（the Magna Carta），该等权利英王同样是必须尊重的，否则议会就会采取相应的应对措施。尽管自由经商权具有普通法上的根据，英国王室还是出于各种考虑经常罔顾法律而授予各种垄断特权，以至于英国议会在 1336 年、1350 年和 1352 年多次通过法律来反对这种授权行为。1373 年，英王爱德华三世授予 John Peachie 向伦敦输送甜酒的进口专营权，1377 年议会宣布该项授权无效。1378 年议会通过

---

❶ WILLIAM MATHEWSON HINDMARCH. A Treatise on the Law Relative to Patent Privileges for the Sole Use of Inventions [M]. Harrisburg, PA.: I. G. M'Kinley and J. M. G. Lescure, printers, 1847: 3.

❷ HAROLD G. FOX. Monopoly and Patents: A Study of the History and Future of the Patent Monopoly [M]. Toronto: The University of Toronto Press, 1947: 24.

《服装法令》（the Statute of Cloths）充分说明了这一时期国王和议会关于垄断经营权的斗争。该法令宣布，在英王国境内，所有商人都享有不受干扰地自由买卖的权利，而无须考虑任何法规、条例、许可、判决、限额、习俗或者惯例的相反规定。这一切充分说明，英国人充分认识到了垄断的内在危险性，并在贸易已经受到不当阻碍的地方采取消除措施。❶

可以看出，英王所享有的授予专利特权的权力虽为法律所认可，但也是附有限制条件的，那就是所赋予的特权必须在某种意义上对公众有益，尤其是当该特权是一种效力十分强大的垄断权时，否则就会招致议会的干预。可能正是出于这种考虑，英王最早授予的不少专利权都不具有垄断权的效力，而更像是一种执业权。❷ 虽然后来在外国商人的要求下开始授予具有垄断性质的专利权，但是国王一般都较为自觉地仅仅将该等授权限制在从国外引入的新产业或者真正的新发明范围内。因为在这种情况下的授权一般不会影响到他人已经享有的自由经商权，从而较少地受到指责。不但如此，为了履行王权授予特权时附带的公共利益义务，英王一般都会认真考虑专利权的真正社会价值，以保证特权的授予对国家和社会有益无害，同时也是为了争取议会和民众的理解和支持。所以，封建君主之所以对专利权保护的新商业或者新发明要求具备较高的"经济实用性"，是由该等专利权的封建特权性质所决定的。后来发生了封建君主违背普通法的规定滥授专利权的事情，则另当别论。但是值得我们注意的是，即使后来议会通过立法限制君主授予专利权的权力时，对于像那些不与普通法相冲突的、授予从国外引入的新产业或者真正的新发明的专利权，则仍然是被认可的。在这个意义上可以说，英国 1624 年的垄断法规的历史价值不应该被过分放大，实际上该法不过是重

---

❶❷ RAMON A. KLITZKE. Historical Background of the English Patent Law ［J］. Journal of the Patent Office Society, 1959, 41（9）: 615-650.

申了长久以来一直存在的普通法的基本原则而已。从实际效果来看，该法并未被英国王室所严格遵守，该法生效后国王滥授垄断权的行为仍时有发生，而且直到 1641 年王座法院还在越权审理专利案件。❶ 该法之所以被奉若近代专利法的圭臬，很大程度上是由于在那个王权横行的特殊历史时期，该法所具有的限制王权的宪法意义。❷ 否则，仅从专利法制的角度来看，不容易看出它有什么本质性的创新。

2. 由当时的专利审查机制所决定的

无可争辩的是，在专利制度诞生后的很长一段历史时期，所有进行专利授权实践的国家都没有建立像今天一样专门的专利审查机构，也没有配备专门的专利审查人员。当时的普遍通行做法是，由国家元首或者立法机构审议专利申请案，并以类似于制定法令的程序和形式来审议和授予专利权。在威尼斯，一般是由公共福利署提出初步意见，交由城市共和国议会作出决议。在英国，则往往是由英国枢密院提出审查意见，呈送给英王本人最后审定。在北美殖民地，申请人直接向各主权州议会提出申请，由州议会采用立法程序作出是否授权的决定。由于享有专利授予决定权的君主、大臣、议员等都是当时社会的重要政治家，他们还有其他更多更重要的事情去处理，一般难有充分的时间来对专利申请进行事先审查。更重要的是，这些政治人物一般都不懂技术，因为在当时那个年代技术出身的人一般不大可能跻身于政治高层，他们也就没有审查一件专利是否具备实用性及其实用性大小的能力，而只能通过该专利投产后所产生的经济效益来判断其实用性问题。至于为什么当时国家不建立专门的专利受理和审查

---

❶ RAMON A. KLITZKE. Historical Background of the English Patent Law [J]. Journal of the Patent Office Society, 1959, 41 (9): 615 – 650.

❷ "垄断法是当时限制王权的立法成果之一，而非规范发明人专利权益的法律。"参见：杨利华. 英国《垄断法》与现代专利法的关系探析 [J]. 知识产权, 2010, 20 (4): 77 – 83.

机构，一个可能的解释是，根据当时普遍流行的观念，专利被认为是具有重要影响的事项，授予专利权的行为是行使王权或者国家主权的行为，不是简单的一般行政管理权，所以并不认为建立这样一个专职的政府部门来审定专利权是合适的。这一点可以美国为例来说明。美国宪法第 1 条第 8 款第 8 项规定了国会在版权和专利领域的立法权，为了行使这一权力，美国国会在 1790 年制定了第一部专利法。该法规定，专利申请由美国国务卿、作战部长和司法部长组成的委员会来审议，并在委员会审议通过后，将以美国名义制作的专利证书呈报给美国总统签署并加盖美国国玺，同时还需要有国务卿签注认可。1793 年专利法虽取消了审查制，但是专利证书仍需总统、国务卿和司法部长签署并加盖国玺。这一做法一直持续到 1836 年重新修订的专利法生效。❶ 由总统签署专利证书的规定体现了当时美国对于专利授权事宜的高度重视。1836 年专利法取消了总统签署的规定，不是降低了对专利价值的认同，而是考虑到 19 世纪 30 年代后每年已经高达 500 件以上的专利授权，实在是牵涉了总统太多的精力，与总统应该履行的其他职责发生了严重的冲突，并且造成了专利授权的延迟，引发了专利申请人的不满。

3. 由当时专利信息披露制度不完善所决定的

在专利制度的早期，专利信息披露制度远未完善，特别是作为事先审查制基础的专利说明书制度在当时尚未见端倪。这种状况决定了对专利实用性问题的审查基本无法通过某种事先的方式进行，而只能在授权后采取某种类似于补救手段性质的事后审查。在早期的专利实践中，专利申请人在获得专利授权之前都不会公开其专利技术信息。在向当局提交的专利申请文件中，一般仅仅描述该专利可以达到的技术效果和实施该专利能够产生的经

---

❶ 1836 年美国专利法第 5 条规定："专利局授予的所有专利，都以美国的名义、加盖美国专利局的印章，由国务卿签署、专利局长副署。"

济效益。造成这种局面的主要原因是，专利权人一般都把对专利信息的公开作为向主权者争取专利权的筹码，并以其所描述的该发明的美好经济前景为诱饵，并且担心一旦在获得授权之前公开了全部技术信息，有可能导致既引发了技术扩散又未能最终获得授权的恶果。所以，在专利申请当时，与专利有关的技术信息都会被严格保密。即使有时候应当局的要求事先展示其发明的技术效果和性能时，也是以保证制造乃至操作技术信息不至于泄露为前提的。在某种意义上，专利申请人对当局不信任的态度，是由早期专利权的君主恩惠性质所决定的。因为在普通法上，并不存在一项君主必须授予专利权的义务，是否授权完全属于君主自由裁量的范畴。针对英国的情况，有学者评论道："更具体而言，王室并无义务授予专利，它这样做只是作为对专利人的一种恩惠，这一事实就意味着，很少能够指望由代表该专利制度的利用者来对之作出改进：他们首先应当为王室屈尊授予其权利感到幸运（荣幸）呢。"❶ 君主们之所以会屈尊授予申请人专利权，完全是由于他把授予专利权视为获得某种对其国内经济有益的新产业或者新发明的一种手段。所以，即使其发明属于真正的创新并有重大的价值，专利申请人也没有法律上的理由信任自己的发明一定会被授权。既然在申请时专利的技术信息仍然是保密的，当然也就不可能对其实用性进行授权前的审查。早期专利法上专利信息的披露，一般是在专利授权后投产的过程中或者专利产品推向市场之后自然发生的，当然有些情况下是因为履行专利权所附带的招收本国学徒并传授其技能的义务而逐步实现技术信息扩散的，甚至在极个别的情况下是在专利到期后根据法律的规定由专利权人主动披露的。总之，在专利法的早期，虽无类似于今天的统一的信息披露制度，但是至少在专利权到期后专利权人欲继续

---

❶ 布拉德·谢尔曼，莱昂内尔·本特利. 现代知识产权法的演进：英国的历程（1760－1911）[M]. 金海军，译. 北京：北京大学出版社，2012：157.

保持其专利技术秘密是不可能的，这是当时的法律所不允许的。在信息终将扩散的意义上，专利信息披露制度实际上在早期专利法上就已经存在了。

4. 由当时社会的经济状况所决定的

早期专利法对于专利实用性最重要的法律控制机制就是要求专利权人限期投产，并产生预期的经济社会效益，否则已经被授予的专利权将会被封建君主撤销。但是近现代以来的专利法，几乎所有的国家，都免除了专利权人限期投产的法律义务，取而代之的是一种有一定表面相似度的强制许可制度。由于强制许可制度是一种适用条件高、使用频率低，并且在立法旨趣上与早期专利法上的投产义务迥然有异的制度，所以一般不把它视为对专利实用性的控制手段，而更多地视之为防范专利权人滥用专利权的措施。相较于近现代专利法，早期专利法之所以能够别具一格地通过设定投产控制条款保证专利的技术实用性和经济实用性，主要是由当时社会的经济条件所决定的。在专利法的早期阶段，近代化的资本主义机器大工业尚未出现，工业生产尚处在工场手工业阶段，雇用工人较少，分工不精细，工场主一般亲自参与生产性劳动，熟悉生产工艺流程，甚至是本工场的首席生产技术专家。实际上，当时有获取专利权的愿望和能力，并实际上向封建君主申请专利保护的，一般都是工场业主或者是资金实力较为雄厚的贸易商人，近代以来作为重要专利申请主体的职业发明家阶层在那时尚未出现。由于作为当时专利申请人的工场主或者贸易商人，有资金、有技术、有经验，同时也愿意将专利投入生产以获得高额的垄断利润，所以在当时通过生产控制手段保证专利的实用性有着坚实的社会经济条件。还有，早期的专利权由于其特权和恩惠性质，一般是不允许继承❶或者转让的，使用许可制度

---

❶ FRANK D. PRAGER. A History of Intellectual Property From 1545 to 1787 [J]. Journal of the Patent Office Society, 1944, 26 (11)：717.

也尚未建立起来，专利权人冲抵专利申请成本的唯一方法就是尽早将专利运用于生产，所以设定投产条款同样是符合专利权人的现实需要的。还有在当时的社会条件下，规定投产条款在技术上也是可行的。这是因为，早期的专利对象一般都是一项新的产业整体或者一种有独立用途的整体机器，近代以来的零部件式的、改进式的难以单项投产或者运用的发明在当时是完全陌生的。如果用今天的专利法来审视，早期专利多不符合申请上的单一性原则，是需要分案进行的。也就是说，在当时的社会条件下，一件发明往往就是一项创新，就是一件或者一类完整的产品或者一条完整的生产工艺，仅该专利自身完全具备生产条件。所以，早期专利法上设定的投产条款是符合当时社会的技术发展状况的，有着坚实的技术基础。

二、南欧的专利实践

十四五世纪以威尼斯和佛罗伦萨为代表的南欧城市共和国工商业比较发达，在整个欧洲都处于领先地位，所以它们在欧洲最早开始了专利授权实践。之前我们研究专利起源的时候更多地把目光投向了威尼斯，但在威尼斯专利法颁布的半个世纪之前，佛罗伦萨人就已经开始了专利授权实践，而且被认为正是他们授予了世界上第一件真正的发明专利。❶ 而且就本书的研究主题而言，佛罗伦萨人在授予世界上第一件真正的发明专利时，高度重视了该发明的实用性问题，把实用性作为了授权的必要条件。所以，研究专利的实用性问题不得不从佛罗伦萨所授予的第一件发明专利谈起。当然，威尼斯在专利法起源上的重要性要远远大于佛罗伦萨，所以我们还是把南欧研究的重点放在威尼斯的专利实践上。

---

❶ ULF ANDERFELE. International Patent Legislation and Developing Countries [M]. The Hague: Martinus Nijhoff, 1971: 4.

（一）佛罗伦萨的专利实践

历史上关于佛罗伦萨授予专利的记载非常少，但是由于被认为正是该城市共和国授予了世界上第一件真正的发明专利，并且该专利包含了包括实用性在内的很多现代专利要件的起源，所以其在西方专利史上有着特别的意义。1421 年，佛罗伦萨共和国著名的建筑师和发明人 Filippo Brunelleschi 发明了一种包有铁皮的海船（an iron clad sea-craft），Brunelleschi 本人将其命名为"Badalone"。Brunelleschi 声称，该船可以在亚诺河（Arno）上运送大理石，以给当时正在建造的至今仍闻名于世的弦支穹顶结构的佛罗伦萨大教堂提供运送石料的服务。从远处往城市运送大型石料，在当时人看来是一件需要耗费大量人力的特别困难的事情。Brunelleschi 坚称，他所发明的海船能够"在亚诺河和其他任何河流或者水域上运送任何物品，并且比平常的运输方法还要经济"。但是，由于担心其他人会窃取其智力劳动成果，Brunelleschi 拒绝公开他的发明，除非该城市能够授予给他一种对该海船进行独家商业性开发的有限垄断权。佛罗伦萨市最高市政机构接受了这一从未有过先例的请求，并在 1421 年 6 月 19 日向 Brunelleschi 颁发了一项关于授予其专利权的公开令状。该公开令状在授予专利权的理由部分说道，通过授予专利权得到 Brunelleschi 的发明成果，无论对于 Brunelleschi 本人还是对于整个城市共和国都将是有益的。这里明显体现了一种用专利权换取有用新发明的对价思想。关于授予 Brunelleschi 的权利，公开令状特别规定，在 3 年之内，任何人不得在佛罗伦萨共和国领土范围内持有、使用或者经营任何与之相同、类似或者以之为基础而新造的船只、机器或者其他水上运输设备，否则，侵权产品将被焚毁。但是值得注意的是，佛罗伦萨最高市政管理机构在授权书也明确规定，该公开令状设定的权利必须经过城市共和国议会（the Council of Florence）通过才能生效。遗憾的是，在接下来的现场测试该发明的实用性的过程中，满载大理石的"Badalone"

海船在亚诺河沉入河底，Brunelleschi 的专利梦也随同破灭。❶ 由于"Badalone"海船的沉没，其发明人 Brunelleschi 丧失了 10 年的薪水和全部个人财产的三分之一。由于实验证明"Badalone"海船没有发明人所声称的实用性，该专利也就没有提交给城市共和国议会审议，所以 Brunelleschi 的专利权终未生效。从该案的专利授权过程中，我们可以明确地观察到，对实用性要求在世界上最早的专利实践中就已经存在，并且成了最为关键和致命的要件。该专利案以失败告终的结局产生了极其不良的影响。在接下来的 50 年里，佛罗伦萨共和国再也没有签发过一件类似的专利，同时也没有制定任何有关专利的一般法规。❷ 当然，佛罗伦萨专利实践缺乏连续性还有更深层次的原因，那就是封建行会的反对，出于单纯的税收考虑而在 1447 年颁布的允许模仿的法令，以及美第奇（Medici）家族统治的衰落。

（二）威尼斯的专利实践

由于其得天独厚的地理位置，威尼斯共和国在很早的时候就成为东西方贸易的枢纽，在 15 世纪的时候其工商业已经比较发达。由于工商业是威尼斯重要的财富来源，所以重商主义政策一直是威尼斯的重要国策。出于工商业发展的现实需要，威尼斯建立了世界上最早的较为完备的专利制度。在威尼斯的专利实践和专利制度中，专利的实用性要件制度体现得非常明显，成为威尼斯专利制度不可分割的重要组成部分。在其他可专利性要件尚未被明确提出或者未受到重视的情况下，威尼斯专利制度如此重视实用性要件制度的建设，在某种程度上说明了实用性乃是专利制度的内在生命这一真谛。威尼斯的专利实用性制度较为深刻地影

---

❶ IKECHI MGBEOJI. The Juridical Origins of the International Patent System：Towards of Historiography of the Role of Patents in Industrialization ［J］. Journal of the History of International Law，2003（5）：412－413.

❷ CHRISTOPHER MAY，SUSAN K. SELL. Intellectual Property Rights-A Critical History ［M］. Boulder：lynne Rienner Publishers，Inc.，2006：55.

响了西方其他国家早期专利法上的实用性要件的建设。

1. 《威尼斯专利法》施行前的专利实践

威尼斯的专利授权实践发轫于采矿领域。1409～1443 年，威尼斯先后颁发了多项采矿专利权。但是在授予这类专利权的时候一般都有这样一个附款，那就是专利权项下的营业必须在某个规定的时间内开始，否则该专利权无效。继授予采矿专利权之后，威尼斯开始在更为宽泛的领域内授予专利权。当然这些更为早期的专利权对象多属于从国外引入的新产业，授予真正的新发明专利权的实践开始得相对较晚。1443 年法国人马日尼（Antouius Marini）要求威尼斯授予他一项关于风车磨坊的专利权，并申明该专利的使用会给整个城市共和国带来巨大的便利。最后威尼斯议会接受了马日尼提出的授权条件，决议授予他 20 年的专利权。但是议会在作出授权决议时附带了一个条件，那就是他必须在一个地方先建造出一座他所说的磨坊，以检测其实用性能，并且特别强调，只有当该等磨坊试验成功并达到预期效果时，才准许该磨坊在其他地方建造。该专利权之所以能够被授予，主要是由于威尼斯议会预期其将会产生巨大的潜在实用性。1460 年，议会又批准了一件关于提水设备的专利申请，但在作出授权决议时，同样附加了这样的条件："专利权人应该在 6 个月的期限内完全使用自己的费用制作出一件样品以便测定其实用性。否则，本授权将不产生法律约束力。"❶ 通过上述事例可以看出，在威尼斯共和国的早期专利授权实践中，专利的实用性问题已经被明确提出并被作为专利权有效的必要条件，而这个时候专利法上的新颖性和创造性要件尚未被明确提出。这些事例也让我们更容易理解为何 1474 年《威尼斯专利法》对于专利实用性作出了像今天专利法一样清晰的要求，《威尼斯专利法》的这种

---

❶ GIULIO MANDICH. Venetian Patents（1450－1550）［J］. Journal of the Patent Office Society, 1948, 30（3）：166－224.

规定是有其自身的历史根源的。

2.《威尼斯专利法》关于实用性的规定

在历经了半个多世纪的专利授予实践后，为了将专利授予行为进一步规范化，威尼斯人于 1474 年 3 月 19 日颁布了为后人交口称赞的世界上第一部成文专利法。该法在威尼斯议会上获得了广泛赞同，以 116 人赞成、10 人反对、3 人弃权的绝对优势获得通过。该法的全文如下：吾人中有禀赋卓群者，长于发明及发现各种精巧装置；同时，本市乃礼仪富贵之邦，世界各地的才人智士也争相而至。倘法律规定获悉此种装置机理者不得擅为模仿制造以致损及发明人的声誉，则将有更多人等积极发挥聪明才智，发现并制造各种实用器物，从而增进公共福祉。因此经市议会决定，本法作出如下规定：任何个人，在本市制出国内未曾有过的新颖而精巧的装置，一俟该等装置可付诸实践并为应用操作，则可备案于公共福利署（General Welfare Board）。未经始作者之同意或许可，任何他人在 10 年之内不得在本市所辖城镇内制造或仿制同一装置。倘有违犯，上述始作者和发明人有权入禀政府，并获一百达克特的赔偿，违法制造的装置也一同销毁。诚然，政府基于其权力和判断，在公务活动中有权使用上述装置器械，但仍须交由权利人经营。❶

总体来看，该法分为立法理由和法律条文两个组成部分。在立法理由中，明确谈到了制定该法的目的是"增进公共福祉"，也即是说利用各种新颖的专利技术促进城市共和国的经济和社会发展，而并不认为发明人有什么自然的权利应该由法律来保护，这就暗含了只有那些真正有用的发明才值得城市共和国来保护的潜台词。这和我们今天多数国家专利法之立法目的同时强调保护专利权人的权利和满足经济发展的需要的二重定位有明显的不

---

❶ 黄海峰. 知识产权的话语与现实：版权、专利与商标史论 [M]. 武汉：华中科技大学出版社，2011：126.

同。同时该法在立法理由中还谈到了"实用器物"的概念，表明该法特意将保护对象限定为具有实用意义的器械装置，唯其如此才能真正"增进公共福祉"。在法律正文中，该法明确规定了专利保护的条件是"可付诸实践"以及"应用操作"，也就是说不但要求申请专利保护的发明在技术上是可行的，而且还要求已经实际进行了生产。实际生产的要求也是一种实用性要求，而且是一种更高层次的实用性要求，它表明该专利技术不但具有理论上的可行性和实际上的可操作性，而且同时切切实实带来了专利法所追求的社会经济效果。可以看出，寥寥数句的简单法律条文，竟然有数处反复提及了专利的实用性问题，这足以表明在当时的立法者心目中，专利的实用性之于专利和专利制度的生命线意义。

3.《威尼斯专利法》施行后的专利实用性

《威尼斯专利法》颁布施行后，威尼斯的专利实践更为活跃，仅从授权数量的明显增加上就可以看得出来。据国外学者统计，在专利法颁布之前的 75 年内，威尼斯共授予了 11 项专利权，而在之后的另一个 75 年，则有近百项专利授权记录在册。❶随着威尼斯专利实践的发展，其专利制度中的实用性制度也日趋成熟，形成了一套较为完整的实用性控制机制。这种控制机制基本保证了所授予专利的实用性，在实践中实现了专利法对于实用性的要求。威尼斯的经济在专利法颁布后的不久进入了其最为辉煌的时期，这当中应该有那些真正有用的专利所发挥的作用。威尼斯所形成的主要的实用性控制手段有如下几种：
（1）要求专利申请人在申请的过程中承诺该专利的可操作性并且能够达到预期的经济价值。在专利申请的过程中，申请人总会向当局许下该专利技术必将为城市共和国产生种种实用性的

---

❶ EDWARD C. WALTERSCHEID. The Early Evolution of the United States Patent Law: Antecedents (Part 1) [J], J. Pat. &. Trademark Off. Soc'y, 1994 (76): 697 – 710.

许诺，并以誓言的方式证明这些许诺的真实性。无论申请专利保护之发明的具体内容如何，申请人总会详尽描述该发明的各种具体的有益用途。实用性被强调的程度远超其他所有的事项。申请人所一再强调的实用性一般包括，该发明会节省时间、成本和人力，更有效地利用自然力，改善威尼斯产品的性能，甚至有时候还包括增加就业机会和财政收入，等等。总之，他们总会尽其所能描绘其发明的种种魅力。(2) 在授权之前通过实际测试确定发明的实用性，这是一种最常用和最主要的方式。在 1485 年 6 月 3 日的一项申请中，一位不愿使用其真实姓名的贵族要求获得一项面粉磨坊方面的专利。水利署（the Water Board）经过实际考察认可了这项发明的实用性，于是市议会同意授予专利权。在 1488 年 1 月 23 日的一件专利申请中，来自 Monte Acuto 的技师 Martinus Arinius 和来自 Brixia 的技师 Jacobus Coletrinus 要求获得一件能以更为节省的方式制床的新设备专利。他们被要求需要先行演示其设备的实用性。在 1547 年 3 月 11 日的一件专利申请中，两位贵族就一项据称能够用于"提水、灌溉"等用途的设备要求 50 年的专利权。相关市政机关检查并确定了该设备的实用性，市议会遂作出了给予 25 年专利权的决定。值得注意的是，这里所需要的实用性不是简单的技术上可行，而且还必须产生申请人所宣称的那种有益性。(3) 在授权之后一定时间内测验已为授权发明的实用性，如果测试不成功，则所作出的授权无效或者授权将被撤销。在 1492 年 8 月 31 日的一件专利申请中，申请人就一项用于挖掘泥土的设备要求获得 50 年的专利权。申请人承诺在授权后 2 个月内现场演示该设备的实用性。水利署建议将测试期限延长至 6 个月，并认为申请人所说的实用性效果是有可能的。于是，市议会先行作出了授权决定。1543 年 6 月 18 日，来自 Naples 的 Polidoro Mangione 获得了一项为期 40 年的用于制作铜绿的工艺的专利权，但同时被要求在 6 个月内实际展示其实用性。1544 年 12 月 16

日，一个叫作 Arcangelo Domitan 的人获得了一项关于某种新设备的 20 年的专利权，但同时被要求必须在 6 个月内展示其实用性。结果第一次测试失败，于是市议会又重新给了他 6 个月的测试时间。需要指出的是，在这种事后测定实用性的专利授权决议中，一般都会被插入这样一种条款，即如果事后的测试发现该发明没有实用性或者实用性达不到申请人描述的状况，该授权无效，就像该授权从未被作出一样。❶（4）通过咨询技术专家的意见确定发明的实用性。这种方法主要适用于那些不易通过表面结果看出实用性的发明。1547 年 10 月 22 日，一位名叫 Matteodi Togno 的人就他所发明的梳理针布的新设备要求获得了一项为期 30 年的专利权。在授权之前，公共福利署向该领域的技术能手（Experts of the Art）和布匹销售商咨询了关于该发明的实用性方面的信息。基于上述专业人士提供的信息，公共福利署认为该发明的实用性可以确定，因此建议给予授权。市议会接受了该意见，作出了授予 20 年专利权的决议。在很多专利授权的过程中，"专家的意见将会被听取。但是所采取的方式很可能是当面咨询，而非提供书面的记录或者说明"。❷ 可以看出，虽然方式不一，但是威尼斯确实建立起了一套较为完整的专利实用性的控制机制，把专利法对于实用性的要求在实践层面落到实处，而且从实践效果来看，这套机制的运行还比较令人满意。

三、西欧的专利实践

中世纪中后期，一种与封建庄园制经济完全不同的生产方式开始在欧洲兴起，这就是我们今天所称的"资本主义"经济。资本主义被认为是一种以获利的渴望为根本动机、使用各种精巧

---

❶　GIULIO MANDICH. Venetian Patents（1450 – 1550）［J］. Journal of the Patent Office Society，1948，30（3）：166 – 224.

❷　FRANK D. PRAGER. A History of Intellectual Property From 1545 to 1787［J］. Journal of the Patent Office Society，1944，26（11）．716.

的、往往是间接的方法、利用大量积累的资本赚取利润的制度。这种新的生产方式所蕴含的无止境地追求财富增长的"资本主义精神",相较于传统的封建主义生产方式,表现出了极大的财富增值能力。西欧各国君主为了实现"富国强兵"的愿望,纷纷改弦更张采用"重商主义"政策,以期通过发展工商业的手段增强国家经济实力,从而满足日益频繁的国际用兵和日趋奢靡的王室消费之需。通过授予专利权来吸引国外的优势产业和刺激新的发明创造,被认为是一种执行"重商主义"政策的重要手段。于是,从十三四世纪开始,西欧各国不约而同纷纷开始了各自的专利实践。作为专利授予行为的目的和归宿,西欧各国君主最关心的就是专利能否为其经济发展带来应有的刺激和促进作用,所以专利的"经济实用性"被提升到无以复加的高度,采取多种措施保证所授予专利的实用性,逐渐形成了一套具有时代特色的专利实用性控制机制。这一时期实用性的一个最大特色是,封建君主所关心的重点不是该专利在技术上能不能用,而是究竟它能够对经济发展产生多大作用。按照此时的判断标准,只有在经济价值上达到一定高度的专利才是有实用性的专利。因为在很长的一段时间里,君主们所授予的专利都不是针对新的发明,而是那些在国外已经十分成熟但在国内尚未建立的新产业,所以其技术自身的可行性一般是不存在问题的。当然,随着后期越来越多真正新发明专利的授予,专利的技术实用性问题也开始受到重视。

（一）英国的专利实践

1. 历史背景和实践状况

由于英伦三岛与作为西方文明中心的欧洲大陆隔海相望,无陆路交通相连接,在现代航海技术得到发展之前,这种偏狭于一隅的地理位置造成了英国较欧洲大陆主要国家的长期落后。直到16世纪中期,英国的经济发展水平与欧洲大陆国家仍有相当的差距。16世纪及其之前的英国仍是一个农业占据主导地位的国家,原材料和工业品主要依靠国外进口,而英国唯一能出口的就是羊毛。外贸运输几乎完全为外国所垄断。英国的商业繁荣严重依赖海外市场，而这需要一个稳定的对外政治关系来保证。16世纪的欧洲是不存在这样一个稳定的国际环境的。而且这种国际进出口贸易的极度不平衡导致大量贵金属的外流，严重影响了国力和国内经济发展的资本根基。都铎王朝的君主们认识到了这种建立在脆弱基础之上的经济可能蕴含的巨大风险，于是开始采取有力措施刺激国内制造业的发展。为了抑制贵金属的外流，减少贸易逆差，英国封建君主甚至不惜采取了严重伤害自己的禁止进口工业原料和产品的政策。但这毕竟只是权宜之计，于是一种旨在提振国内制造业的"重商主义"政策被提出并日益受到重视。为此，英王提出了两种具体的策略：一是建立、鼓励和刺激新产业，增加国内供给，减少对进口的依赖；二是发展和采用先进的生产技术，提高生产力和生产效率，降低生产成本和价格，并提高产品的质量。但是由于英国自身的制造业基础十分薄弱，国家又没有足够的资金像法国一样运转一个用于满足国内需求的庞大国营企业的能力，于是英王唯一能想到和做到的就是通过给予某种政策上的便利和优惠来吸引国外的资金和先进的技术。专利权制度在这种背景下便应运而生。如前文所述，虽然英王授予专利特权具有普通法上的根据，但是同时也受到普通法上须有利于公共利益这一基本原则的限制。所以，英王起初授予专利权的时候十分谨慎，务求查明所授予的专利是否具备足够的"经济实用性"，以应对国内民众特别是封建行会的反对，并使授权得到议会的支持。

封建行会对工商业生产和贸易的垄断推动了专利特权的产生，同时也限定了专利特权的适用范围。封建行会制度起源于11世纪的欧洲，最早属于商人的联合自保行为，以防范商业经营中内在的风险，具有某种正当性。行会在某一个地域内享有的针对特定行业的垄断权是被封建国家所承认的，有时甚至有着制定法上的根据，只不过这种垄断权只属于行会组织，而不延及任何行会成员个人。13～16世纪是欧洲封建行会最为鼎盛的时期，绝大多数的商业和制造业都被封建行会所垄断。"行会对于手艺、定价和行业行为都有严格的规定，其目的并非赚钱，而是为维护传统的生活方式。行会会员接受'公平价格'的观念，认为靠牺牲同行获取利润是不道德的，绝对违背基督教精神的。"❶ 因此，不但封建行会内部不允许竞争的存在，更不会容忍任何外来竞争。当时的行会势力是如此的强大，以至于除非有王权的特别保护，否则外来商人一般不敢和当地的行会展开竞争。所以，英王最初授予外来商人专利权多不具有垄断权属性，而更类似于一种执业许可和保障权。有证据显示，直到1449年，英王亨利六世才颁布了第一项具有垄断性质的专利权，也可以说是真正意义上的专利权。❷ 英王开始授予具有垄断性质的专利权，很可能是受到了外来商人特别是威尼斯商人的影响，因为最初授予的具有垄断效力的专利权都是颁给外来商人的，其中就有颁给威尼斯商人的。可以较有把握地说，威尼斯的专利制度经由威尼斯商人传到了英国，并深刻影响了英国专利制度的发展。❸ 由于所授予的具有垄断性质的专利权与当地封建行会的专营权发生了严重的冲突，导致彼此之间的诉讼不断发生，❹ 为了最大限度地调和二者的矛盾，英王在授予具有垄断性质的专利权时尽量将其限制在新产业和新发明的范围之内，以避免和行会权力发生难以调和的矛盾。❺ 也就是说，根据英国当时的状况，也只有新产业和真正的

❶ 斯塔夫里阿诺斯. 全球通史：从史前史到21世纪 [M]. 7版. 董书慧，王昶，徐正源，译. 北京：北京大学出版社，2005：391.

❷ RAMON A. KLITZKE. Historical Background of the English Patent Law [J]. Journal of the Patent Office Society，1959，41 (9)：615 – 650.

❸ ARTHUR A. GOMME. Patents of Invention：Origin and Growth of the Patent System in Britain [M]. London：Longmans，Green and Co.，1946：8 – 9.

❹ 文希凯，陈仲华. 专利法 [M]. 北京：中国科学技术出版社，1993：12.

❺ HAROLD G. FOX. Monopolies and Patents [M]. Toronto：University of Toronto Press，1947：42.

新发明才具备法律上的实用性，才不至于招惹封建行会的激烈
对抗。

为了发展英国的制造业以便于和欧洲大陆国家形成有力竞
争，英国君主从 13 世纪开始即通过授予某种特权的方式吸引外
国熟练工人来英开业。在英国最早形成的具有一定竞争优势的产
业为制衣业。为了鼓励这一优势产业的发展，英王开始在该行业
授予多项特权。1327 年，英王爱德华二世在伦敦宣布，穿戴外
国所制衣物的行为非法。1331 年，英王爱德华三世对来自 Flan-
ders 的熟练制衣工 John Kempe 授予了准予开业的特权，并给予
皇家的特别保护，同时要求 John Kempe 向英国学徒传授手艺。
1336 年，两名来自 Brabant 的制衣技师获得了同样的权利和保
护。英王的这种特殊培育政策带来了英国羊毛制品产业在 16 世
纪和 17 世纪的繁荣和发达。❶ 英王爱德华三世又将这种保护政策
扩展到其他产业上。都铎王朝统治英国之后，特别是在伊丽莎白
女王当政的时候，更是想尽各种办法吸引外来技工发展英国的制
造业，并鼓励人们冒险尝试新产业。伊丽莎白女王在位期间共授
予了 55 件专利，其中有 21 件是授予外国人的。出于发展经济和
尊重已有行会权力的需要，伊丽莎白女王在授予专利权的时候总
会仔细询问该技术的国内新颖性和促进公共利益的可能性，并且
总是试图在不影响已有产业利益的条件下引入新产业。❷ 也就是
说，专利的经济实用性和法律实用性曾是专利授权要考虑的重要
因素。16 世纪是英国封建专利实践最为活跃的时期，大量的基
本专利制度在此发轫，因此可以称之为英国专利制度的诞生年
代。当然，在伊丽莎白女王执政的后期及其继任者当政时期，由
于简单地考虑直接财政增收的需要，而发生了滥授专利权招致民

❶ ALLAN GOMME. Patents of Invention： Origin and Growth of the Patent System in
Britain ［M］. London： British council, 1946： 10.

❷ RAMON A. KLITZKE. Historical Background of the English Patent Law ［J］. Jour-
nal of the Patent Office Society, 1959, 41 （9）： 615 - 650.

愤的事情，则体现了封建专利制度的不完备性。其实，英王本人也深知所授予的这些毁损国内产业的坏专利是没有法律根据的，所以他从不将这些抬不上桌面的专利公开发布，甚至都不将它们记录在专利登记簿上。

2. 专利实用性控制机制的建立

专利技术的"经济实用性"一直是英国封建君主作出专利授权时需要考虑的头等重要的事情。专利所带来的经济实用性一直被视为是授予专利权的基本对价。如果缺乏或者没有达到应有程度的经济实用性，所授予的专利权因为没有对价而无效，这种看法和做法具有较为坚实的普通法基础。根据普通法的原理，由于专利的经济实用性带来的这种对价并不是支付给英王的，而是支付给全体臣民的，因为正是全体臣民因为专利特权的存在丧失了或受限了本来享有的自由经营一切商业的普通法权利。经过14～16世纪两三百年的实践，英国早期专利法上形成了一套富有时代特色并且行之有效的专利实用性控制机制。英国早期专利法上的实用性控制手段有如下几种。

（1）必须在指定的期限内开工生产。专利授予乃是国王行使君主特权以推动本国工商业发展的一种法律手段。因此，英王在授予专利之时当然特别关心专利获得者能否尽早开工生产从而满足发展某一行业的现实需要。❶ 所以，英王在授予申请人专利文书的时候一般都会在其中附加一条开工期限的条款。在较为早期的时候，这种期限因为产业种类的不同而长短不一。后来作出了统一性的规定，要求所有的专利在3年之内必须投入生产。如果限期内未能开业，所授予的专利权无效。例如，1563年2月26日，将一项据称可以节约燃料（木材）的新式烤炉的制造专利权授予了 George Gylpin 和 Perter Stoughberken，专利权期限为

---

❶ 黄海峰.知识产权的话语与现实：版权、专利与商标史论［M］.武汉：华中科技大学出版社，2011：138.

10 年。但是授权书附加了要求在 2 个月内必须实际投产的规定，并特别说明，如未能按期投产，该专利证书无效。❶

（2）必须招收一定数量的本地学徒并将专利技术传授给他们。这项要求是最普通的，几乎被纳入了每一件专利有效的条件之中。因为，英王授予专利权的根本目的是培育国内产业的生产能力，只有专利技术被本国技师和工人掌握之后，才能保证产业的连续性。1561 年 1 月 3 日，伊丽莎白女王签发了她执政后的第一件专利，专利权人的名字分别叫 Stephen Groyett 和 Anthony Le Leuryer。这是一件关于制造一种新式"白肥皂"的专利，专利权有效期为 10 年。该授权证书同时特别规定，在专利权人所招收的工人中至少要有两名英国本土出生的工人（这暗示这项专利权很有可能是颁发给外国人的）。❷ 实际上，早在 1331 年英王爱德华三世对来自 Flanders 的熟练制衣工 John Kempe 授予在英国境内执业的权利时，这项附款就已经存在了，并且在以后英王授予外国人在英国境内的开业权或者专利权时都会作出这样的规定。甚至，在授予英国人专利权时偶尔也会有这样的附款，以解决英国日益严峻的就业形势。

（3）要求产品的质量必须达到相应的标准，如果是外国人，还会要求产品质量不得低于其技术母国；同时，往往还会要求产品的价格应该维持在一个合理的水平。如果产品的质量和价格不符合要求，所授予的专利将会被认为缺乏应有的"经济实用性"，即没有给社会公众带来应有的好处，从而有可能引发专利权的无效。例如，上文刚刚提及的伊丽莎白女王所授予的"白肥皂"专利就明确规定，该白肥皂在质量方面应该和它的原产地（Sope House of Triana or Syrile）达到相同的水平（as good and fine as）。同时要求专利权人还必须把产品送到市政厅接受

---

❶❷ E. WYNDHAN HULME. The History of the Patent System under the Prerogative and at Common Law［J］. The Law Quarterly Review, 1896（66）.

检查，以确保没有质量上的欺诈。在前文提到的授予 George Gylpin 和 Perter Stoughberken 的烤炉专利中还特别规定，商品的价格必须维持在一个合理的水平，否则将同样会导致专利权无效的后果。

（4）建立了专利授权后的撤销和无效宣告制度，通过这种事后的监督手段保证专利在生产过程中具备真正的"经济实用性"。1575 年英国设立了专利撤销制度，即如果有证据证明专利授权或之后存在不当理由，枢密院有权撤销它。❶ 这项一般制度的建立，改变了之前实践中逐案附加无效条款的做法，简化了专利授权程序，并使权利无效的理由得到一定程度上的统一。按照英国当时的法律规定，对于专利案件的管辖权只能属于枢密院，普通法院是没有权力受理专利案件的。但是 1601 年发生了因为英王滥授专利权引发的议会欲限制王权的政治危机，为了避免君主授予专利的权力受到限制，伊丽莎白女王同意将专利是否有效的问题可以交由普通法院决定。此后，英国普通法院通过一系列的判例建立了较为完善的专利无效宣告制度，一大批有害于正常商业活动的坏专利被宣告无效。1601 年发生的达西诉阿伦一案❷就是一件非常典型的坏专利被宣告无效的案件。在笔者看来，这些坏专利对经济发展有害无益，完全不符合当时法律关于"经济实用性"的要求，❸ 属于比较典型的因为缺乏实用性而被宣告无效的案例。

（5）通过一定证明方法，在授权之前先行确定申请专利保

---

❶　OREN BRACHA. Intellectual Property at A Crossroads：The Use of The Past in Intellectual Property Jurisprudence：The Commodification of Patents 1600 – 1836 ［J］. Loy. L. A. L. Rev.，2004（38）：177 – 244.

❷　Darcy v. Allen，Eng. Rep. 1131（Noy 173）（King's Bench 1603）.

❸　休谟（David Hume）在他的《自尤利乌斯·恺撒征服至 1688 年革命的英格兰史》中说道："这些垄断权的要求都太过分了，在有些地方，将盐的价格从 16 便士每蒲式耳提高到 14 或 15 先令每蒲式耳。"这与当时专利所追求的提高质量、降低价格的"经济实用性"要求背道而驰。

护的发明在技术上的可行性，以及预测其可能产生的经济效益。这种方法主要适用于那些真正的新发明专利申请。因为发明技术的全新性不同于就那些在国外已经成熟的产业所授予的专利权，它们的技术实用性是待定的，经济实用性更是无法保证，所以往往在授权之前要通过一定的方式证明其在技术上可行并有可能产生真正的经济效益，然后才能授予其专利权。还以上文提到的授予 George Gylpin 和 Perter Stoughberken 的烤炉专利为例。在该专利授权书中，特别提到了该专利技术已经被伦敦啤酒制造商使用验证了其实用性，并且这些制造商还向政府提供了相关的证明书。这说明，在这件专利获得授权之前，政府已经通过实际测定的方式验证了该专利技术的可行性和经济上的有益性。

（6）要求向英王缴纳一定数额的专利权租金。由于授予专利权的权力属于英王的特权，所以获得了专利授权的人在理论上有义务向英王缴纳一定的权利租赁费。通过向专利权人收取租金，一方面可以满足英王的财政需求，另一方面还可以向申请人施加一种压力，使之认真考虑其专利的技术和经济实用性问题。因为如果其获得专利权的技术本身不可行或者不能产生相应的经济效益，同时他还必须向英王缴纳特权租金，这有可能导致他损失一大笔金钱，所以这也可以视为保证所授予的专利权有实用性的一种手段。只不过这种手段对于实用性的保障，与其说是政府的主动控制，还不如说是当事人自己的自我控制。其实，这种情况下的专利实用性的保障，只是政府为增加财政收入而设定的增收机制的一个副产品而已。需要指出的，为了促进专利权人安心于生产，从而给社会作出贡献，英王一般很少要求专利权人现实缴纳这种租金，只是保留这种收取租金的权利。伊丽莎白女王曾经向一件从谷物中提取淀粉的专利收取每年 40 英镑的租金，原因是女王本人认为这种专利有可能造成谷物的短缺，因此应该通

过收取租金的方式限制其使用。❶

（二）法国的专利实践

和英国一样，法国在很早的时候就建立起了强有力的中央集权体制，地方封建贵族的势力受到了压制，这为法国国内统一市场的形成和资本主义经济的发展奠定了良好的政治基础。法国国王在当时也采取了"重商主义"政策，而且同样也把授予新产业或者新发明专利权作为执行该政策的一种重要手段。1536年，法国国王弗朗西斯一世（Francis Ⅰ）占领了意大利北部的皮埃蒙特（Piemont），当时这是一个文明化程度非常高的地方。就在这一年，经法王准许，皮埃蒙特商人 Etienne Turquetti 从里昂市政府手中获得了一项生产某种丝织品的特权。里昂市政府在特权授予状中将 Turquetti 称为该项技术的发明人。实际上，就像约翰（John of Speyer）从英王手中获取专利权时的情形一样，这项技术同样很有可能并不是 Turquetti 本人的发明，而是由他所引入的在国外已经成熟的技术。这项特权状授予他在里昂市范围内向所有新开业的丝织工收取版税（Collect Royalties）❷ 的权利。可以看出，他所获得的这项特权并非真正意义上的垄断经营权，只不过是由于这项特权含有征收使用费的权利而和垄断权取得了某种程度上的相似性。实际上，威尼斯专利制度传播到西欧以后并不是原封不动地被采纳，而是和当地长期以来排斥垄断的观念进行了结合，形成了西欧早期专利实践中的非垄断权特征。❸ 当然，后来在商人的一再恳求之下，封建君主才开始授予具有垄断权特

---

❶ RAMON A. KLITZKE. Historical Background of the English Patent Law［J］. Journal of the Patent Office Society, 1959, 41（9）：615–650.

❷ 需要说明的是，在知识产权法形成的早期阶段，版权和专利权并没有被严格区分开来，封建君主授予这两类权利所使用的令状是一样的，使用他人专利技术的行为常常被称为"复制"（Copy）行为，专利权人所收取的他人使用其专利的许可费也被称为"版税"。

❸ FRANK D. PRAGER. A History of Intellectual Property From 1545 to 1787［J］. Journal of the Patent Office Society, November, 1944, 26（11）.

性的专利权，或者称之为今天专利法意义上的垄断权。1551 年，法国授予了第一件真正意义上的垄断专利权，权利人是一位名叫 These Mutio 的意大利博洛尼亚（Bologna）商人，专利权的内容是以威尼斯方式制造各类玻璃器具。同一年，另一件垄断专利权授予了法国发明人 Abel Foullon。这些由法国政府在 16 世纪中期之后颁发的专利权，不但专利权人可以据此执业从而免于封建行会的干涉，而且专利权人还有权禁止他人未经其允许使用该专利方法。1550 ~ 1600 年，法国政府平均每两年授予一件专利。

和英国有所不同的是，法国国王在授予垄断专利权时受到了议会更多的干涉，这种干涉不是事后补救性质的无效宣告，而是直接参与到授权程序中来，与法王共同行使专利授予权。议会参与专利授权的目的主要是审查专利的"经济实用性"。可以说，正是由于议会的深度介入，才避免了法国走上一条和英国都铎王朝一样的滥授垄断权之路。虽然法王在 1551 年授予 Mutio 第一件专利时给了 10 年的专利期，但是巴黎议会（the Parlement de Paris）在对该专利进行登记时将其专利期缩短为 5 年。在法国大革命之前，像议会缩短专利权的期限，或者出于保护行会利益考虑缩减专利权权利内容，甚至完全否决专利权授予行为的情况都是很正常的事情。1666 年，让 - 巴普蒂斯特·柯尔贝尔（Jean-Baptiste Colbert）建立了法国科学院（the Académie des Sciences）。此后，法王在授予专利权之前总会咨询他的科学顾问，让他们就发明的新颖性和"实用性"进行细致的评价，并以此作为是否授权的基础，由此正式创立了专利授权之前的官方审查制度。1699 年，法国科学院收到了法王以法令形式制定的科学院章程，其中就包含了承担专利审查义务的制度性规定。当一项授予专利权的令状被国王签发以后，一位国王律师就会将之送到议会审查。然后，议会将临时任命一些特别审查员，来调查该发明的"价值"。在审查的过程中，特别审查员将会就该专利的经济价值与国王委派来的主管行会、商业和税务的官员进行沟通和磋商，听取他们的意见，并在此基础上提出审查报告。与法国科学院对发明进行的创新性和技术实用性审查不同，议会更感兴趣的是将来基于该件专利设立的产业对于竞争以及税收前景的价值。也就是说，该发明未来可能产生的商业成功率在专利授权的对抗程序（议会 vs. 代表国王的政府官员）中被仔细、认真地加以讨论。这项制度一直维持到大革命之时。在早期，议会审定的专利权期限从 5 年到 30 年不等。1762 年，议会通过法规将专利权的期限统一为 15 年。为了促进专利的有效利用，1762 年通过的法规还禁止专利权的转让。❶ 和英国早期授予的专利一样，法国的封建专利也常常附有价格控制、强制许可和限期投产的专利义务。1762 年法规就规定，如果专利权人在一年之内未使用该专利，或者虽然试图使用但是未能成功运用，均导致专利权的无效。可以看出，法国在早期专利授予实践中，同样建立了一套较为完整的并且与英国不尽相同的对于专利的"技术实用性"和"经济实用性"的控制机制，而且看起来似乎比英国的还要更为严密和有力。法国的早期专利实践再次印证了实用性一直是专利授权的必要条件的科学判断。

四、北美殖民地时期的专利实践

自 17 世纪初以英国人为主体的欧洲殖民者在北美大陆建立殖民政权，到 1776 年殖民地宣布独立的一百多年间，虽然殖民地有着丰富的自然资源，但是由于人口稀少，工业基础薄弱，经济发展水平在总体上十分落后，农业占据绝对主导地位。为了刺激制造业发展，引入殖民地急需的新产业，殖民地政权仿效它们

---

❶ 在当事人看来，专利的实施有赖于专利权人自身的特殊技艺，将专利权转让他人有可能会影响到专利技术实施的效果，因为无法保证受让人具备实施专利的必要技能。这种认识可能和早期专利中普遍包含有较多的具有一定属人性的技术诀窍的现实情况是一致的。在较早的时候专利权一般是不允许继承的，这大概也是出于同样的考虑。

熟悉的英国专利制度开始了专利授权实践。❶ 实际上，在美国各殖民地开始专利授权实践的时候，作为其母国的英国已经开始向近代专利制度转变了。之所以将殖民地独立之前这一百多年的专利实践仍然归类为早期专利法的范畴，是因为北美殖民地的专利实践在这一时期并没有赶上英国专利制度的近代化步伐，而是仍然停留在英国早期专利法时期的水平。对此，美国学者 Oren Bracha 曾指出："具有讽刺意义的是，截至 1789 年，虽然已经经历了一个多世纪的半独立性发展，美洲当地（专利制度）的变化更类似于英国早期的专利实践，而非此时英国的专利制度。"❷ 北美殖民地专利实践的这种落后状况，既体现在他们对于专利权性质的认识上，也表现在他们在专利授权中所采用的体制机制，以及所授予专利权的具体内容上。虽然并没有封建君主的直接统治，殖民地还是把所授予的专利权视为一种特权，而不像近代专利法视之为一种财产权。他们还认为授予专利权属于议会自由裁量的范畴，没有人可以主张自己享有一种获得专利权的权利。❸ 在具体授权机制上，也没有统一的授权条件，需要申请人各自独立地向殖民地议会提出，殖民地议会也是一事一议，并按照制定法律的程序分别作出授权。而且在所授予专利权的权利内容方面，无论是专利期限、权项，还是适用范围，都没有统一的模式，往往是为不同的申请案视其具体情况而临时量身定做。特别是在所搭载的专利义务方面，差别就更为明显。标志近代专利法的各项特征都还没有出现。总之，北美殖民地的专利制度在总体上属于早期专利法的范畴。

　　虽然专利制度还十分不成熟，但是对专利的实用性要求却已

❶　刘绪贻. 美国通史（第 1 卷）［M］. 北京：人民出版社，2001：111 - 118.

❷　OREN BRACHA. The Commodification of Patents 1600 - 1836：How Patents Became Rights and Why We Should Care［J］. Loy. L. A. L. Rev.，2004（38）：177 - 244.

❸　BRUCE W. BUGBEE. The Genesis of American Patent and Copyright Law［M］. Washington：Public Affairs Press，1967：31 - 33.

经被明确提出，而且被视为是授予专利权最为要紧的条件。同时，为了保证这种实用性要求被落到实处，还参照英国的做法建立起了一套相对完整的实用性控制机制。在专利实用性的规定性方面，殖民地和欧洲早期专利法的要求完全相同，就是要求被授予的专利具备"经济实用性"，也就是说专利必须对地方经济的发展真正有益，而且这种益处不是微不足道的，而应该是明显的和重要的，并且是在作出授权时可以合理预期。为了满足这种实用性的要求，专利权人在申请授权的时候总是竭尽所能论证其专利的重要经济价值，以争取获得议员们的认可并作出授权的决定。"像当时的英国一样，各殖民地普遍认为，垄断专利以有利于地方产业和技术的开发与引进，即有利于公共利益为合法存在的前提。任何人取得专利，需要提出申请，详细阐述其技术提供的具体公共利益，如降低价格、提供稀缺商品或节省劳动力。"❶为了保证所授予专利的"经济实用性"，在作出授权行为之前，殖民地立法机关一般都会任命特别委员会对在案申请进行实际调查，调查的重点一般为申请专利的发明具体可能提供哪些公共利益、专利取得成功的概率以及专利对于不同利益有什么影响等。马里兰州在 1770 年授予 John Clayton 和 Esaac Perkins 专利权之前进行了调查，南卡罗来纳州在 1743 年授予 Hugh Swinston 专利权时也进行了事先调查并形成了调查报告。相反，那些曾在英国发生的丝毫无助于公共利益的"坏专利"是绝对不允许授予专利权的，对此不少殖民地都有明确的规定。例如，马萨诸塞州 1641 年《自由宣言》（Body of Liberties）即明确宣布："不得授予或者许可任何形式的垄断，但是对新发明在一定期限内的独占经营因对国家有利从而不在此限。"❷

---

❶ 杨利华. 美国专利法史研究［M］. 北京：中国政法大学出版社，2012：31.
❷ BRUCE W. BUGBEE. The Genesis of American Patent and Copyright Law［M］. Washington：Public Affairs Press，1967：61.

　　为了保证法律确定的"经济实用性"能够被具体落实，殖民地在授予专利的过程中主要采取了如下的具体控制手段：（1）设定专利实施条款。殖民地所授予的专利一般都包含一个实施条款，要求专利权人在一个规定时间内成功地实施其专利，唯有如此在授予专利时预期的公共利益才有可能真正实现。例如，1641年马萨诸塞州颁发给一个名叫 Winslow 的人一件使用某种新技术制盐的专利，该专利权的有效期为10年，但是在授权决议中明确要求专利权人必须在一年之内投产。像马萨诸塞州在 Winslow 专利中所要求的一年内投产条款，几乎存在于所有殖民地授予的发明专利之中，这种做法一直持续到早期专利制度结束的时候。❶（2）设定产品质量或价格控制条款。为了保证专利技术的运用结果真正有利于公共利益，在作出专利授权的时候，往往还会附带专利产品的质量和价格控制条款。例如，1770年马里兰州授予一个名叫 John Clayton 的人一件打谷机专利，在授权时特别强调了 Clayton 在申请时所作出的以合理价格出售专利产品的承诺，并要求他兑现该承诺。（3）设定用工条款。在有些专利的授权中，还会要求专利权人招收一定数量的本地学徒或者工人，并且还有可能附带有向学徒工传授专利技术的要求。1750年一名叫作 Benjamin Crabb 的人获得了一件制造蜡烛的专利，在授权时特别规定，专利权人 Crabb 应该至少招收5名本殖民地的学徒工并将制造工艺传授给他们。可以看出，美国殖民地时期的专利实用性控制机制具有较为明显的英国早期专利法的影子。但是无论如何，在专利实践十分不发达的殖民地时代能有这样的控制手段已经十分难能可贵了，它基本上保证了"经济实用性"这一专利价值定位在专利实践中的落实。

---

❶　NATHANIEL B. SHURTLEFF. Records of the Governor and Company of Massachusetts Bay in New England (1628 – 1686) [M]. Boston：Willianm Whithe Press, 1853：331.

第二节　近代专利法上的实用性

从历史分期上来讲，近代专利法大体上指的是 18 世纪初期至 19 世纪末期的专利立法。需要说明的是，由于经济、社会和法律发展的不平衡性，实际上各国专利法近代化的时间表并不是完全相同的。英国专利法近代化的时间较早，这一进程从 1624 年垄断法规就已经开始，但是发展相对缓慢，大概直到 1852 年专利法修正案生效才基本完成。美国专利法的近代化则是从其建国后制定的第一部专利法——1790 年专利法开始，之后发展比较迅速，到 1836 年专利法时就基本实现了近代化。其他国家也大体如此，近代化的过程基本集中在 19 世纪上半叶，从专利法的整个历史发展来看，近代专利法是一个从早期专利法向现代专利法过渡的阶段，整个近代专利法时期呈现出较多变动而较少稳定的特征。在近代专利法的后期，随着现代专利法各项要件的逐步齐备，各国专利法纷纷进入了现代化的发展阶段。虽然近代专利法属于从早期专利法向现代专利法的过渡，但是近代专利法还是有一些明显属于自己的规定，从而使之成为专利法历史分期中的独立阶段。

一、特征及成因分析

（一）特征分析

近代专利法所在的 18～19 世纪，正是西方资产阶级革命集中爆发的历史时期。经过资产阶级革命思想的洗礼，人们的思想观念发生了翻天覆地的巨大变化，同时由于资产阶级取代封建君主掌握了国家权力，国家政治制度也发生了根本性转变。这种客观环境的变化深刻影响了专利法律制度和专利实践，各国专利立法开始向近代化转变。反映在专利法对于专利实用性的要求上，就是一反早期法所规定的极高标准的"经济实用性"要求，而一步跌入了"无害实用性"标准的谷底。经过对多国近代专利立法和司法的分析，笔者认为用"无害实用性"这一概念来表达各国的立场是恰贴的。在国外，也有学者将这一时期专利法对于实用性的要求称之为"道德实用性"。[1] 但是笔者认为，"无害实用性"较"道德实用性"有更大的包容力，其要求也更低，也更为准确地描述了近代专利法对于专利实用性的要求和看法。所谓"无害实用性"，从其内在规定上来看，就是要求申请专利保护的发明创造不能给社会带来某个方面的严重伤害，不能产生过度的负面效应，或者是负面作用不是该发明的唯一的或者是主要的功能。那些可能会对社会造成严重伤害的发明并不具备法律上应用的可能，至少在国家看来，它们不应该受到专利权的刺激和鼓励，所以不授予其专利权或者所授予的专利权无效。而至于申请专利保护的发明创造是否要具有某个方面的优异性，虽然从纯理论的角度而言仍认可其必要性，甚至也体现在法律的条文之中，但是当时一种普遍流行的看法是，专利对于社会正向作用的有无及大小，应该完全交由市场来决定，国家主管机关没有能力同时也不应该进行事先的评价。所以，虽然在价值上仍然认同专利应该对社会有益，但是在操作层面一般并不具体执行。当然，对于申请专利保护的发明创造，在技术这一中立性评价上应该被认为是可行的，还是获得了较为一致的认可，多数国家也设置了力度不一的控制手段，但是也有国家将这个问题同样交给了市场，体现了一种更为彻底的"无害性"立场。在"无害实用性"的具体控制机制上，对于其技术层面的可行性一般并不进行事先的实质审查，往往是通过要求提交宣誓书、证明文件或者专利样品、模型等手段进行一定的监督，当然各国的具体要求和专利实践仍存在相当差异。由于专利权撤销制度的设立，从理论上来

---

[1] MARTIN J. ADELMAN, RANDALL R. RADER, GORDON P. KLANCNIK. 美国专利法 [M]. 郑胜利，刘江彬，主持翻译. 北京：知识产权出版社，2011：37.

讲，那些在技术上不可实施的专利是可以事后撤销的。对于其社会经济层面的实用性，是通过转化为"无害性"来具体操作的。也即是说，在专利授权阶段或者授权后的司法诉讼过程中，专利局和法院要审查该发明创造对社会造成伤害的可能性，如果不能确定会造成严重伤害也就是"无害"的话，即视为法律关于专利有益社会的要求被满足，不可以拒绝授权或者宣告专利权无效。总之，"无害实用性"标准对于专利实用性的要求较低，但是实用性仍然是被立法和学理所承认的，并且有一套与之相配合的控制机制存在。"无害实用性"的规定性和控制机制与其他两个历史时期对于实用性的要求存在明显的不同，所以这一时期的专利法仅从实用性的角度而言就构成了一个独立的历史阶段。

（二）成因分析

"无害实用性"标准的产生不是偶然的，其形成也不是一蹴而就的，而是有着一个较为坚实的社会基础和较长的历史进程。从更深层次来讲，近代专利法上的"无害实用性"原则只是西方法律长期以来存在的一项更一般的法律原则——无害原则❶——在专利法范围内的运用，所以也算不上是什么全新的理论发明。概括而言，"无害实用性"产生和存在的社会基础主要表现在如下几个方面。

1. 由专利权观念的根本性变革决定的

资产阶级革命以后，受自由主义和天赋人权观念的影响，包括专利权在内的各类知识产权不再被视为是一种由君主恩赐的特权，而是视为发明人或者作者基于其发明或者作品而享有的一种与生俱来的天然财产权利，甚至是一种基本人权的体现。在法国大革命过程中制定的1791年专利法就曾明确宣布：所有发表或实施的对社会有用的新颖的构思，本来就应属于作出这种构思的

---

❶ 对于该原则在知识产权法哲学范畴的进一步阐释，请参见：胡波. 专利法的伦理基础 [M]. 武汉：华中科技大学出版社，2011：112 – 116.

人，如不承认产业上的发明为其创造者所有，就等于无视人权。❶1878 年，在制定《保护工业产权巴黎公约》的外交会议上，与会代表也表达了同样的看法："发明人和产业上的创造人对其作品所拥有的权利是财产权，民法不是创立这种财产权，而只是对此作出规定。"❷发明和作品受到法律保护，主要的不是因为它们对社会有益，这样会使它们沦丧为一种治国工具而缺乏独立的价值，而是由于它们是发明人或者作者辛勤劳作的结果。这种劳动和体力劳动并没有不可逾越的鸿沟，既然体力劳动按照公认的劳动财产权理论可以获得其工作结果的财产权，也就没有任何理由排除智力劳动者享有同样的权利。更为进一步的是，创作者的作品和发明还体现了其具体人格，基于保护创造者人格权的需要，也应该保障创造者对其作品和发明的控制权。在当时的人们看来，发明就像写作或者设计一样，是一项创造性劳动，"瓦特可以说创造了他独特的蒸汽机，正如同样地，弥尔顿可以说创造了《失乐园》。""发明的独一无二性是由如下事实所保证的，即尽管发明人依赖于已有的思想，但在将这些抽象原理应用于某一有效的形式时，他就对这些思想给以一个独一无二的表达，而这是任何其他发明人，即使是适用该相同思想的发明人所不可能重复的。"❸而财产权在其本质属性上可以说是一种自由权，体现的是所有人的自由。在当时所秉持的"财产权绝对"观念的支配下，包括专利权在内的各种形式的知识产权取得了可以完全自由行使的理念基础。因此，早期专利法所要求专利权的一系列义务和必须对社会有益的观念，已经完全不适应时代的形势和需要，一种以财产权为基调的全新的专利权观念呼

---

❶　吴汉东，胡开忠．无形财产权制度研究［M］．北京：法律出版社，2005：349.

❷　邹琳．英国专利制度发展史研究［D］．湘潭：湘潭大学，2011：34.

❸　布拉德·谢尔曼，莱昂内尔·本特利．现代知识产权法的演进：英国的历程（1760－1911）［M］．金海军，译．北京：北京大学出版社，2012：179.

之欲出。但是由于罗马法所确立的私权行使"勿害他人"的基本法律原则已经获得了普遍认可,所以包括专利权在内的知识产权的行使同样不应该有害于他人,虽然也不要求有益于他人。综合专利权作为一种财产权应该具有的两个方面的规定性,将"无害实用性"作为对专利适格性的要求,就是再自然不过的事情了。

2. 由社会经济条件的深刻变革所决定的

随着 18 世纪中后期工业革命在西方世界的逐步展开,以雄厚资本和大量用工为基础的机器大工业生产方式开始建立,并逐渐取代早期的工场手工业成为占社会主导地位的生产方式。这种社会经济条件的根本性变化,导致了一系列对专利制度有直接影响的社会条件的变化,进而引发了专利制度自身的变革,专利实用性标准的调整即是其中的一环。

机器大工业生产方式导致的第一个社会层面的变化是资本和劳动的分离。在机器大工业背景下,生产管理成为一种重要的、独立的生产过程的组成部分。资本的所有者已经和普通的劳动者相分离,专司生产管理,管理成为一种独立的技能。普通雇佣工人则专门从事生产性劳动。早期工场手工业时期的劳动和管理合为一体的状况如今已经不存在了。于是,就全社会而言,出现了资本的所有者(资本家)和劳动力的所有者(雇佣工人)两个大的社会阶层❶ 其中一个占有资本并从事生产管理,另一个占有技术并从事生产性劳动。同时,由于劳动分工的进一步精细化,工人的工作岗位更为稳定、工作技能也更为专业化,因此他们有了更多的时间和更大的能力发现生产中存在的技术性问题,为了克服本职岗位上的技术难题而出现的工人发明越来越普遍。还有,随着这一时期科学和技术的日益接近,以科学研究为基础

---

❶ L. GETZ. History of the Patentee's Obligations in Great Britain (part Ⅰ) [J]. Journal of the Patent Office Society, January, 1964, 64 (1): 77.

的职业发明人出现了，并成为社会上的一个重要群体。❶ 工人发明和职业发明人发明成为这一时期发明的主要形式。工人发明和职业发明人发明有一个共同的特点，那就是由于这些发明的发明人缺乏必要的资金和经营管理经验，它们很难直接付诸生产，往往是转让给资本的所有者并从中获得一定收益。而这种转让能否顺利进行甚至能否最终转让出去都是有疑问的。于是，早期专利法关于限期投产的要求在这个时候已经难以适应时代要求了。

社会化大生产导致的第二个经济层面的变化是发明创造自身的日益细化。由于社会化大生产客观上要求分工的细化，生产被划分为一个个具体的环节，生产中遇到的技术问题往往也是细节性的，因此针对一个细节所做的改进性发明越来越普遍，早前存在的整部机器或者整个工艺流程的整体发明则越来越少。由于改进性发明已经在客观上成为一种重要的发明形式，所以早期法律所不承认的改进发明在这一时期被法律所明确承认，❷ 成为一种可以独立于基础发明而单独受到法律保护的发明创造。这些改进性发明由于专利权范围仅局限在改进部分，所以并不具备独立投产的可能性，要想投入生产就必须同时利用可能尚在保护期内的基础发明。而为了能够取得基础发明人的授权，则可能需要一个复杂而艰难的谈判过程。甚至有的时候，由于机械类发明自身的累积性特征，改进发明人往往需要和多代基础发明人进行授权谈判，或者是进行合作谈判。这些都决定了在申请获得专利保护之后，投产时间的无保证性。因此，改进发明的出现和其日益占据

---

❶　CHRISTINE MACLEOD. Inventing the Industrial Revolution：The English Patent System，1660 - 1800 ［M］. Cambridge：Cambridge University Press，1988：78 - 81.

❷　早期专利法往往认为改进发明缺乏新颖性，因此是不能获得专利授权的。在1776 年发生的莫里斯诉布南山（Morris v. Branson）一案中，主审法官曼斯菲尔德（Mansfield）推翻了改进发明不可专利的传统规则，作出了改进发明在其改进或增加部分可以获得专利保护的里程碑式的判决。Morris v. Branson，1 Carp. P. C. 30，34（1776）.

重要地位，也决定了早期专利法"经济实用性"之限期投产要求的不合时宜。技术自身要求有更大的活动空间和自由，于是法律也不得不让步。

社会化大生产导致的第三个社会层面的变化是社会产品的极大丰富。随着机器化大生产时代的到来，社会产品已经极大丰富，已经完全不同于专利法早期工业产品严重匮乏的局面。随着生产能力的急速提升，西方工业化国家普遍出现了马克思所谓的生产相对过剩的问题，甚至由此引发了经济危机。同时由于此时奉行完全自由竞争的社会经济政策，社会竞争比较充分，以致出现了竞争过度的现象。为了能在日益激烈的经济竞争中取胜，资本家总是竭尽全力地提高产品质量，通过减少用工、延长劳动时间等方法压缩生产成本从而降低产品的价格。所以，早期专利法所要求的通过尽早投产给社会提供必要的工业产品，保证产品的质量和价格等，其适存的社会条件已经荡然无存，资本家所做到的比政府想要得到的还要进步很多。所以，已经完全无须再在专利授权的过程中施加限期投产、保证质量和价格等条件。加上近代专利法所处的那一段历史时期正是西方资本主义国家急剧进行海外扩张的时期，大量人口移民海外，国内的就业压力也不大，所以就连早期专利法上的用工条款也显得多余了。

3. 受到了专利说明书制度在这一时期逐步建立和完善的影响

到18世纪中期，专利制度的外观发生了两点重要变化：其一，发明和产业引入的区别被更加清晰地加以描绘；其二，投产义务被对发明的单纯披露义务所逐步取代。这两点重要变化之间具有紧密的内在联系。❶专利说明书制度是一种重要的专利制度，具有多方面的法律和社会意义。首先，专利说明书在其最初

❶ L. GETZ. History of the Patentee's Obligations in Great Britain（part Ⅰ）［J］. Journal of the Patent Office Society, January, 1964, 46（1）: 75.

萌芽时就是作为暂缓投产的替代性方案被提出的。有研究表明，最初的专利说明书出现在 1611 年。当年，英国人思妥文（Sturtevant）在为其发明"燃煤熔铁"工艺申请专利之时，向英国当局提交了一篇论文（Treatise of Metallica）说明这一工艺的操作流程并承诺一旦获得专利授权将提交一份更为详细的说明书。据思妥文本人的解释，其提交这种说明书的目的有四，其中之一就是，说明书的公开可以使其免于在一定时间内必须从事生产的法定要求。❶ 有证据证明，思妥文所提交的说明书并没有达到完全公开的程度，但是这种提交说明文字的做法显然是现代专利说明书要求的最初形式。早期专利法要求专利权人限期投产的目的和作用是多重的，其中之一是审视申请专利的发明在技术上是否可行和在经济上是否有益。在对专利技术作出较为充分的说明之后，这一目的已经可以在投入生产前通过对技术方案本身的审查得到相应满足，从而无须立即实际投入生产。早期专利法限期投产的另一项重要社会功能是，通过投产的手段实现发明技术信息的扩散，从而使整个社会的技术认识水平获得提升。这是与早期专利法在授权当时不要求技术公开，甚至在专利权期满之前都不要求公开的实际状况相一致的。加之，早期专利一般专业化程度不强，通过产品在市场上的投放和实际生产过程的展示，社会公众很容易就获得了对专利技术知识的理解。但是，在近代专利法时期，由于专利说明书制度逐步建立和完善，特别是专利说明书公共查阅制度的建立，无须实际投产技术扩散的目的已经可以达到。学术界公认，1711 年英国人纳思密斯（Nasmith）在其专利获得授权之后提交的一份关于其发明技术的详细文字说明是近代专利说明书制度的真正起源。❷ 据国外学者统计，1711～1734 年

---

❶ ADAM MOSSOF. Rethinking the Development of Patents: An Intellectual History, 1550–1800 [J]. Hastings Law Journal, 2006, 52 (6): 1255–1322.

❷ D. SEABORNE DAVIES. The Early History of the Patent Specification [J]. The Law Quarterly Review, 1934, 197 (50) 87.

有大约五分之一的专利申请附有技术说明书，而在 1734 年之后，提交专利说明书逐渐成为专利实践中的习惯。❶ 自 1734 年提交专利说明书被专利受理部门作为一项规则确立之后，早期专利法上通过投产控制的办法所欲实现的实用性证明和技术扩散需求已经基本上从专利说明书制度中获得了满足，而且这种满足是一种成本更低的手段，所以专利说明书正式替代了投产条款。还有一点，在这一时期专利维持费制度逐步建立和完善，迫使那些无真正经济价值的专利自我淘汰，基本无须事先对其实用性特别是经济实用性进行审查。针对新建立起来的专利维持费制度，时人评价道："现在对专利权人实行适度收费，该数额加起来，在 14 年的全部期限内拥有该专利的话，就是 150 至 200 英镑，如果没有收费，我国就将淹没在一片假劣的发明中，这将比取消在发明上的全部独占性财产权而对人们的利益造成更大的损害。"❷

4. 由此时所建立的专利不审查制度所决定的

随着专利实践的发展和工业革命时代的到来，自 19 世纪上半期开始主要资本主义国家的专利申请量快速增加，早先奉行的由国家元首、政府高官或者议会逐案审查的制度已经难以适应新的社会形势，于是各国纷纷组建专门的专利工作机构，以应对日益繁重的专利受理和授权工作。英国在 1852 年 10 月 1 日根据当年新通过的专利法修正案正式成立了英国专利局，专利局专司管理从专利申请到专利授权全过程的所有专利业务。在英国专利局开门办公的第一天，就收到了 147 件专利申请，当年专利申请量就达到了 2000 多件，远超 1851 年 400 件的申请总量。❸ 1836 年

---

❶ CHRISTINE MACLEOD. Inventing the Industrial Revolution：The English Patent System，1660 – 1800 ［M］. Cambridge：Cambridge University Press，1988：49.

❷ 布拉德·谢尔曼，莱昂内尔·本特利. 现代知识产权法的演进：英国的历程（1760 – 1911）［M］. 金海军，译. 北京：北京大学出版社，2012：212.

❸ 邹琳. 英国专利制度发展史研究［D］. 湘潭：湘潭大学，2011：55.

美国较为全面地修订了 1793 年的专利法，其中一项重要的内容
就是决定设立专门的专利工作机构——美国专利局，以应对日益
繁重的专利行政工作。虽然建立了专门的专利工作机构，但是各
国却普遍采用了专利的不审查制，也就是说，专利局并不对专利
申请案进行实质审查，而只是负责专利授权的行政程序工作。这
种做法与当时人们对于通过专利审查方法确定专利的价值持一种
十分不信任的态度有关。1851 年英国掌卷法官和副总检察长郎
戴尔（Langdale）勋爵总结了时下流行的看法后说道："我无法
想象有任何方法，能够使你区分好的发明和坏的发明；我曾听过
许多发明，他们一度曾被看做是相当疯狂和荒唐的，事后却被证
明对公众是最有益的；相反，我也知道有许多看起来似乎将要做
出重大奇迹并且对公众带来最大好处的发明，却被证明是空洞的
幻想；因此，我真的认为，对于任何法庭来说，要想区分一个好
的发明跟一个坏的发明几乎是不可能的。"❶ 这种对于判断力的
担忧，就是为什么在 20 世纪早期之前，人们并不认同专利审查
制度的原因。与在专利授权条件上所奉行的整体上的不审查制相
呼应，对专利的实用性同样采取了不审查的做法。除非发现某件
发明的实施有可能会严重伤害社会，否则就不应该拒绝授权，至
于其实际价值的有无及大小应该交由市场而非政府来决定。这种
看法也正好迎合了当时正蓬勃兴起的自由放任主义（laissez-
faire）思想的要求。按照自由放任主义的看法，经济行为应该充
分发挥市场这只看不见的手的调整作用，国家仅仅应该作为守夜
人出现。既然国家作为守夜人的作用还是被承认的，那么对于那
些真正有害的发明国家还是有权力并应该拒绝的，这并不是一个
对专利进行实质审查的问题，而是一个无须证明的国家天然职责
的组成部分。

---

❶ 布拉德·谢尔曼，莱昂内尔·本特利. 现代知识产权法的演进：英国的历程
（1760 – 1911）［M］. 金海军，译. 北京：北京大学出版社，2012：213.

二、英国的专利实践

由于英国早期专利法上一直存在专利权的行使应该有利于公共利益的观念,所以对于专利权的公共利益使命一直是为英国学理界所承认的,甚至在立法上也有相应的规定。但是在法律所设定的操作机制和专利部门的专利管理实践中,这一要求实际上在近代专利法时期一直被弱化甚至被虚化,法律上的有益性要求在实践中是以"无害性"方式被解释和运作的。

(一)专利法规关于实用性的规定

1624 年生效的垄断法规在很长的一个历史时期内都是英国授予发明创造专利权的法律基础。该法律第 6 条就是被现代学者奉为近现代专利法圭臬的专利除外条款。垄断法规第6条规定,在一定条件下授予的发明专利垄断权并不违法,从而构成了后来发明专利制度的基石。该条具体表述为:"……对于授予最初真正发明人的不超过 14 年的独占经营这一新产品的专利特权,并不在上述无效垄断的范围,只要此种专利并不违反法律,也不损害国家利益;上述 14 年期限系从公示令状或者特权授予之日起计算……"❶ 可以较为明显地看出,本条文除了要求一定的新颖性以外,对于实用性等其他现代专利法上的专利条件并未提出明确要求。但是该法也规定了专利权不得违反法律或者损害国家利益的义务,在笔者看来这就是在强调专利必须具备"无害性",也就是说只有那些无害的发明才能在法律上存在,所以可以认为垄断法规是近代专利法上"无害实用性"的真正源头。英国著名法官爱德华·柯克(Edward Coke,1552 ~ 1634)作为英国专利制度的观察者和实际参与者,在其所著的《英格兰法律制度》一书中认为,垄断法规对于发明专利的授权规定了七个方面的条

---

❶ HAROLD G. FOX. Monopoly and patents: A Study of the History and Future of the Patent Monopoly [M]. Toronto: The University of Toronto Press, 1947: 340.

件，其中有四个方面规定了专利不得有害的要求。这四项要求分别是：专利权的授予不得违反法律，此处所谓法律不但包括成文法，也包括普通法；专利权的授予不得导致商品价格的提高从而损害国家利益；专利权的授予不得损害贸易，这里的贸易指的是国内已经存在的贸易；专利权的授予不得导致不便，比如新产品的引入如果导致人们失去工作就视为导致了不便。❶ 从柯克所举的例子中可以看出，当时人们对于专利权无害性的要求还是比较严格的，甚至有些是与专利权的本质相冲突的，比如新发明导致人们失去工作机会的情况。垄断法规在其施行后的近两百年间都是英国专利法的主要成文法根据，直到 1852 年英国专利法修正案获得通过。鉴于人们对于专利质量的日益激烈的批评，1852年专利法修正案明确规定了申请专利的发明应该具有某种重要的公共利益（Public Interest），建立这种效用标准的目的是排除那些荒诞或者琐细的发明获得专利的可能性，但是由于该法采用了不审查制，而且没有建立起来其他相应的控制机制，这种公共利益的要求并未被真正落实，实际执行中体现的仍是长期以来存在的"无害实用性"的要求。

（二）专利行政部门关于实用性的把握

1852 年，英国专利局成立。在专利局成立之前，英国的专利授予工作是由枢密院和其他多个部门共同负责的。由于英国对于专利的审查制直到 1905 年才建立起来，所以无论是枢密院时期还是专利局早期，由于并没有法律授权和对于专利实用性进行审查的要求，所以一直奉行的是不审查原则。至于申请专利的发明在技术上是否可行，英国专利局只是要求申请人提交一份技术说明书和一份宣誓书，只要申请人自己宣布该技术是可行的就足够了，专利局是不会自行或者组织专家审查的。虽然 1852 年专

---

❶ 参见：黄海峰. 知识产权的话语与现实：版权、专利与商标史论 [M]. 武汉：华中科技大学出版社，2011：135-136.

利法要求发明应该具有重要的公共利益，但是专利局认为对于专利经济和社会效用的把握，不应该由自己进行，而应该在授权后可能发生的诉讼中由法院审定。正是这种对于实用性不审查的态度和做法，导致实践中出现了很多根本无法实施或者毫无经济价值的发明被授予专利权。特鲁曼（Trueman）在 1877 年说道："实际上，第一个认为自己发现了永动装置（Perpetual Motion）的、专事制造奇思怪想的人（Crotcher-monger）就能得到证书，只要他愿意花上 25 英镑来换得这样的特权。"基于这种情况，当时有人认为，英国的专利授权机构对专利权人是极端不负责任的，并认为专利只给专利局的工作人员带来好处而不附带任何义务，所有的风险都得由专利权人自己承担。"他对于新颖性是自己承担风险，对于实用性是自己承担风险，对于使之成为一项有效的专利的任何其他必要条件也是如此。"❶ 鉴于这种情况，1871～1872 年专利法特别委员会曾提议在专利法中引入审查制度，但最终该建议在当时未被采纳。

（三）司法机关关于实用性的认识

英国法院在审理专利案件时对于专利实用性问题的总体态度是，只要专利权人提供了足够详细和准确的技术说明书，以至于技术人员在看到该说明书能够实现该发明，就认为专利权人已经为其垄断权提供了充分、有效的对价，实施专利并不构成专利权人的一项义务；而至于法律所规定的专利权负担的促进公共利益的义务，由于法官并没有足够的知识和技能来判断这种有益性，所以并不允许以缺乏必要的公共利益为由宣告专利无效，专利权的经济价值应该由市场检验并由专利权人承担起后果，除非该专利的实施严重有害于社会公认的道德和法律准则。到 18 世纪中期，专利说明书作为获取专利权充分对价的思想已经被完全确立

---

❶ 布拉德·谢尔曼，莱昂内尔·本特利. 现代知识产权法的演进：英国的历程（1760–1911）[M]. 金海军，译. 北京：北京大学出版社，2012：157.

下来。在 1778 年发生的 Liardet v. Johnson 一案中，曼斯菲尔德（Lord Mansfield）创立了以下法律原则："一般说来专利上的问题包括两个方面的内容。第一，在该专利之前，该发明是否为已知和公用的技术；第二，专利说明书是否已经达到了其他人可以据此实施的充分程度。专利说明书的意义在于，其他人从中被教导以掌握授予专利权的发明的使用方法，并且，如果该说明书的信息是虚假的，则专利权无效，因为专利期限经过之后社会公众无法从中获益。因此，作为专利权人获取专利权的对价，法律要求专利权人尽其所知给出有关其发明发生作用的技术特征方面的最完整的和最充分的描述。"❶ 曼斯菲尔德还说道，如果技术构思毫无价值，原告将会一无所得，并且也不会有人能得到什么。可以看出，在该案中曼斯菲尔德法官表述了与实用性有关的两个方面的看法：一是专利说明书所披露的信息必须是真实和可行的，也就是申请专利保护的发明在技术上是可行的；二是专利权的有效并不需要一定的公共利益要件，一份合格的说明书已足矣。在 Badische Analin Und Soda Fabrik v. Thompson & Co. 一案中，大法官 Warrington 陈述道：自垄断法规以来，没有任何判例说明，如果专利权人没有利用其发明则专利权丧失法律效力。在 19 世纪初期，专利权人已经享有控制其专利权的全权。专利制度的基础已经发生了彻底的转变，专利权人的实施义务已经被对发明的披露义务完全取代。有赖于专利实施条款的"经济实用性"也被普通法彻底抛弃。虽然此时议会通过在专利法中增加公共利益的概念给法院强加了一项极度困难的任务——逐案审查公共利益的存在。但是法院认为，根据法官们所受到的法律技术和原则方面的训练，他们并没有能力去逐案审定法律所要求的公共利益的问题，因为这往往需要在不同的经济社会理论之间作出艰

---

❶ L. GETZ. History of the Patentee´s Obligations in Great Britain（part Ⅰ）[J]. Journal of the Patent Office Society, 1964, 46 (1)：80.

难而毫无把握的选择。在 Crown Milling Co. v. The King 一案中法官就曾指出："本院和任何其他法院都不应该在相互冲突的政治经济理论中做出裁判。"❶

三、美国的专利实践

美国国会在制定 1790 年专利法时，基于"专利授权是政府根据公共利益来调控经济活动、履行其管理职责的一种方式"❷的传统认识，仍然坚持了殖民地时代以来的"经济实用性"标准，规定由三名政府高级官员组成专利委员会来审查是否存在这种经济效用，并据此作出是否授权的决定。但是在 1793 年专利法改采注册制后，在专利授权环节不再审查专利的公共利益性问题，而是将之后移至法院。从美国在 1793 年以后的行政机构的授权实践和法院的司法实践来看，美国逐步确立、认同了"无害实用性"标准，彻底放弃了以公共利益为考量的"经济实用性"标准。

（一）专利法关于实用性的规定

美国专利立法一直是承认专利实用性要件的，并为此设置了相应的控制机制。在近代专利法采纳"无害实用性"的阶段，美国专利立法关于实用性的规定主要表现在以下三个方面。首先，自建国以来，在美国历次的专利法制定或修订过程中，关于专利应该具备某种实用性的要求是一直被明确承认的。美国专利立法以美国宪法为基础，而美国宪法在其知识产权条款中明确规定宪法设定专利权的目的是促进"实用技艺"（Useful Arts）的进步，从宪法的高度对专利的实用性作出基本规定。美国专利史

---

❶ L. GETZ. History of the Patentee's Obligations in Great Britain（part Ⅱ）[J]. Journal of the Patent Office Society, 1964, 46（3）: 224.

❷ OREN BRACHA. The Commodification of Patents 1600 – 1836: How Patents Became Rights and Why We Should Care [J]. Loyal of Los Angles Law Review, 2004（38）: 177 – 244.

学者爱德华研究后认为，宪法中所规定的"实用技艺"指有用或者有价值的交易，促进有用技术的进步即表明希望推动或者提升这种交易的进步。❶ 美国历次版本的专利法均秉持这一精神，无不将促进实用技术的进步作为其基本目标。美国 1790 年、1793 年和 1836 年专利法的全称或者是其名称中最核心的部分均表述为"促进实用技艺进步法案"（An Act to Promote the Progress of Useful Arts）。1790 年专利法第 1 条更是明确规定，只有当专利委员会三人中至少两人认为申请专利的发明"足够有用且重要"（Sufficiently Useful and Important）时，才可以授予专利证书，并且授权对象也限定为"有用的"工艺、制造品、发动机、机械、装置或者其改进。1793 年专利法由于改采注册制，在授权条件中删掉了"认为发明或者发现足够有用和重要"的条件，但是关于授权对象"有用的"规定没有变化。1836 年专利法由于采用审查制，又恢复了"足够有用和重要"的要求，并继续强调可专利主题的有用性。其次，为了确保专利立法上关于"实用性"要求的落实，美国前三个版本的专利法均设置了一定的保障机制。其中最主要的也是最有特色的规定就是要求提交模型或者样品，从而能以最直观的方式展示发明在技术上的可行性。1790 年专利法要求，凡是能够提供模型的发明必须一律提供，并且模型要非常准确，以至于使熟悉同一学科领域或者接近的学科领域的技术或产品的工人或其他人能够予以制作、建造或使用。1793 年专利法要求申请人就其发明及其使用方法或合成过程，使用详尽、清晰和准确的术语，提交一份书面的描述，并达到本领域技术人员可以复制的程度；如果涉及某种机械，还应充分解释其原理并附上模型，如果是化学领域的发明，还需要提供

---

❶　EDWARD C. WALTERSCHEID. To Promote the Progress of Science and Useful Arts: the Background and Origin of the Intellectual Property Clause of the United States Constitution [J]. Journal Intellectual Property Law, 1994, 2 (1): 26 – 27.

数量足以满足实验需要的成分和物质组合的样品。1836 年专利法第 6 条规定："只要发明可以用模型表示，申请人就需要以便于充分展示各个部分的比例提交一个发明的模型。"专利模型被视为申请中的重要材料。在 19 世纪末期取消提交模型的要求之前，关于模型的要求一直是美国专利法的一大特色。模型的提交有多个方面的意义，其中之一就是展示发明本身在技术上的可行性要求，也即法律关于实用性的要求。最后，1790 年和 1793 年专利法还规定了授权后的无效宣告制度和侵权抗辩事由。根据专利法的规定，如果在授权之后发现某件专利不符合授权条件，受诉法院可以宣告该专利权无效。实用性作为法律明确规定的授权条件之一，当然成为法院宣告专利权无效时的重要依据，以此保证实用性的存在。专利法关于侵权抗辩事由规定：如果说明书没有包含与发明相关的全部信息，或者超过了实现所记载的效果所需的信息，并且这种少载或过载的行为是出于欺骗公众的目的，致使人们利用其所记载的方法不能产生所描述的效果时，也就是缺乏技术实用性时，被告可以据此提出有效的抗辩。如果抗辩成立，法院就不会认定侵权的存在，这也是为了保证授予专利的发明有真正的实用性。

（二）专利行政部门关于实用性的把握

在发明人享有天然的专利权这一自然法思想的指导下，美国 1793 年专利法全面确立了专利注册制，在行政程序环节不再对专利申请进行任何实质审查。只要申请人提交了符合形式条件要求的专利申请材料——宣誓书、说明书以及图样或者样品、模型——就准予办理专利权注册手续。专利办公室无权拒绝给不具备新颖性或者实用性的发明颁发专利证书，甚至申请人抄袭专利模型室陈列的发明模型并将之提交专利申请的行为，专利主管对此虽心知肚明却也无可奈何。❶ 在威廉·萨顿（William Thornton）

---

❶ 杨利华. 美国专利法史研究 [M]. 北京：中国政法大学出版社，2012：94.

任美国国务院专利办公室主管期间（1802～1828），他以自己的风格变通执法，在专利申请过程中，对于那些明显没有实用价值或者属于"公共权利"而不宜授予专利的申请行为，往往根据自己理解的立法意图，突破法律规定的注册授权规定，以个人名义劝阻申请人的专利申请。这种做法虽然在一定程度上缓和了注册制的不足，但也因为具有滥用职权的嫌疑而经常受到申请人的批评和美国国务卿的否决。1829～1835 年执掌专利事务的克瑞格（John D. Craig）一改其前面两任主管的做法，坚持按照专利法的要求实行纯粹的注册授权机制，不再对专利申请进行任何实质审查。

（三）司法机关关于实用性的认识和裁判

1793 年专利法虽然将审查制改为注册制，取消了专利行政部门对于申请进行实质审查的权力，但是在立法层面依然保留了授予专利权的对象应该具备实用性的规定。1793 年专利法施行之后，在很长的一段时间内，关于可专利性的标准，普遍流行的看法依然是，专利属于一种特别授予的权利，专利的实用性即专利对于公共利益的积极效果，专利授权应该有利于增加和促进公共利益。至于取消了专利审查程序之后，由谁来保证专利的实用性和公共利益的问题，范·勒斯（Van Ness）法官在 1821 年迈高诉布莱恩（McGaw v. Bryan）一案中认为，在 1793 年专利注册制下，法院将取代之前的专利委员会负担专利公共政策价值的审查职责。❶ 在 1818 年伊万斯诉伊顿（Evans v. Eaton）一案中，联邦最高法院也认为，1793 年专利法由法院陪审团取代专利委员会，负责审查已经授权的专利是否足够有用和重要。❷ 在认可了法院对于专利实用性审查的职责之后，在最初的某些专利诉讼案件中，法官们仍然坚持了专利应有利于公共利益的传统观点并据

---

❶ McGaw v. Bryan, 16 F. Cas. 96 (S. D. N. Y. 1821) (No. 8 793).
❷ Evans v. Eaton, 16 U. S. (3 Wheat.) 454, 488 (1818).

此作出裁判，一批专利因为缺乏足够重要的实用性而被宣告无效。在 1822 年发生的兰登诉德格鲁特（Langdon v. DeGroot）一案中，利文斯顿（Livingston）法官坚持认为，专利应当对公众有益并且要提供值得国家进行保护的足够利益。针对涉案的诉讼，他认为，该案原告的发明（一种广受欢迎的原棉产品的包装材料）不能给公众提供足够的益处，即使公众愿意付费购买这一材料，也不能说明其具有法律需要的实用性。也就是说，根据某些法官的看法，专利的实用性需要由法院根据保护公共利益的需要来评估，而不是交由市场来决定。

随着美国工商业的发展以及专利市场价值的增加，特别是英国在 18 世纪后期发展起来的专利实用性应该交由市场决定的理论在美国的传播，经济学界和法学界开始用一种新的理论和观点来看待法院在专利实用性评价中的作用。在 1810 年的惠特尼诉卡特（Whitney v. Carter）一案中，当被告以原告的发明缺乏实用性质疑其专利的法律效力时，惠特尼的律师提出，"法院将会相信，纠缠这一问题只能是浪费时间"，判断专利是否合法有效不能依据专利是否有利于公共利益的标准。❶ 美国著名法官斯托里（Justice Joseph Story，1779 ~ 1845），在 1817 年所审理的两起重要的专利案件中，❷ 创立了全新的专利实用性判断标准。他认为，专利实用性主要是指发明是否有利于提高资源的品质或者降低商品的价格，法院不必裁决专利是否促进公共利益这一抽象的问题，而只需解释和判断发明是否达到法定的专利授权所需的新颖性和实用性要求，而将其真正的实用价值交给市场来判断，从而奠定了近代专利法上实用性标准的理论基础。在洛厄尔诉路易斯（Lowell v. Lewis）一案中，针对被告所提出的原告的专利产

---

❶ Whitney v. Carter, 29 F. Cas. 1070 (C. C. D. Ga. 1810) (No. 17, 583).

❷ Lowell v. Lewis, 15 F. Cas. 1018 (C. C. D. Mass. 1817) (No. 8568); Bedford v. Hunt, 3 F. Cas. 37 (C. C. D. Mass. 1817) (No. 1217).

品比现有的同类产品装置还要差、没有促进公共利益因此不能受
到专利保护的辩解，斯托里法官认为，"实用""有用"是与
"有害"或"不道德"相对而言的，法律所要求的实用性是指发
明不应当对好的事物、政策或者善良的社会道德准则有害，不具
有实用性的发明必定是"毒害民众、鼓励放荡或者便于私人暗杀
的发明"。斯托里法官认为，法院在判断实用性时，仅限于确认
发明是否有害，而不是传统意义上的裁决发明是否有利于社会公
共利益，以及在多大程度上值得国家授予专利权；发明是否实
用、价值几何，均与公共利益无关，唯一有关的就是发明不得伤
害社会的原则。斯托里法官在该案中的解释经典地、全面地、深
入地诠释了近代专利法上"无害实用性"标准的基本内涵。斯
托里法官所提出的判断实用性的"无害性"标准，和当时尚处
于主导地位的传统的"经济实用性"判断标准发生了直接的冲
突。但是由于有越来越多的法官接受了斯托里法官的观点，"无
害实用性"就逐渐被确立为美国专利实用性的基本判断标准。如
在1820年的柯尼斯诉斯库尔吉尔案❶和1831年的惠特尼诉艾米
特案❷中，法官都采纳了斯托里法官的观点。很快，学者们在理
论上也全面地接受了斯托里法官的看法，并对其进行了更为细
致、深入的研究。菲利普斯（Willard Philips）在其1837年的著
作中指出，"斯托里法官提出了目前为美国普遍接受的（关于专
利实用性的）解释"，并系统地阐发了这一专利实用性的新学
说。❸"无害实用性"标准（美国经常称之为"道德实用性"标
准）的提出对美国的专利司法实践产生了深远的影响，在20世
纪50年代现代专利法上的实用性标准确立之前，该标准一直是

---

❶ Kneass v. Schuylkill Bank, 14 F. Cas. 746（C. C. Pa. 1820）（No. 7875）.

❷ Whitney v. Emmett, 29 F. Cas. 1074（C. C. E. D. Pa. 1831）（No. 17, 585）.

❸ WILLARD PHILIPS. The Law of Patents for Inventions；Including the Remedies and Legal Proceedings in Relation to Patent Rights [M]. Boston：American Stationers' Company, New York：Gould, Banks and Company, 1837：142.

美国法院基于实用性宣告特定专利无效的基本理由。在 19 世纪后半期，该标准经常被法院用来否定就赌博工具所进行的专利申请行为。在 1897 年 Schultz v. Holtz 一案中，法院否决了一件关于在铸币机上安装硬币回收装置的专利申请，因为法院认为这项发明可以被用于赌具老虎机上。❶ 在 1889 年发生的 National Automatic Device Corp. v. Lloyd 一案中，法院否决了一件关于玩具赛马道的专利申请，理由是这种玩具赛道可以被用于赌博。❷ 除了基于"无害实用性"的原则否决与赌具有关的专利申请外，对于纯粹用于欺骗的发明也经常基于缺乏实用性的理由被法院认定为无效。在 Richard v. Du Bon 一案中，联邦第二巡回上诉法院判定一件在国产烟草上制造斑点的方法专利无效。法院查明，这项工艺唯一的用途就是使国产烟草看上去像是进口烟草，从而构成了对消费者的欺诈。❸ 该案的判决与长期以来美国法院一直坚持的不得对主要用于欺诈的设计授予专利权的立场是完全一致的。

第三节　现代专利法上的实用性

与近代专利法相比，现代专利法的基本特征是专利实质审查制度的全面建立。由于各国在专利法上确立审查制度的时间不完全相同，所以进入现代专利法的时间也就互有差别。但是就专利的实用性标准而言，在现代审查制度建立起来之后，各国专利法并未立即随之进入实用性标准的现代化阶段。这是因为，在审查制建立之后的一段时间内，多数国家的专利行政部门仅仅满足于对新颖性、创造性和可专利主题的审查，而关于实用性要件的审

---

❶　Schultz v. Holtz, 82 F. 448 (N. D. Cal. 1897).

❷　National Automatic Device Corp. v. Lloyd, 40 F. 89, 90 (N. D. Cal. 1897).

❸　Richard v. Du Bon, 103 F. 868, 873 (2d Cir. 1900).

查仍局限在近代专利法所确立的"无害实用性"范畴之内，仅审查排除那些有害于社会善良道德或者公共秩序的发明创造。与过去所不同的，只不过是将之前完全由司法机关行使的这一权力又重新前置到了行政程序阶段，形成了和司法机关并列审查的双重格局。真正进入实用性标准的现代化阶段，是在有机化学、生物技术等新兴科学技术获得有效发展之后，针对这些新形态科技成果在申请专利保护时提出的有关实用性的新问题，各国才对实用性的审查标准进行了发展，不再局限于"无害性"的狭隘范畴内，探索出了一套从正面判断专利实用性的新的标准体系。专利实用性新标准的出现时间大概在 20 世纪中期及其之后的一段时间。20 世纪 80 年代以来，随着专利主题范围的不断扩大，新的专利主题提出了更为棘手的实用性问题，实用性标准理论在 20 世纪晚期又获得了更为丰富的发展，已经和近代专利法上的消极实用性标准形成了根本性的断裂，一套系统、全面的现代专利法的实用性判断标准最终形成。现代专利实用性标准的代表性立法为美国、欧洲和日本的专利法。

一、特征及成因分析

（一）特征分析

专利法进入现代化阶段以后，授予专利权的发明创造必须对社会有某种积极效用的观念，仍是国际社会通行的看法。作为与新颖性和创造性相并列的专利授权三要件之一，实用性为世界上绝大多数国家的立法和国际公约所明确规定。不少国家在其专利审查指南中还细化了实用性的审查准则，以满足审查员对实用性审查的需要。与早期专利法和近代专利法对实用性的要求不同，现代专利法所要求的实用性是一种"技术实用性"。所谓"技术实用性"一般认为包含以下几层含义：发明创造所包含的技术方案必须能够实现并且可以稳定地再现；发明创造根据其技术特点可以为社会产生某种有用的结果；一般不要求专利权人必须实施其发明创造。以上这三个方面就是现代专利法上"技术实用性"的基本规定性。但是由于不同国家对于发明创造应产生的有用结果的具体要求不同,世界上又形成了欧洲和日本的"工业实用性"标准和美国的"实用性"标准。依"工业实用性"标准,发明创造必须能够在包括工业、农业、商业、交通运输业等任何一种产业上运用才视为有实用性,同时,如果某项发明创造确实可以运用于上述产业,则也就满足了实用性的要求,而不再去考虑其效用的具体内容。而美国的"实用性"标准则要求,实用性必须是特定的、本质的和可信的,至于这种实用性是否一定通过在产业上运用来体现,则并没有特别要求;相反,即使一项发明创造能够在产业上被制造或使用,但是如果其实用性并不是特定的或者本质的,仍然被视为不满足实用性的要求。无论对于实用性的具体要求有何不同,各国均建立起了一套确保实用性存在的控制机制,以保证所授予专利的发明具有本国专利法所要求的实用性。实用性控制机制包括事前控制和事后控制两个方面的控制措施,并以事前控制为主。所谓事前控制,主要是指在专利授权作出之前的审查程序中,由专利审查人员对实用性所进行的查控,达到阻却无实用性发明获得专利授权的目的。所谓事后控制,主要是指在专利授权之后,在专利诉讼的过程中,由司法机关对专利实用性所进行的审查,如果发现授予专利权的发明创造无实用性,则可以宣布授权行为无效。通过上述两个方面的控制措施,现代专利法较好地保证了所授予专利的实用性。

(二) 成因分析

现代专利法上实用性的要求具有和近代专利法相同的一面,那就是都不要求这种实用性是重要的或者产生重大社会公共利益,更不要求通过经济数据来证明实用性的存在和大小,一项发明只要在技术上有利用的可能性就足够了,至于其之于经济发展的价值多寡应该交由市场来决定。❶ 所以，在实用性特征的形成原因上，具有和近代专利法相似的一面。但是现代专利法对实用性的要求又和近代专利法存在较为明显的区别，这些区别特征的形成来源于现代专利法所具有的特殊因素。笔者在此重点分析形成现代专利法上实用性特征的这些特殊因素。

1. 由专利权的产业工具性质所决定的

专利法进入现代化阶段之后，专利权的权利属性被重新思考和定位。虽然人们已经较为广泛地接受了专利权是一种私权的观念，甚至专利权的这种属性被普遍化为知识产权的一般特征而规定在有关国际公约之中，但是人们也已普遍地意识到专利权的私权性与作为私权典范的物权、债权以及人身权具有较大的不同，将其定义为一种特殊的私权似乎更为恰当。包括专利权在内的各种知识产权的私权性与民法上普通私权的不同主要体现在，知识产权承载着一定的公共使命，它不完全是满足权利人个人利益的手段，它同时还得有利于经济和社会的发展。对于专利权在属性上的这种特征，有学者将其称为具有公权化趋向的私权。❷ 无论用什么术语去定性专利权的法律属性，有一点是能够达成共识的，那就是专利权是负有义务的权利，在专利权的权利结构中，维护专利权人私人利益的成分与体现社会公共利益的成分必须维持某种程度的平衡，使专利权人在行使自己权利的时候有利于社会公共利益的促进。近代专利法在自由主义和自然权利观念的指导下，将专利权完全视作是个人自由空间的观点已经不再符合现代专利法的认识。专利权所承载的有益于社会公共利益的使命包括多种表达形式，其中之一就是授予专利权的发明必须具有某个方面的社会效果，而且这种效果应以某种积极的方式加以体现，

---

❶ 田村善之. 日本知识产权法 [M]. 4版. 周超, 李雨峰, 李希同, 译. 北京: 知识产权出版社, 2011: 186 – 187.

❷ 冯晓青, 刘淑华. 试论知识产权的私权属性及其公权化趋向 [J]. 中国法学, 2004 (1): 61 – 68.

表现为一种正面的促进，而不再是近代专利法上所要求的无害于社会即为实用的立场。现代专利法采取更为务实的态度来看待和对待专利权，一般更多地将之视为一种产业手段，一种促进经济和社会发展的工具。❶ 如果在现代化背景下还坚持纯粹和抽象的财产权观念来看待专利权，将是一种罔顾事实的做法。这一切决定了获得专利权保护的发明必须符合这种价值定位，从而必须对经济和社会有用，也就是要有一定的实用性。

2. 由专利实质审查制度的建立所决定的

近代专利法采用注册制或者登记制，并不对专利申请进行实质审查，这种方式虽然极大地便利了发明人对专利的获取，在一定意义上保障了发明人的专利获取权，但是也导致了一大批无真正实用性或者不符合其他授权条件的专利的产生。由于这些专利未经实质审查，专利权不具有推定有效的法律效力，已经获得的专利权十分不稳定，围绕专利权的效力问题引发了大量的诉讼，不但使专利权人无法真正有效地行使其专利权，同时也给法院造成了沉重的审判压力。同时，由于获得专利权过分容易，不少不法之徒将经过简单改造或者拼装后的他人的发明申请了专利，随后到处行使这种本质上无效的专利权，对他人的正当营业进行勒索，严重地影响了社会经济活动的正常开展。❷ 鉴于上述诸多弊端，在 19 世纪晚期和 20 世纪初期的时候，各国纷纷弃注册制而改采审查制。专利审查制的定位和基本要求就是要全面审查授予专利权的各项条件是否具备，从而使获得授权的发明是真正的发明创造，并保障专利权效力的相对稳定性，提高对专利的社会认可度。实用性要件是各国专利法明确规定的专利权授权条件，在

---

❶ 在国际上享有卓越声誉的澳大利亚法学家彼得·德霍斯，关于知识产权的权利属性就主张"工具论"而反对"独占论"，认为应该将知识产权视为国家发展经济和社会的一种手段，并应该根据这种需要确立和限制知识产权的权利内容。参见：彼得·德霍斯. 知识财产法哲学 [M]. 周林，译. 北京：商务印书馆，2008：208 - 230.

❷ 杨利华. 美国专利法史研究 [M]. 北京：中国政法大学出版社，2012：125.

审查制下当然成为了重要的审查对象。同时，注册制饱受批评的原因之一就是颁发了大量不具有实用性的垃圾专利，甚至由此一度引发了人们对专利制度本身的质疑，要求取消专利制度的呼声此起彼伏。为了重新获得人们对专利制度的认可，提振人们对专利之于经济和社会效用的信心，在改采审查制之后，必定会对专利的实用性进行审查，同时对实用性标准的要求也必定会相应地提高，不可能再固守近代专利法上的"无害性"这一极低的实用性要求。

3. 由现代科学技术的发展和专利主题范围的不断扩大所决定的

在近代专利法及其之前的阶段，申请专利保护的发明创造主要集中在机械、电子、无机化学等领域，由于发明成果贴近生活实际，发明的实用性问题比较直观，一般通过产品模型或者样品即可以得出确定性结论。实用性遇到的真正问题就是可操作性的问题。而在实践中，将那些违反自然规律的、本身不具有可操作性的臆造发明申请专利的情况，毕竟是极少数。即使有人将那些类似于永动机的东西申请了专利，一般也不会对社会产生什么真正危害。但是 20 世纪 50 年代以来，随着有机化学和生物技术的快速发展，发明和发现的界限逐渐淡化，科学和技术日趋接近，出现了有人将本不具有直接的产业应用性的原属发现范畴的东西申请专利的情况，这种专利的授予将会使专利权人独占一大片未知领域的用途，妨碍了科学研究的开展；同时，一大批未知用途的新的化学和生物技术制品被申请专利，引发了人们对实用性定义的重新思考。❶ 这些都是实践中随着科技发展而出现的有关实用性的新问题。各国专利行政部门和法院在处理这些新出现的实用性问题的时候，逐步创立和形成了一套与传统实用性判断方法完

---

❶ "生物技术，特别是基因序列的专利申请，给实用性审查造成了特殊的困难。"参见：胡波 . 专利法的伦理基础 [M]. 武汉：华中科技大学出版社，2011：150.

全不同的新规则。20 世纪八九十年代以来，随着专利之于商业竞争的价值日益增大，为了获得竞争中的优势地位，人们开始就一些专利法从未涉足的领域申请专利，如计算机软件、商业方法、医疗方法等。当这些新主题进入专利法的视野之后，人们发现，在某种意义上，实用性成了这些新主题能够获得专利权的真正的和最紧要的问题，而且这些新主题所提出的实用性问题彼此又存在较大的差异。于是，为了解决这些新主题的可专利性问题，专利法的实用性理论被进一步发展，出现了针对不同授权对象的不同的实用性判断方法，专利实用性理论出现了因产业而异的趋势，从而获得了一种更为丰富的内涵。总之，现代专利法上实用性理论勃兴的真正原因还是科学技术的发展所引致的。这也再次印证了专利法在某种意义上就是一部科学技术法这一判断的正确性。

二、日、欧的工业实用性标准

欧洲和日本专利法上实用性标准的形成深受工业革命的影响，历史上多将专利视为一种促进工业发展的手段，因此它们认为所谓专利的实用性指的就是"工业应用性"（一般在学理上称之为"工业实用性"）。这些国家的专利法多强调只有适于或能够为工业应用（be susceptible or capable of industrial application）的发明才具有可专利性，才有可能获得专利权保护。例如，《欧洲专利公约（1978）》第 52 条第 1 款规定：对于任何有创造性并且能在工业中应用的新发明，授予欧洲专利；第 52 条第 4 款规定："对人体或动物体用外科或治疗方法以及在人体及动物体上实行的诊断方法，不应认为属于第一款所称的能在工业中上应用的发明。这一规定不适用于为使用上述方法所用的产品，尤其是物质或合成。"❶ 关于"产业上的应用"的含义，该版本公约第 57

---

❶ 值得注意的是，最新版本的《欧洲专利公约（2007）》将该款规定后移至第 53 条，作为可专利排除的一种独立情况，而不再将其视为缺乏工业应用性的情形。

条规定:"能在各种产业、包括农业中创造或使用的发明,应认为能在产业上应用。"其他欧洲国家多效仿《欧洲专利公约》的这一规定,在其本国专利立法上规定了专利的工业应用性标准。如,英国专利法第1条第1款规定:"只有满足下列条件的发明才能获准专利,即:发明是新颖的;包含有创造性步骤;适于工业应用。"该法第4条第2款规定:"对人或动物身体进行外科手术治疗或诊断的方法方面的发明,不应看作能够进行工业应用的发明。"法国、德国和日本等国家的专利法大体上作出了与英国基本一致的规定。

笔者认为,工业革命以来所使用的"工业"一词的基本内涵是,出于商业的目的,使用技术手段进行重复生产。❶ 基于工业的这种本质规定性,所谓能够在工业上应用的发明必然是这样一些发明:该发明通过技术手段实施,可以不受次数限制地进行重复实施并且保证实施结果的稳定性和一致性,该发明可以通过一定方式进行商业化经营。根据这三个方面的基本特征,以下发明创造被排除在可专利性之外:(1)缺乏可操作性的技术设想。包括任何违反自然规律的技术设想,比如永动机或任何宣称输出功率大于输入功率的设备;或者是缺乏具体实现手段的宏观技术构思,比如在整个地球大气层外围覆盖上一层吸收紫外线的塑料膜以防止由于臭氧层破坏引起的紫外线辐射增加的方法。(2)不能稳定地再现的发明构思。这种情况往往属于实现发明的技术条件没有被完全揭示,或者实施过程中的关键环节依赖于实施者的主观判断,致使发明效果的重现具有很大的偶然性和随机性,无法满足工业生产所要求的稳定性。例如,人或动物体的治疗以及人或动物体的外科手术以及

❶ 李明德研究员认为,只要是持续性的、独立的、可赢利的活动就可以解释为专利法上的产业。参见:李明德,闫文君,黄晖,等. 欧盟知识产权法 [M]. 北京:法律出版社,2010:351.

75

诊断方法，在欧洲和日本多不被授予专利权，其中很重要的一个考量因素就是医疗方法的实施由于主要取决于医生个人的经验，同时还与被治疗者个体的情况有很大的联系，所以无法稳定地重现其过程和结果。日本特许厅于 2009 年 10 月 23 日公布一项专利审查程序的修订事项，将获取人体数据的方法（如通过对人体各器官的构造及功能的测定从而获取数据的方法）加入"对人体进行手术、治疗或诊断方法"这一类别中。由此，如果一种获取人体数据的方法既不包含以医疗为目的对人（病患）的身体及精神状态的测定，也不包含在这种情况下进行开具处方或外科手术类的治疗步骤，则这种方法将不被视为具有工业实用性。[1]（3）无法进行商业化运营。这类发明往往是指那些在其本性上仅能为个体所用，并且只能运用于个人生活领域，缺乏进行商业化开发的可能性，以至于不值得进行专利化保护的发明。如在欧洲专利局技术上诉委员所审理的 T74/93 一案中，涉及一种避孕方法的实用性问题。技术上诉委员会认为，在确定产业活动和个人行为的界限时，《欧洲专利公约》第 57 条表达了一个通常的概念，个人隐私应受尊重，不得被任何人剥夺。虽然避孕方法与医生专业行为有联系，但不能使这种个人行为具有产业性质。近年来，欧盟还发展出一种新的不符合商业化要求的发明，那就是一种用途无法确定的新物质。例如，当人体中的某物质被确认，其结构特征也被揭示，但是其功能是未知的，或是复杂的、难以理解的，并且没有一种疾病或者健康状况与此种物质的过剩或者缺乏相关，并且其没有暗示这种物质的其他用途，则不能认定其实用性。[2]

---

[1] 经纬专利商标代理有限公司. 日本专利局修订发明的工业实用性及医药发明的审查基准 [EB/OL]. (2010 – 10 – 21) [2013 – 08 – 20]. http：//www. jingweiip. com/ cn/news_ show. asp？NID = 876.

[2] 李明德，闫文君，黄晖，等. 欧盟知识产权法 [M]. 北京：法律出版社，2010：351.

三、美国的实用性标准

美国在政治上获得独立之后，法律制度也走上了一条相对独立的发展道路，在包括专利制度在内的很多具体法律制度上，和欧洲国家形成了明显不同的风格。虽然美国历次版本的专利法都规定申请专利的发明必须具备实用性的要求，但是并未对实用性的含义和具体要求作出进一步的界定。❶ 在 In re Nelson 一案中，法官曾说道："专利持之以恒的立场是，发明创造必须具有现存的'实际'用途，但是这种有用性是对哪一类人群来讲的，从来就没有说清楚。就发明创造'对谁有用，有什么用？'这个问题，我们从来就没有获得过清晰的答案。"❷ 立法上的这一缺陷，在美国是通过判例法来填补的。经过美国联邦最高法院和美国海关和专利上诉法院、美国联邦巡回上诉法院、美国专利商标局多年在与实用性有关案件中的努力，美国法院和专利商标局创立了一套适用于绝大多数案件的实用性判定规则，即满足专利法要求的实用性必须是特定的（Specific，或具体的）、本质的（Substantial，或实质的）以及可信的（Credible）。❸ 这一标准是实用性概念在专利法上的具体展开，是对现代专利法上"技术实用性"标准的经典诠释。所谓具体的或者特定的用途（Specific Utility），是指专利申请所揭示的用途不能非常模糊，以至于没有意义（Meaningless）。例如，仅仅描述申请专利保护的化合物具有"生物活性"或"生物特点"，并能产生与这些活性、特点有关的用途；或者是，仅仅表述该化合物"对技术和医药目的有用"等。一项具体的用途必须能够向社会公众提供一项明确而

---

❶　J. M. 穆勒. 专利法 [M]. 3 版. 沈超，李华，吴晓辉，等，译. 北京：知识产权出版社，2013：218.

❷　In re Nelson, 280 F. 2d 172 (CCPA 1960).

❸　USPTO. Manual of Patent Examining Procedure. Rev. 9, August 2012. p. 2100 – 24～39.

特定的好处（A Well-defined and Particular Benefit）。美国专利商标局的实用性审查指南要求，特定用途是指所要求保护的客体的独特用途，而不是一个宽泛类别的发明所具有的用途。美国法院在确定一项发明是否具有"本质的"用途时，交替使用"实际的用途"（Practical Utility）和"现实的"用途（"Real World" Utility）这两个表达标签。美国海关和专利上诉法院曾指出，"实际的用途"是将"现实的"价值归功于所要保护的客体的快捷途径（a Shorthand Way）。换句话说，熟练技术人员以某一方式利用所要保护的发明时，能够向公众提供即刻的好处（Immediate Benefit）。因此，美国法院要求，专利申请必须证明一项发明在其所披露的现有形式下对公众来说是实用的（Useful），而不是要证明经过进一步的研究，在将来的某个日子它可能是有用的。简言之，为了满足"实在"用途的要求，申请人所宣称的应用必须证明所要保护的发明对公众而言，必须具有重要的且立即可得的好处（Presently Available Benefit）。美国专利商标局的实用性审查指南对此解释说，一项实在用途是指一项现实的应用，特别地，如果用途是需要进一步研究以确定或证实的"现实"用途，则并非实在的用途。❶ 针对实践中普遍存在的对"研究工具"（Research Tools）实用性的争议，美国专利商标局解释道："如果实用性评估仅仅关注发明是否仅仅在研究场景（a Research Setting）下有用，则不能回答该发明事实上是否在专利意义上有用（Useful）。专利局必须区分那些具有已被特别确认（Specifically Identified）的实在用途的发明和那些用途需要进一步研究才能确定和得到合理证实（Reasonably Confirm）的发明。"❷ 至于"可信的"实用性，一般指的是申请人所披露的用

---

❶ 崔国斌. 专利法：原理与案例 [M]. 北京：北京大学出版社，2012：153 - 155.

❷ USPTO. Manual of Patent Examining Procedure. Rev. 9, August, 2012, p. 2100 - 2128.

途，能使本领域普通技术人员形成合理信赖，认为所披露内容应该是真实的。这就要求对用途的披露不能存在逻辑上的矛盾并且不能与公认的科学原理相悖。而如果申请专利保护的发明是一项原创性的发明，可能还需要提交实验过程和结果方面的报告和数据，甚至在必要的情况下，还需要进行实用性的现场演示。总之，可信性的形成很大程度上取决于申请专利的发明所提供的知识和已有知识之间的联系和断裂程度。

此外，美国法院和专利商标局还根据实践发展的需要，针对不同主题类型的专利对象提出了一些不同的实用性标准，其中最具代表性的莫过于至今仍受非议的计算机软件和商业方法专利。计算机软件专利和商业方法专利关系密切，二者经常发生交叠，因为商业方法发明常常在软件中运行，❶ 所以对二者的研究一般都一并进行。通观美国法院处理计算机软件专利和商业方法专利的实践，可以得出这样清晰的结论：能否产生具有实际意义的用途始终是这类发明可否专利的最关键因素。与计算机软件专利有关的第一个重要判例是 1972 年由美国联邦最高法院审结的 Gottschalk v. Benson 一案。在该案中，美国联邦最高法院否决了一项"将二进制编码的十进制数据转化为纯二进制编码数据"的方法权利要求。法院的基本理由是，该案中的数学公式除了与数字计算机相结合之外，并没有任何实际应用。❷ 在该案中，针对计算机软件专利申请，联邦最高法院提出了一种影响深远的"机器或者转换"测试法（the Machine-or-transformation Test），作为认定申请专利保护的软件已经脱离了抽象算法的范畴而取得了具体实用性的判断方法。1978 年发生的 Parker v. Flook 一案中，美国联邦最高法院判决包含有计算机程序的"修正报警值的方法"可

---

❶　陈健. 商业方法专利研究 [M]. 北京：知识产权出版社，2011："序言"第 4 页.

❷　Gottschalk v. Benson，409 U. S. 63（1973）.

专利，因为它是在特定工业领域中的特定应用——在碳氢化合物的催化转化过程中的应用。❶ 在 1981 年的 Diamond v. Diehr 一案中，美国联邦最高法院再次确认：程序作为机器运行的一部分，如果是新颖的和有用的，就是可专利的。❷ 在 1998 年审结的 State Street Bank & Trust Co. v. Signature Financial Group, Inc. 一案（以下简称"州街案"）中，针对商业方法方面的专利申请，美国联邦巡回上诉法院提出了"实用、具体和有形的结果"（Useful, Concrete, and Tangible Result）这一特殊的可专利性判断准则。美国联邦巡回上诉法院在该案中强调："一项权利要求是否涵盖法定客体，不应该关注该权利要求究竟指向四类客体（即方法、机器、制造物和组合物）中的哪一类，相反，应该关注该客体的本质特征，特别是，它的实际效用（Practical Utility）。"❸在州街案判决之后不久，美国专利商标局发布了新的可专利性暂行审查指南，以应对非技术性的商业方法专利申请。该指南对州街案提出的"实用、具体和有形的结果"进行了确认和解释。所谓实用的结果，是指符合美国专利法第 101 条规定的实用性要件，即特定、实质和可信。所谓具体的结果是指，程序申请必须具有可以实质性的重复实验的结果，或者该程序必须实质性地产生同样的结果。所谓有形的结果，指的是必须能够产生现实世界的结果，与"抽象"相对。可以看出，州街案所确立的计算机软件专利和商业方法专利的可专利性标准，其核心就是考察这类专利的实用性。只不过这类专利申请实用性的判定比一般专利要困难得多。鉴于商业方法专利产生的消极影响，2005 年发生的 Bilski v. Kappos 一案重新回归了 Benson 一案所确立的

---

❶ Parker v. Flook, 437 U. S. 584 (1978).

❷ Diamond v. Diehr, 450 U. S. 175 (1981).

❸ State Street Bank & Trust Co. v. Signature Financial Group, Inc. 149 F. 3d 1368 (1998).

"机器或者转换"标准。❶ 但是由于计算机软件和商业方法领域内的专利实践尚不成熟，因此，针对这两个领域内的专利所提出的实用性标准也还存在较大争议，❷ 未来发生变动的可能性极大。总之，专利主题事项的扩大呈现出这样一种规律性，即当新的发明主题欲获得专利保护时，实用性往往成为争取或反驳可专利性的关键对垒因素。

---

❶　In re Bilski, 545 F. 3d 943 (Fed. Cir. 2008).

❷　美国联邦最高法院在 Bilski v. Kappos 一案中曾说："我们不赞成唯一的'机器或转换测试法'，不过我们并没有阻止联邦巡回上诉法院发展出其他促进专利法目的并且与专利法文本相一致的限制性标准。"参见：Bilski v. Kappos, 130 S. Ct. 3218 (2010).

第二章　实用性要件的理论基础

　　通过第一章关于实用性要件历史演进的考察可以得出这样的结论：对专利实用性的要求，自专利制度滥觞之初，甚至自世界上第一件能够被称之为专利的事物出现之日起，就已经存在了。在专利实践进入制度化和法制化时代以后，专利的实用性要件更是几无例外地为所有国家的专利成文法或者判例法所肯认，虽然不同国家在不同历史阶段对实用性之具体内容的要求不尽相同，甚至关于实用性标准高低的规定还存在较大的差异。专利的实用性要件之所以长期绵盛不衰，最根本的原因还在于它承载着自己所特有的一种不可或缺的社会功能，那就是保障专利权之授予对于社会经济技术之发展能产生直接的真正效益。从根本上来讲，发明的实用性是来自市场现实的要求而不是司法干预的结果。❶实用性要件的这种功能与整个专利法律制度的价值定位乃是一致的，是实现专利制度价值目标的一种必要手段。法律理论发挥着表达和证成法律制度所承载之社会功能的作用。在一个理性的社会里，只有合乎理性和正义性的社会制度才能为人们广泛理解、接受和遵从，所以现代社会的政治、经济和法律等制度不无接受各种理论学说的检验。❷专利实用性要件所承载的社会功能，在专利法上存在多种理论表达。这些理论共同构成了专利实用性要件的深刻思想基础，对专利实用性要件制度发挥着正当性的证成功能。深入讨论专利实用性要件的理论基础，有助于我们加深对

---

　　❶ MARTIN J. ADELMAN, RANDALL R. RADER, GORDON P. KLANCNIK. 美国专利法 [M]. 郑胜利，刘江彬，主持翻译. 北京：知识产权出版社，2011：36.

　　❷ 冯晓青. 知识产权法哲学 [M]. 北京：中国人民公安大学出版社，2003："绪论"第 1 页.

实用性要件的规定性和合理性的认知，有助于我们发掘实用性法律规范中所包含的评价及该评价的作用范围，❶ 从而可以在实践中、在与整个专利法律制度相协调的语境下更好地把握这一要件的作用维度。基础研究与应用研究相区分的理论、专利权社会契约理论以及专利权的法律建构性理论，对专利实用性要件存在的合理性、内容的结构、作用的维度有着直接的逻辑说服力，构成了专利实用性要件的重要理论基础。深入讨论这些专利法理论的内容，对于深化对专利实用性要件的认识具有积极作用。

第一节　基础研究与应用研究相区分的理论

科学与技术的关系在人类社会中经历了一个长期的、复杂的历史演进过程。在二者统一于"研究"这一范畴之后，基于行为的视角和规范的需要，二者也常常被称为基础研究和应用研究。基础研究和应用研究所具有的不同的本质和特征，决定了应各自采取与之本性和特征相一致的不同激励手法。囿于其价值目标和制度功能，专利这一激励手段更适合于应用研究而非基础研究。专利法上实用性要件的内在规定性、标准高低的可变性以及因产业而多元化的特点，使该制度能充分有效地保障和促进应用研究的发展，同时把基础研究排除在可专利性范围之外。专利实用性要件是执行专利法区分基础研究和应用研究这一价值目标的合适工具。

一、历史进程中的分与合

基础研究与应用研究的区分来源于科学与技术这对范畴的内在区别性。科学与技术的关系经历了一个长期的历史发展过程，

---

❶　卡尔·拉伦茨. 法学方法论［M］. 陈爱娥，译. 北京：商务印书馆，2003：94.

在二者的发展手段统一于"研究"这一范畴之后，基于行为主义的观察视角，遂衍生出了基础研究和应用研究的区分。基础研究与应用研究区分的行为视角，较之于科学与技术区分的本体视角，更加契合了法律对行为调整的内在需求，因此取得了相应的法律意义。专利法在执行区分基础研究和应用研究而分别对待的功能时，由于专利的授予对象着眼于结果而非过程，遂在技术上又使用了发现和发明这一对范畴取基础研究和应用研究而代之。正确理解专利法之于知识进步的作用，首先应该弄清楚科学与技术、基础研究与应用研究、发现与发明这三对范畴的各自内部关系和相互关系。

（一）科学和技术关系的历史演进

1. 科学和技术的分离

科学和技术有着各自独立的源泉，在其产生后的一个漫长的历史时期中，二者各自遵循着完全不同的发展理论，甚至人们都不曾想过二者会有什么关系。根据一种普遍流行的看法，技术的出现要远早于科学。人类从动物界分化出来的标志是工具的制造和使用，而制造工具本身就是一种标准的技术行为，❶ 虽然最初的石器、骨器和木器等工具是那样的低级和粗糙。所以，从这个意义上来讲，技术的历史和人类的历史一样久远。我们今天所使用的技术（Technology）这个词，其源头可以追溯到古希腊语上的 Texνή 和古拉丁语上的 teche，二者均含有人们行为与活动的技巧、技能之意，在很大程度上指的就是工匠技术。❷ 科学（Science）来源于古希腊语 episteme，意指系统的、确定的和可靠的知识，在范围上包括数学和哲学。❸ 拉丁语将希腊语上的科学一词翻译为 scientia，指代神学、数学和哲学。古希腊、罗马的哲

---

❶ 李醒民. 科学和技术关系的历史演变 [J]. 科学，2007（6）：28.

❷ 姚荣. 从科学与技术关系解李约瑟难题 [D]. 杭州：浙江工业大学，2012：13.

❸ 吴国盛. science 辞源及其演变 [EB/OL].（2011 – 11 – 29）[2013 – 08 – 22].
http：//blog. sina. com. cn/s/blog_ 51fdc0620100zrnv. html.

学通常称之为自然哲学，它在内容上不但包括了今天我们称之为哲学的那些知识，还包括了天文学、物理学、医学等今天所谓的自然科学的内容。所以，古希腊的哲学家通常也自称为自然哲学家。一般认为，科学起源于古希腊时代，● 因为从那个时候开始，人类才形成了较为系统的科学知识，也是从那个时期，才出现了专门从事科学知识创造的自然哲学家群体。当然，不可否认的是，在古希腊之前很久，人类就已经开始了对科学知识的追求，但更早时期的科学知识往往是偶然的、零散的，远未达到科学这个概念内在所要求的系统性和自觉性。虽然在古希腊时代，科学和技术在时空上相遇了，但二者却并没有产生什么关联性。在当时的人们看来，科学的任务是用人类的理性去描述自然，探求自然存在的因果关系，是为了获得知识而从事的纯知识的生产行为，并不追求什么实用目的。从主体性上来讲，从事科学活动的都是社会的上层人士，属于无须考虑生计的"有闲阶级"。而技术在其本性上是"人类为了生存及生存环境的不断改善而从事各类活动的方法和手段"，❷ 所以技术永远是实践性的，它的目的就是满足物质生产活动的需要。在古希腊时代，技术是工匠们所掌握的一门生存手艺，主要体现为一种身体技术，其目的完全是通过将之运用于生产实践以维持个人和家庭的生计。所以，在古希腊时代，科学和技术在功能定位和操控主体上是截然不同的。亚里士多德毫不含糊地表达了他对科学和技术之间关系的看法。他说，在人类掌握了必要的实用技能之后，有了空暇时间的知识分子培植了纯科学：当一切（实用的）东西都已经齐备时，人们就发现了那些既不涉及生活中的必需品也与享乐品无关的科学，这样的事情最早发生在人们有了空暇时间的地区；而且，是好奇心提供了发展纯科学的动机：因为人们最初是被好奇心引向

● 眭纪刚. 科学与技术：关系演进与政策涵义 [J]. 科学学研究，2009（6）：802.

❷ 姜振寰. 技术哲学概论 [M]. 北京：人民出版社，2009：61.

研究（自然）哲学的——今天仍是如此……所以，如果他们钻研哲学可以避免无知的话，那么，他们为求得知识本身，不考虑功利应用而从事科学活动，就是一种个人权利。不仅如此，从柏拉图和前苏格拉底时期开始就形成了一种蔑视体力劳动的风气，排斥科学任何实际的或经济上的应用。❶ 从事科学工作的人和从事技术工作的人是社会地位迥然有别的两类群体，他们几乎不相往来。可以较有把握地说，古代科学从未指导过实践，对古代工程也未产生过多大影响。同时，从事技术工作的工匠们也从没有想过向当时的科学家们去寻求什么指导或者帮助。科学和技术的这种分离状态一直持续到了工业革命时期。

2. 科学与技术的相识

自十六七世纪近代科学在西方兴起以来，科学和技术的关系开始发生改变，由之前完全分离的状态过渡到开始出现一定程序的相互借力。这种关系上的改变肇始于近代科学在获取知识时所采用的不同于传统的研究手段。在 16 世纪之前，人们获取科学知识的主要方法是对自然现象的被动观察，一般不会去利用技术手段改变和控制自然现象的表达过程。在观察结果之上进行沉思和顿悟，然后取得对现象的理性认识和事物间因果关系的把握。依靠这种方法获得的科学知识往往是有限的，加之在研究结论的得出上更依赖于直觉而非理性，所以其可靠程度不是很高，有时候甚至是错误的。比如，在科学的早期阶段所提出并被长期坚持的地心说、物体下落的速度和质量成正比的学说等，在近代科学兴起之后这些都被证伪。17 世纪初，英国逻辑学家和哲学家培根在其名著《新工具》中批判了传统科学研究所使用的演绎方法的不足，提出通过观察、实验等手段获取事物新知识的归纳法。培根说，事物究竟是否可解这个问题不是辩论所能解决的，

---

❶ J. E. 麦克莱伦第三，哈罗德·多恩. 世界科学技术通史 [M]. 王鸣阳，译. 上海：上海世纪出版集团，2007：118.

只有靠实验才能解决。❶ 观察、实验等新的科学研究手段的采用为科学研究的发展提供了有力的工具。而且从这一时期开始，数学成为研究自然的重要分析工具，定量的函数分析日益取代了传统的定性的因果分析。数学分析的前提就是需要精准的实验数据。自培根时代以来，经由伽利略等科学巨匠的提倡和身体力行，通过技术手段创设和干预自然现象的实验研究方法被日益广泛地运用于科学研究，自然科学开始获得大踏步的发展。以实验为基础的现代科学研究手段，使得科学和技术找到了第一个结合点。为了获得可用、可靠的实验手段和实验数据，科学家们往往就得求助于运用到实际的生产技术，于是技术作为科学研究助手的作用开始发挥出来。但是需要承认的是，在科学和技术取得初步结合点的时代，科学对技术基本上还没有什么贡献。随着工业革命时代的到来，科学和技术的关系进一步密切化。大机器背景下日趋复杂的生产技术和不断出现的新的技术难题，为自然科学研究提供了许多现实的对象，如动力技术、采矿技术、冶炼技术等。恩格斯曾精辟地指出："社会一旦有技术上的需要，则这种需要就会比10所大学更能把科学推向前进。"❷ 虽然当时科学和技术的分离依然十分明显，但在"解决技术问题"上双方开始寻求相互借力。18世纪开始的工业化大生产要求更大的技术进步，以解决现实中的一系列生产技术问题，但是单靠技师们的经验积累和对现有技术细节上的修改，已经无法满足需要，因此开始向科学求助，依靠科学为技术提供的"技术原理"，打开"技术黑箱"，从而启发新的技术发明，使技术过程的理论得到优化发展。❸ 技术结束了与科学长期分离的状态，开始自觉地向科学靠拢。在这种新模式下产生的技术已经不同于历史上的经验技

❶　培根. 新工具 [M]. 许宝骙, 译. 北京: 商务印书馆, 1984: 2.

❷　马克思恩格斯选集 (第四卷) [M]. 北京: 人民出版社, 1972: 505.

❸　眭纪刚. 科学与技术: 关系演进与政策涵义 [J]. 科学学研究, 2009 (6): 803.

术，开始打上了科学的烙印，适应了技术自身进一步发展的要求，例如工业革命中的炼钢技术就是化学反应方程式的物化。❶但是需要承认的是，在第一次工业革命时期，科学和技术的相互借力还仅限于个别情况，大规模相互依赖的局面尚未形成。

3. 科学和技术的结合

从 19 世纪中后期开始，科学和技术出现了相互结合的态势，二者共同构成了所谓的"大科学"格局，并呈现出科学、技术与生产三位一体的发展趋势。自第二次工业革命以来，科学和技术的关系在两个方面得到了根本性改变：一是随着技术越来越多地建立在科学的基础之上，科学能提供的技术数量大为增加；二是技术发展已经成为科学研究的重要源泉。因为基础科学探索中许多物质结构和变化过程只能利用技术成果来揭示，甚至在某些情况下，科学只能存在于技术当中。❷ 无法通过技术手段演示的科学结论难以在科学界获得认可，更难以为进一步的科学探索提供帮助。亚里士多德时代以来长期流行的通过臆断的方式获得科学知识的方法和通过辩论的方式展现科学研究结果的方法，已经无法适应时代的需要。巴斯德在第二次工业革命时代所创立的微生物学，既属于基础科学又属于应用技术，类似的实例已经越来越普遍。同时，科学向技术转化的自觉性和速度均大为增加。1831 年著名科学家法拉第发现了电磁感应现象，说明机械能可以转化为电能，从而奠定了发电机的基本科学原理，结果在第二年人类历史上第一台用永久磁铁制成的发电机就诞生了。第三次工业革命中所兴起的空间技术、原子技术、自动化技术、半导体技术等，它们与以往相比更加依赖于科学知识，而且科学向技术转化的周期也越来越短。自 20 世纪 80 年代以来，科学和技术甚

---

❶ 王顺义. 西方科技十二讲 [M]. 重庆：重庆出版社，2008：83.

❷ D. E. 司托克斯. 基础科学与技术创新：巴斯德象限 [M]. 周春彦，谷春立，译. 北京：科学出版社，1999：17.

至出现了相互融合的态势。此时兴起的信息科学技术、生命科学技术、环境科学技术、纳米科学技术、能源科学技术等领域为主的高新科学技术，通常是指建立在最新科学成就基础上的技术，甚至可以说它同时包含有基于科学的技术和关于技术的科学这两层含义，蕴含着当代科学和技术之间相互渗透、相互转化的新型关系。❶ 但是必须承认的是，高新科学技术并没有消解科学和技术之间的界限和区别，只是开辟了科学和技术之间全新的互动关系时代，那种认为二者已经合二为一的看法是不符合事实的。

（二）基础研究和应用研究区分的形成

1. 概念的提出和产生原因

一般认为，"基础研究"和"应用研究"这对孪生概念，最早是由美国学者万尼瓦尔·布什（Vannevar Bush）在其 1945 年发表的《科学：永无止境的前沿》的研究报告中首次正式使用并给出清晰定义的。在此之后，基础研究和应用研究这对术语应用日益广泛，并逐步取代了自 19 世纪末期以来关于"纯科学"和"应用科学"概念的使用。笔者认为，基础研究和应用研究这对范畴的提出以及被社会广泛接受有三个方面的基本原因。

首先，是科学和技术在发展手段上统一的必然结果。自 19 世纪后半期以来科学和技术日益结合甚至出现融合的态势以后，从进步手法上看，二者均采取了"研究"这一现代化的发展手段。所谓"研究"的手法就是在获取知识的过程中运用观察、实验和数理计算等现代工具手段。这一点对于技术发展而言尤为重要。在与科学结合之前，技术的进步主要靠技术工匠们在生产实践中的摸索，但是在与科学结合以后，人们认识到了技术进步的另一种手法，而且是一种更为有效的手法。于是，借助于和科学发展一样的手段对技术进行必要的理论研究，并进而在理论研

---

❶ 刘则渊，陈锐. 新巴斯德象限：高科技政策的新范式 [J]. 管理学报，2007 (5)：346 – 353.

究的基础上系统地、快速地推进技术进步的方法被正式确立下来。

其次，是重新划分科学和技术范围的需要。随着科学和技术的结合以及二者在发展方法上的统一，原本不追求实用目的的科学范畴内的研究对象和研究成果有越来越多的东西具有了应用性，甚至是直接的应用性。例如，生物基因的分离和提取，这一原本属于生物科学范畴内的研究成果，由于可以用来识别疾病而取得了在医学上的直接应用性。而随着技术在进步手段上日益增多地采用研究的手法，关于技术原理、技术规律等无直接实用性的知识开始在技术中占据了一席之地，以至于人们开始把技术描述为"应用科学"，以借用"科学"这一范畴说明新时代技术的理论性特征。为了在进步手段统一后，能继续对原属于科学和技术范畴内的事物进行清晰的区分，于是以非应用性为特征的"基础研究"的概念开始取代科学的概念，而以应用性为特征的"应用研究"的概念开始取代技术的概念。这样在新的标准之上，通过使用不同的范畴，属于由科学和技术合并而来的"大科学"范围内的事物再一次被从理论上清晰地区分开来。而科学和技术这对范畴虽继续沿用，但其常被合并使用以指代科学技术知识的整体，一般不再作为区分知识有无实用性的概念来使用。

最后，是国家对科学技术进行政策调控和法律规制的需要。❶ 第二次世界大战以后，由于社会对政府功能看法的转变以及科学技术在经济发展中日益突出的作用，国家开始利用政策和法律对科学技术进行调整和规制，以期取得更快更大的发展，进而增强国家的经济实力和国际竞争力。在国家干预科学技术进步

---

❶ 《中华人民共和国科学技术进步法》在立法中就区分了基础研究和应用研究，并设立了包括自然科学基金、政府奖励在内的多种手段促进基础研究的发展，对于应用研究并没有具体的支持措施。这充分体现了基础研究和应用研究的区分在法律政策上的重要意义。

之前，科学技术的研发一般都是遵从市场调配资源的原则。国家
干预科技发展并未否定市场机制的作用，而且还要进一步充分发
挥市场的作用，为此就需要确定哪些适合由市场来加以推动、哪
些适合由政府来加以推动，建立市场和政府的分工协作机制。基
础研究和应用研究的内在区分性正好迎合了国家调控科技发展的
需要，于是上述概念开始进入国家政策和法律文件，其在法律上
的地位得到明确，区分标准也被进一步固定下来。

2. 基本区别点

基础研究和应用研究在其提出的时候就是为了满足国家法律
和政策调控的需要。弄清楚二者的本质区别点，对于进行科学的
法律和政策调控是非常必要的。一般认为，二者存在以下四个方
面的基本区别。

首先，出发点和目的不同。基础研究以获得关于事物规律性
的知识为目的，它有着一种"科学的精神气质"，并不追求直接
的应用效果，甚至在研究当时都不曾考虑过应用的问题。既然不
以获得实用性结果为目的，当然也就不存在任何追求物质利益的
动机。万尼瓦尔·布什曾说："开展基础研究并不考虑到具体目
的……从事基础研究的科学家可能对他工作的实际应用一点都不
感兴趣。"❶ 而应用研究恰好相反，它从一开始就以获得在生产、
生活中可以直接使用的知识为目的，掌握知识本身只是一种手
段，对实用性的追求才是其始终不变的规定性。开展应用研究的
目的则是"在具体技艺中减少经验主义的成分，以满足某些个
人、群体和社会的需要或使用"。❷ 由于以获得应用性结果为目
的，在市场经济条件下，遂也以获得相应的经济利益为根本

---

❶　V. BUSH. Science-The Endless Frontier: A Report to the President on a Program for
Postwar Scientific Research［EB/OL］. ［2013－08－23］. http://www.nsf.gov/about/history/
vbush1954.htm.16.

❷　DONALD E. STOKES. Pasteur's Quadrant: Basic Science and Technological Inno-
vation［M］. Washington: Brookings Institution Press, 1997: 8.

追求。

其次，研究所获成果的性质不同。基础研究所获得的成果一般是关于自然界的规律性认识，概括性和抽象性很强，一般不具有直接使用的可能。如果想要对成果转化应用，一般还需要开展后续的应用性研究。甚至在某些情况下，基础研究人员都不知道所获得的成果能不能使用、有什么样的用途或者在何时才可能被投入应用。❶ 应用研究成果一般是具体的、技术化的，具备直接应用的能力，其应用性特征十分明确，经过应用一般也可以产生直接的经济效益。

再次，其运作过程也存在较大的不同。基础研究一般具有资金需求量大、研究过程漫长和研究结果不确定性强的特征。由于基础研究瞄准的往往是重大的科学难题，多具有开拓性质，所以需要的研究时间一般比较长，而且能否最终取得理想的研究成果也具有很大的不确定性。❷ 应用研究一般所需要的资金量不是太大，研究过程较短，研究结果一般也具有较大的可预测性。这是由于应用研究瞄准的多是生产中出现的实际技术问题，其难度和广度一般具有客观的限定性，所以经过科研人员的努力一般能在较短的时间内作出成果，并且由于在研发当时多经过了一定的论证，研究结果的可期待性较强。

最后，成果的表现形式不同。基础研究的成果一般表现为科技论文，多公开发表，为全社会免费使用，成果的社会溢出效应

---

❶ 2012 年 12 月，《南方周末》记者在瑞典斯德哥尔摩采访了 2012 年度诺贝尔物理学奖得主塞尔日·阿罗什（Serge Haroche）和戴维·维因兰（David Wineland）两位科学家。他们二人因发现测量和操控单个量子系统的突破性实验方法而获奖。在记者询问两位科学家其成果有何用途时，他们回答说"没有人能预见基础研究的应用"。参见：姜丰，李剑龙. 没有人能预见基础研究的应用——专访 2012 年诺贝尔物理奖得主阿罗什和维因兰 [N]. 南方周末，2012-12-20 (E25).

❷ 长期统计数据表明，基础研究的成功率占 2.5% 左右，应用基础研究的成功率占 10% 左右。参见：王云心. 对我国基础理论研究的几点思考 [J]. 科学管理研究，1993 (1)：21-24.

大，社会收益一般远大于个人收益，❶ 个人主要获得一定的学术荣誉和一定数额的物质奖励。应用研究的成果多表现为专利和技术秘密，成果的利用遵从商业规范，成果的社会溢出效应较小，个体收益接近于社会收益。如果一项应用研究成果有很好的市场，那么所能产生的物质利益往往十分可观，不是基础研究所获得的物质利益可以比拟的。所以，企业等市场主体一般愿意积极投资于应用研究，以通过获取专利等技术优势占据市场竞争中的有利地位。而应用研究一般局限在不以营利为目的的大学和由政府资助的科学研究机构。❷

（三）发明和发现在专利法上的表达

1. 区分的来源和意义

正如前文所述，基础研究和应用研究的区分主要是为了满足国家对科学技术活动进行调控的需要。一般认为，在《科学技术进步法》等政策性法律、法规上，通过将某些科技活动归类为基础研究的同时将另一些归属于应用研究，对其分别执行不同的政策，就基本上能够满足国家科技政策的需要了。在某种意义上，专利法也是国家科技政策的组成部分之一，也同样具有贯彻国家科技政策的功能，这一点只要我们从有些国家的立法目的条款进行一番考察就可以看出。但是对于专利法而言，基础研究和应用研究的区分方法，对于其具体规范的适用却几乎没有什么法律上的价值。因为基础研究和应用研究的区分着眼于科技活动的目的和过程，而专利法的直接调整对象却是科技活动的结果。美国联邦最高法院在 Brenner v. Manson 一案中对专利法的对象曾经经典地指出："专利并不是一张狩猎许可证。它并不是对探索

---

❶ 方岩. 基础研究成果获取专利及其效应 [J]. 研究与发展管理，2004，16 (2)：93 - 97.

❷ 文剑英. 基础研究和应用研究划界的社会学分析 [J]. 自然辩证法研究，2007，23 (7)：79 - 83.

（Search）过程本身的奖励，而是对成功结果的补偿。"● 所以，
在取得成果之前，单纯的科学研究过程，无论是基础研究还是应
用研究，都不在专利法的调整范围之内。专利法对于研究过程一
点也不关心，它唯一关心的就是作出的成果是否满足了专利授权
的条件，并且只对那些符合条件的成果提供私权上的奖励。从这
一点来讲，专利法似乎持有"以成败论英雄"的功利主义立场。
事实上也的确如此。但这并不是说专利法对于国家科技政策的执
行就没有意义。事实上，专利法不但是执行国家科技政策的工
具，而且在笔者看来它还是最为重要、最为有效的工具。基础研
究主要由国家买单，而应用研究则由市场付费的科学技术政策，
几乎是世界上所有市场经济国家的一致立场。专利法通过自己的
话语和制度系统，正在有效地执行国家的这一基本科技政策。只
不过专利法在执行这一政策时，不是直接从研究行为的角度着
手，而是通过研究结果反溯研究行为的方式进行的。在对研究结
果进行调控时，专利法并没有直接使用基础研究成果和应用研究
成果的概念，而是使用了自己所独有的发现和发明这一对法技术
概念作为通向基础研究和应用研究的中介和桥梁。根据基础研究
和应用研究的各自内在的规定性，一般基础研究成果的表现形式
是科学发现，而应用研究的展现手段则是发明。波斯纳指出：
"基础思想的不可专利性是与专利法在发现与发明之间所作的区
分相关的，发现针对的是已经存在的东西，法律拒绝对之提供专
利保护。"● 专利法通过自己一贯奉行的保护发明不保护发现的
不变立场，发挥了通过市场机制鼓励应用研究的重要作用，以弥
补国家在一般科技政策上由于倾斜于基础研究而给应用研究造成
的激励不足的问题。

● Brenner v. Manson, 383 U. S. 519 (1966).

● 威廉·M. 兰德斯，理查德·A. 波斯纳. 知识产权法的经济结构 [M]. 金
海军，译. 北京：北京大学出版社，2005：392.

2. 区别点及其坚守

根据专利法的原理，专利保护的对象限于发明，而不包括科学发现在内。因此，正确认识发明和科学发现的区别对于专利法和专利实践都具有十分重要的意义。根据人们的常识，找到自然界中客观存在的事物是发现，而创造出自然界中本不存在的事物才是发明。二者似乎应该泾渭分明，不存在交集。但是实际上，由于各种利益关系的竞争，二者的关系比常识教导我们的要复杂很多。从专利法的角度来讲，所谓发明是指发明人利用自然规律为解决某一技术领域存在的问题而提出的具有创造性水平的技术方案。❶ 所谓科学发现是指对自然界中客观存在的现象、变化过程及其特征和规律的揭示。❷ 从广义上讲，科学理论也属于科学发现，因为它是将人类对于自然界的认识进行总结和系统化的结果。由于科学发现没有提出解决技术问题的技术方案，因此不属于专利法意义上的发明，不授予专利权。通过对发明和发现的概念揭示和属性定位，我们可以看到发明和科学发现的基本区别点有以下三个方面。首先，在科学研究的视野中，产生发明和发现的研究行为的性质不同。发现一般是经由基础研究得到的成果，一项发现就是一次科学知识的增加。而发明则是应用研究的结果，一项发明是一个新的人造装置或一种新工序。其次，发明和发现的对象不同。发现的对象是自然界已经客观存在的物质、现象及其规律性，而发明的对象则是自然界中未曾有过的新事物。这一点是最常识的，也是最基本的，一般不容许有突破，否则就会动摇专利法的基本精神和稳定性，而那实质上就是在创设一部新的专利法。❸ 最后，是否可直接应用不同。由于发明本来就是

---

❶ 冯晓青，刘友华. 专利法 [M]. 北京：法律出版社，2010：54.

❷ 王迁. 知识产权法教程 [M]. 2版. 北京：中国人民大学出版社，2009：304.

❸ 李晓霓，李晓农，刘瑞爽，王岳. 基因科技的法律问题研究——"发明"基因？"发现"基因？[J]. 中国卫生法制，2005 (4)：21-22.

为了解决特定技术问题而提出的技术方案，所以一项符合专利法要求的发明应该具有直接应用性。而发现的东西属于客观存在的物质、现象及其规律性，不属于解决技术问题的方案，所以一般不能在产业上直接应用。当然也不排除新物质发现在产业上应用的可能，只是这种情况较少，我们更常见到的发现是对事物现象和规律性的一种揭示。除了存在本质性区别之外，从科学技术的角度来讲，发明和科学发现之间还存在紧密的联系。具体表现为，发现常常为发明创造机会，理论上的突破往往可以导致发明的产生。❶法拉第电磁感应定律之于发电机，爱因斯坦的质能方程之于原子弹和核电站，即为著例。同时，发明的产生还有助于实现新的发现。这是因为，一项重大的发明很少能仅仅根据已知的发现来获得，尚需要在发明的过程中进行新发现以支持发明的完成。例如，莱特兄弟在飞机设计的过程中不得不进行风洞试验来设计有效的机翼和螺旋桨，因为简单地应用那时刚刚创立不久的空气动力学理论还达不到发明所需要的科学上的支撑。❷根据上述发明和科学发现之间的关系，可以说在绝大多数情况下，一项成果属于发明还是科学发现应该是比较清楚的。

但是由于产业利益的推动，在专利实践中，偏离发明和科学发现的界限，从而将本属于科学发现范畴的成果当作发明来授予专利权的情况时有发生。近些年来比较典型的事例就是在生物技术领域内，对于从生物体内提取、分离的生物物质授予专利的行为，如广泛存在的对人类基因片段授予的专利和对从人体提取出来的肾上腺素授予的专利。实际上，由于这些物质在被提取之前同样地存在于生物体内，其物质的结构、形态或者其他物理化学

---

❶ 朱孔来，亓庆亮，王琳娜．对技术创新与其他相关概念关系问题的认识 [A] //第四届（2009）中国管理学年会——技术与创新管理分会场论文集 2009 年．出版者不详，2009：299．

❷ 胡志坚，周寄中，熊伟．发现、发明、创新、学习和知识生产模式 [J]．中国软科学，2003（9）：92–95．

参数和应用价值在未被认识之前，也一直存在。人类将其分离和提取出来应该说是一个发现的过程，并没有创造出新事物。但是自美国专利商标局出于保护其国内产业利益的需要而给予这类提取物专利保护之后，包括中国在内的世界上很多国家都开始了对之授予专利权的实践。这些原本属于发现范畴的事物被授予了专利权，严重损害了专利法的基础和统一性，造成了一定程度的理论上的混乱。为了解决这种理论上的危机，有人提出了通过淡化发明与发现，而主要根据科技成果是否符合专利的"三性"标准来决定是否授予专利权的建议。❶ 更有甚者提议完全放弃专利立法上发明与发现的区分，完全依据"三性"标准决定一件申请的可专利性。❷ 应该看到，这种想法和做法之于专利法律理论和实践都是十分危险的。按照他们的这种逻辑，居里夫人应该享有镭这种化学元素的产品专利权，因为虽然之前镭就存在于自然界，但是镭并没有以居里夫人分离、提纯后的状态存在过，提纯后的镭元素显示出了新的物理化学特性。据此推论，由于很多化学元素在自然界中都不存在单质的形态，所以任何人首次将其以单质形式分离、提纯出来之后就都享有了产品发明专利。以后如果任何人使用到这些单质形态的化学元素进行商业性开发都需要征得首次提取人的授权许可。由于整个自然界一共也不过近百种❸化学元素，可以设想一个人控制了一种化学元素将会控制多大一片的应用范围。笔者无法想象这是一种多么可怕的结局。其实，发现和提取自然界中原有物质的人完全可以就其提取方法申

---

❶ 朱川，陆飞. 基因专利法律保护的几个基本问题 [J]. 复旦学报（社会科学版），2001（5）：104－110.

❷ 贾小龙. 关于专利法中发明与发现区分的思考——以基因专利保护问题为视角 [J]. 陕西理工学院学报（社会科学版），2006，24（3）：76－80.

❸ 截至目前元素周期表中共有118种化学元素，不过其中天然存在于自然界的只有94种，第94号以后的元素都是人工合成的。人工合成元素属于不稳定元素，其半衰期从几年到仅仅只有数毫秒。

请专利保护，而发明人的贡献点其实也就在这里。"没有贡献就不应该有收益，这不仅是道德上的常识，更是一项基本的法律原则，专利法强调发明人利益同社会利益的平衡更应该时刻尊重'权利人的垄断权不得超过其对社会所作的贡献'这一原则。"❶ 如果同时授予提取人产品发明专利和方法发明专利，那么提取人所获得的权利就超出了他对社会的贡献。这种过度垄断将会导致后来的研究者丧失就新的提取方法进行研发的动力，进而从根本上损害专利法促进技术进步的价值取向。好在经历了一段较长时间的弯路之后，终于又看到了回归正确道路的希望。2013 年 6 月 14 日，美国联邦最高法院就美国公民自由联盟（American Civil Liberties Union）诉美国万基遗传科技公司（Myriad Genetics Inc.）人类基因专利一案作出历史性裁决，庄严宣告了经分离后的人类基因不得申请专利的法律原则。美国联邦最高法院 9 位大法官在该案中形成了罕见的一致意见，其在判决书中写道："我们认为，自然形成的 DNA（脱氧核糖核酸）片段（即基因）是大自然的产物，并不能仅仅因为被分离出来，就符合专利申请的资格。""万基没有创造任何东西，该公司确实发现了重要而有用的基因，但从遗传物质中分离出基因并非发明，突破性的、革新性的乃至重大的发现"并非获取专利的保证。❷ 我们终于看到，美国法院在解释科学发现的含义这一问题上又回归了人类的常识，而没有再继续屈从于产业集团的压力将发现、分离、提取自然界中原本已经存在的物质的行为强解为发明。虽然该案是针对人类的两个乳腺癌基因（BRCA1 和 BRCA2）相关专利作出的判决，但是判决书中秉持的法律原则却对所有的分析、提纯物具有一般的适用性，可以想象在不久的将来，我们在授予科学发现专

---

❶ 崔国斌. 基因技术的专利保护与利益分享［M］//郑成思. 知识产权文丛（第三卷）. 北京：中国政法大学出版社，2000：254.

❷ 林小春. 美最高法院裁定人类基因不得申请专利［EB/OL］.（2013 – 06 – 14）［2013 – 08 – 24］. http://news.xinhuanet.com/health/2013 – 06/14/c_ 124855416. htm.

利权上所犯的错误将会得到纠正。

二、不同性质的行为适用不同的激励手段

基础研究和应用研究所具有的不同性质和特点，决定了在科技政策上也应该采用不同的激励手法。基础研究更多地应该由政府推动，而应用研究则主要应该由企业承担。自专利制度诞生以来，在世界范围内，也发生过就基础研究成果谋求专利保护和对应用研究成果主要采用政府奖励的方法进行激励的实践。但事实证明，这些与事物本性不相符合的科技政策都失败了，人们由此更加认识到了在科技政策上手段须与事物的本性相一致的深刻意义。

（一）两种不同性质的激励手段

无论是基础研究还是应用研究，对于科学技术的发展和社会的进步都是不可或缺的。人们基于应用研究成果而使当下的生活更加便利，基于基础研究成果而拥有了进一步发展的空间和希望，二者功能各异并相互补足，共同推动社会的发展。但是由于二者的性质和特点不同，所以应分别采取相应的激励手法。对基础研究而言，由于基础研究投入大、时间长、成果的可预期性弱，特别是基础研究成果一般不具备在产业上直接应用的可能，致使其研究者难以通过谋求专利权的方式收回研发成本并获取利润。还有，即使为基础研究成果设置了产权保护，也无法有效执行该财产权。这是因为，基础研究成果的价值主要在于它对后续技术研发具有启发意义，但是后续技术通常无须复制基础研究成果本身；换句话说，这种"启发"难以有效追踪，最终导致为基础研究成果设置产权的目的落空。❶ 就其本性而言，基础研究成果的社会收益远大于个体收益，设置基础成果专利权的负面作用将会超过其正面价值。这一切决定了难以依赖市场手段保障基础研究的开展。

---

❶　崔国斌. 专利法：原理与案例［M］. 北京：北京大学出版社，2012：17.

因为市场的目标和动力就是经济利益，而且需要一种预期性很强的经济利益。所以，从世界范围内来看，绝大多数国家对基础研究都采取了政府扶持的办法，同时补以其他的公益性资金。对基础科研人员的激励，一般是保证其有一个基本稳定的工作和收入，然后针对有所成果的研究人员再进行事后的一定数额的物质奖励和精神鼓励，并以精神鼓励为主。投身于基础研究的人员一般具有一种"科学的精神气质"，看重科学声誉胜于物质利益。在那里，名誉作为一种强有力的激励因素，加之还常常具有一种金钱价值，却是带给基础思想的发现者的，而不是那些实现该思想之应用的人。❶ 基础研究成果作出后，一般向全社会公开，由全社会免费使用，产生较大的社会收益。对于应用研究而言，就是另外一种情形了。应用研究由于涉及社会生活的方方面面，可以说凡是社会需要的产品和服务，就存在相应的应用研究。面对如此不计其数的研发对象，单单政府的推动实在显得势单力薄。同时，由于应用研究相对投入小、见效快、成果可预期性强，特别是成果具有直接产业化的特点，私人产业部门出于竞争取胜的需要也多愿意进行投入。如果再对获得的成果授予商业上的使用垄断权，则出于获取垄断利润的需要，私人产业部门就有更大的动力去投入。所以市场经济国家对于应用研究都采取了主要依赖授予专利权的方式进行激励的政策，由企业等市场主体作为推动的中坚力量。对于从事应用研究的职务发明人员来说，法律保障其从研究成果投放市场后所产生的经济收益中获取一定比例的分成，这种经济收益一般比国家给予基础研究人员的物质奖励要多，所以能够很好地调动其工作的积极性。这两种不同的激励手法是目前多数国家的普遍做法，但是在历史上确实也出现过反例，这就是所谓的"原理专利"运动和"发明奖励"制度。

---

❶ 威廉・M. 兰德斯，理查德・A. 波斯纳. 知识产权法的经济结构［M］. 金海军，译. 北京：北京大学出版社，2005：391.

(二)"原理专利"的尝试及其失败

专利制度自从建立以来，都是将发明作为赋权对象，科学发现则一般被明确排除在专利权的范围之外。但是人们也普遍地认识到，科学发现对于人类社会进步所作出的贡献，与发明相比，并不逊色，甚至更为深远。❶ 同时，科学家为了作出科学发现往往要耗费大量的时间和金钱，其投入也不比作出一项发明少。但是由于专利法不保护科学发现，科学发现的成果一旦公布，全社会均可以免费使用，致使作出科学发现的人员无法获得与其投入和贡献相适应的经济回报。在政府奖励制度正式建立起来之前，甚至有些科学家因此而在生活上陷入困顿。为了打破这种不均衡也不公平的制度，有人提出了赋予科学发现者以经济权利的构想。1922 年，巴赛莱梅（J. Barthelemy）教授向法国政府提出一项动议，要求废止关于对科学发现禁止授予专利权的规定。❷ 巴赛莱梅的建议内容包括两个方面：其一，就其科学发现授予科学家所谓的"原理专利"（Patent of Principle），保护期限为发现人的有生之年加死后 50 年；其二，如果他人基于科学家的发现而为某项应用发明，则科学家有权就该发明所获利益主张应该属于自己的份额。❸ 但最终法国政府没有采纳巴赛莱梅教授的建议。法国政府认为，在世界范围内普遍接受该建议之前，如果法国政府率先对科学发现提供专利保护，则法国工业将被迫支付比其他国家竞争者更多的许可费用，从而阻碍法国工业的发展。❹ 为了解决法国政府所提出的国际保护不均衡的问题，Bergson 教授向国际联盟的知识合作委员会（the Committee on Intellectual Cooper-

---

❶ 邱平荣. 科学发现可知识产权客体性探讨 [J]. 安徽科技学院学报, 2009, 23（5）: 60 - 65.

❷ 余甜. 基础研究成果可专利性对专利制度的影响研究 [D]. 武汉: 华中科技大学, 2006: 20.

❸ 吕德快. 发现权制度若干问题研究 [D]. 杭州: 浙江工商大学, 2008: 12.

❹ 崔国斌. 专利法: 原理与案例 [M]. 北京: 北京大学出版社, 2012: 88.

ation of the League of Nations）提出建议，要求创设一项国际公约使各国共同维护科学发现者的经济权利。❶ 在其建议中，Bergson教授说，专利法对于科学发现不给予保护，完全是基于粗糙的功利主义、模糊的经验主义和令人不安的武断。国际联盟接受了该建议，并组织专家起草相关的国际公约。到了 1930 年这一努力宣告失败，其结果是多数国家宣布给予科学发现以奖励，使用奖励制度代替原本设想的授予专利权的提议。❷ 1947 年苏联首先建立了科学发现国家奖励制度。继苏联之后，其各加盟共和国以及部分社会主义国家效仿苏联模式，也纷纷建立起了科学发现权制度。❸ 但这种科学发现权在社会主义国家并不是一项用来控制市场的真正经济权利，而只是获得国家奖励的权利。所以，社会主义国家创设的同样是一项对科学发现的政府奖励制度。我国1986 年制定的《民法通则》第 97 条也规定了科学发现权，但是该条文在实践中的运用屈指可数，更多的意义是体现了国家对科学发现所作贡献在立法层面的肯定。实践中发生的少数几个案例也都是关于奖励分配❹和发现者身份之争❺，未发生过欲控制市场的经济权利之争。但是试图给予科学发现以某种类似于专利权、版权等知识产权的努力并未终止。1967 年通过的《建立世界知识产权组织公约》明确地把"与科学发现有关的权利"划入了一般知识产权的范畴。在世界知识产权组织的主持下，1978 年又缔结了《科学发现国际登记日内瓦条约》，但至今未

❶ 唐嘉欣. 试论发现权的性质 [J]. 管理观察，2009（4）：68 - 70.

❷ ROBERT PATRICK MERGES. Patent Law and Policy：cases and materials ［M］. 2nd Ed. The Michie Company, 1997：63 - 65.

❸ 袁真富. 发现权诸问题与新展望 [J]. 中国发明与专利，2009（11）：21 - 25.

❹ 广东省中山市中级人民法院（2005）中中法民三初字第 119 号民事判决书。参见：马军. 发现权的若干法律问题 [J]. 人民司法，2009（2）：97 - 103.

❺ 长城. 兵马俑发现权之争尘埃未落 ［N］. 中国档案报，2004 - 06 - 11（001）. 当然，该案所涉及的发现权并非科学发现权，但道理基本相同。

能生效。虽然科学发现的知识产权地位被个别国家的立法和国际公约所承认，但在实践中也只能以政府奖励的方式变通执行，作为一种市场经济权利的发现权从来也没有真正建立起来。关于发现权的立法，其宣示意义远大于实际意义。即使在承认科学发现权的国家，也没有通过专利权的方式对其进行保护，充其量也只是一种难以名状的其他知识产权。科学发现寻求专利保护的失败，并不是因为对科学发现的歧视，其实从来没有任何国家、团体或个人否认过科学发现的重要性。之所以发生这种失败，原因有两点：第一点是浅层次的，那就是科学发现无法满足专利法所要求的工业实用性，从而不具备专利授权条件；第二点是深层次的，那就是科学发现，尤其是根本性的科学发现，有着过于宽泛甚至难以预料的适用范围，以至于不能授予任何个人和机构对之享有任何垄断权，否则就会从根本上阻碍科技进步和整个社会的发展。科学发现等基础研究成果必须公开并为社会免费使用，乃是一项基本的科学规范，专利法拒绝授予"原理专利"的做法不过是对该规范的执行和强化而已。❶法律在对事物进行规制的时候，必须考虑和尊重事物自身的本质和规律性，否则不但达不到立法的目的，甚至还有可能发生事与愿违的不良后果。

（三）专利奖励制度的实践及其教训

由于认为专利制度是资本主义的特色，专利权的垄断性质与社会主义的公有制度难以相容，以苏联为代表的社会主义国家曾经一度实行过一套与资本主义国家专利制度并行的发明奖励制度。这一时期，社会主义国家不但对基础研究成果采用奖励制度，对应用研究成果也同样采取了奖励制度。1919 年 6 月 30 日，

---

❶　ARTI KAUR RAI. Regulating Scientific Research：Intellectual Property Rights and the Norms of Science ［J］. Northwestern University Law Review, 1999, 94（1）: 77 - 152.

列宁签发了苏俄发明条例。该条例规定，一切实用的发明，经国家审定后均可以宣布为国家财产，所有机关、企业或者公民都可以免费使用；同时，国家向发明人颁发发明证书，确认和保障发明人获得一定物质和精神奖励的权利。随着战时共产主义的结束和新经济政策的推行，1924 年苏联又制定了发明专利法，用专利证书制度取代了之前的发明证书制度，重新确立了专利法律制度的基本原则，其规定和当时资本主义国家的专利法基本一致。但是随着苏联社会主义改造的进行和公有制经济主导地位的确立，专利制度显示出了和高度集中的计划经济和公有制不相适应的一面。1931 年 4 月 9 日，苏联废止了发明专利法，制定了新的发明和技术改进条例。该条例在世界上第一次确立了发明人证书和专利证书并行的保护制度，由发明人选择其中一种形式保护其发明创造。若发明人选择发明人证书，则其发明的所有权归属于国家，国营企业可以无偿使用，发明人有权从所在单位或有关部门获得物质奖励；若选择专利证书，则专利权归发明人个人所有，享有为期 15 年的独占实施权。由于这两种证书的法律后果不同，加之个人根本不可能具备该条例所要求的 2 年内必须实施其发明的条件，因此，实际上该条例对苏联人实行的是发明人证书制度，而对外国人实行的是专利制度。1934 年，苏联公民中申请专利证书的仅占全部申请的 0.4%；1971～1975 年，在所核准的 203050 件发明保护文件中，专利证书只有 4 件。"二战"后，东欧新兴的社会主义国家基本上都仿照苏联模式，建立起了发明保护制度和专利证书制度并行的双轨制。❶ 新中国成立初期，在法律制度上照搬照抄苏联，存在严重的脱离中国实际的教条主义倾向，当时流行的法学著作和教科书基本都是苏联的译本。❷ 在这种大的社会背景下，中国关于发明创造法律制度的建

---

❶ 王家福、夏叔华. 专利法简论 [M]. 北京：法律出版社，1984：57－61.
❷ 张晋藩. 综论百年法学与法治中国 [J]. 中国法学，2005 (5)：185－192.

设也走上了和苏联基本一样的发展道路。经政务院批准，1950年8月17日政务院财政经济委员会公布了《保障发明权与专利权暂行条例》。该条例第4条规定，发明人可以选择申请发明权或者专利权，经财经委中央技术管理局审定合格后，按照其申请的类型发给发明证书或者专利证书。获得发明证书的人称为发明权人，获得专利证书的人称为专利权人。发明权和专利权的权利内容存在较大的不同。对发明权人而言，其发明的采用和处理权属于国家，但发明人享有依法获得奖金、奖章、勋章或荣誉学位的权利。对于专利权人而言，其有权运用其发明，或者将专利权转让、许可他人使用。同时该条例还规定了一些种类的发明只能申请发明权。发明权或者专利权的有效期限为3~15年，由中央技术管理局在证书中具体确定。同时，还要求获得专利证书的专利权人必须在2年内实施其发明创造，否则国家有权撤销其专利，追缴专利证书。对于已经授予专利权的发明，如果中央技术管理局认为有归国家采用和处理之必要时，还可以与专利权人协商改授发明权。1950~1956年，先后共有407项发明申请发明权和专利权保护。但是由于主管机构不断变动，条例的执行实际上陷入停顿状态。❶ 截至1957年，实际上只核准了4项专利权和6项发明权。1957年以后，就再也没有颁发过专利权和发明权，该条例自那时开始实际上就已经停止执行。1963年11月3日，国务院颁布了《发明奖励条例》和《技术改进奖励条例》，同时废止了《保障发明权和专利权暂行条例》。这两个条例的颁布，彻底否定了发明创造成果的商品属性，开始了我国用发明奖励制度取代专利制度的历史，即全面取消了专利制度，改采单一的发明奖励制度。❷ 该条例规定，发明属于国家所有，任何单位或个

---

❶ 杨一凡，陈寒枫. 中华人民共和国法制史 [M]. 哈尔滨：黑龙江人民出版社，1996：536.

❷ 李奋武. 专利法概论 [M]. 长沙：湖南大学出版社，1988：15.

人不得垄断，全国各公有制单位都可以无偿使用它所需要的发明，同时给予发明人一定的荣誉和物质奖励。截至 1966 年 5 月，共批准了发明奖励 297 项，其中包括原子弹、氢弹、"倪志福钻头"、人工合成牛胰岛素等重要成果。但是由于"左倾"思想的危害，当时并未对获奖者颁发奖章和奖金，只是发给了发明证书。❶ 在接下来"文化大革命"的 10 年间，这两个条例彻底中断执行。社会主义国家施行的发明人证书制度影响了人们发明创造的积极性，丧失了发明创造的内在动力；同时，由于缺乏必要的物质利益的刺激，国有企业对于新技术的推广和运用受到了极大的限制，生产技术长期裹足不前；加上与国际上通行的专利制度无法协调，国际技术合作和交流陷于停滞。❷ 这一切造成了社会主义国家的生产技术与资本主义国家越拉越大，经济日趋落后。虽然科技激励制度上的失当不是社会主义国家经济落后的根本原因或主要原因，但肯定也是其中的因素之一。我国改革开放后，专利制度在促进技术进步、经济发展方面所发挥的巨大作用，与历史上采用发明奖励制度时期科技经济停滞不前的状态相比，充分说明了对于应用性研究成果采用单纯的奖励制度是不合适的，它必将会制约科技的革新和应用。

三、实用性要件在区分基础研究和应用研究上的作用

将科学研究区分为基础研究和应用研究是正确制定和执行国家科技政策的基础。专利法上实用性要件的设置和适用，保证了在专利法领域内国家科技政策的执行，使专利这种激励手段运用于并且只能运用于对应用研究成果的奖励。实用性标准所内在的高低可变性，可以满足不同时期、不同经济发展水平的国家的不

---

❶ 王馨，胡唯元. 国家科技奖励大会特辑：半个世纪大奖路 [N]. 科技日报，2004 - 02 - 21 (国内要闻版).

❷ 黄武双. 制度移植和功能回归——新中国专利制度的孕育与发展历程 [D]. 上海：华东政法学院，2006：24.

同科技政策所需。实用性标准在当代所呈现出来的多元化发展趋势，适应了不同产业领域执行科技政策的需要。

（一）实用性要件的内在规定性较为准确地区分了基础研究和应用研究

基础研究和应用研究的基本区分点就是看其研究成果本身是否可在产业上直接应用或有无直接在产业上应用的可能。基础研究成果由于表现为某种普遍的知识或者对自然及其规律的理解，一般缺乏直接的产业应用性；而应用研究成果一般表现为解决某个实际问题的方法，所以以具备产业上的应用性为其规定性。❶专利法上实用性最本质的要求就是申请专利的发明创造能够在产业上制造或使用，并且能够产生某种限度的实用性的积极效果。可以看出，基础研究和应用研究的区分标准和专利法上的实用性要件的含义具有内在的一致性。通过实用性要件的适用，专利法就可以做到准确区分绝大多数基础研究和应用研究，并使自己成为激励应用研究的手段。牛顿的力学定律和爱因斯坦的质能方程毫无疑问属于基础研究成果，而爱迪生的白炽灯和贝尔的电话同样不容争议地属于应用研究成果。不可否认的是，虽然在绝大多数情况下基础研究和应用研究的区分是清楚的，但是随着科学和技术的融合，确实在某些领域内出现了基础研究和应用研究难以截然分开的情况。有些基础研究产生了具备实用性的成果，而有些应用研究却发展出了一般性的科学理论。"求知欲和实用性如同一个硬币的正反两面一样，是相互联系在一起的。"❷所以在一项研究的初期定义其为基础研究还是应用研究，出现了一定程度的困难。但是无论研究过程自身的性质多么的不确定，研究成果是否具备产业应用性应该还是比较清楚的。由于专利法

❶　V. 布什. 科学：永无止境的前沿 [M]. 张炜，等，译. 北京：中国科学院政策研究室，1985：51.

❷　成素梅，孙林叶. 如何理解基础研究和应用研究 [J]. 自然辩证法通讯，2000，22（4）：50-56.

调整的是研究的结果而非过程，所以即使在研究过程性质不清楚的情况下，专利法依然能够从结果的意义上发挥鼓励应用研究的作用。所以，在科学技术领域中性质不清楚的研究行为，在专利法上则是比较明确的，这种明确性是实用性要件适用的结果。实用性要件使得专利法对于基础研究和应用研究的区分做到了精细化的程度。基础研究成果应该为全社会自由使用，是一条基本的科学规范。对于这样一类研究成果不但主张经济权利是不允许的，甚至主张人身权利都没有充分的法律根据，而更多地被视为一项科学道德问题。因为对基础研究成果主张任何法律上权利的做法都会阻碍科学信息的交流和科学知识的进步。在历史上，专利法通过实用性要件的适用成功地阻止了任何私人垄断基础研究成果的企图，从而坚守和加强了传统的科学规范。❶

（二）实用性标准的高低可变性是准确执行国家科技政策的有力工具

各国专利法虽然都规定了专利授权的实用性要件，但一般并未规定实用性的具体判定标准，这一标准一般是由行政机关和司法机关在执法和司法的过程中加以具体把握的。通过考察各国专利实践对于实用性标准把握的具体情况可知，虽然有其内在的客观规定性，但是实用性标准确实也具有一定的高低可变性。基于基础研究为应用研究提供理论支撑、应用研究多为基础研究在产业实践上的延伸的源流关系，在专利法领域经常把基础研究和应用研究形象地称为"上游研究"和"下游研究"。上游研究和下游研究区分的依据依然是专利的实用性。由于实用性标准自身在一定范围内的可变性，上游研究和下游研究也就具有一定的相对性。对"上游研究"进行定义是十分困难的，但其本质含义是

---

❶ ARTI KAUR RAI. Regulating Scientific Research：Intellectual Property Rights and the Norms of Science ［J］. Northwestern University Law Review，1999，94（1）：77 – 152.

指"一个相对远离商业性终端产品的研究"。❶ 然而由于商业本身的极度丰富性，"商业性终端产品"的概念仍然是不固定的。例如，如果商业目标是开发一种治疗药物，那些识别出一项与特定疾病相关联的基因的研究可能是很"上游"的，相比之下，假如商业目标是一项诊断测试，识别出这项基因的研究可能是非常"下游"的。❷ 实际上，对上游研究专利的限制是将实用性要件视为"一个时间装置，希望借此识别出一项发明何时成熟到适宜进行专利保护"。❸ 正是由于实用性标准的高低可变性所导致的区分基础研究和应用研究的弹性，使得国家在运用专利法执行科技政策时具有一定的回旋余地。不同国家在不同时期，因为其经济和科技发展水平的不同，所需要的知识产权保护水平也是不同的。Keith E. Maskus 在 2000 年所进行的一项研究显示，并非知识产权保护水平越高越有利于经济发展，实际上，知识产权保护水平的需求和人均国民收入之间存在一个"U"型关系。❹ 对于发达国家来说，由于其创新能力较强，一般倾向于给予权利人较高的保护水平，而对于发展中国家来说，由于其创新能力不足，模仿对于国内产业的发展弥足珍贵，因而倾向于较低的保护水平。❺ 不但对于整个国民经济来说是这样，对于一项具体的产业而言同样如此。那些国内已经十分成熟的产业，应该给予较高水平的知识产权保护，而那些较外国而言

❶　NATALIE M. DERZKO. In Search of a Compromised Solution to the Problem Arising from Patenting Biomedical Research Tools [J]. Santa Clara Computer & High-technology Law Journal, 2004, 20 (2): 347–410.

❷　ARTI K. RAI. Fostering Cumulative Innovation in the Biopharmaceutical Industry: The Role of Patents and Antitrust [J]. Berkeley Technology Law Journal, 2001, 16 (2).

❸　REBECCA S. EISENBERG. Analyze This: A Law and Economics Agenda for the Patent System [J]. Vanderbilt Law Review, 2000, 53 (6): 2081–2098.

❹　KEITH E. MASKU. Intellectual Property Rights and Economic Development [J]. Western Reserve Journal of International Law, 2000 (32): 471–506.

❺　张平. 国家发展与知识产权战略实施 [J]. 中国发明与专利, 2008 (8): 2–5.

发展水平较低的国内产业，则需要一个更加宽松的知识产权环境，以保障有足够多的公有知识可被自由利用。加入世界贸易组织之后，由于知识产权法律在很大程度上实现了全球统一，立法上难以因应各国之需而呈现不同面貌，所以只有从执法上寻找适合本国水平的出路。我国已故著名知识产权法大家郑成思教授即认为，在发展中国家和发达国家的知识产权问题的博弈中，发展中国家从未取得关键性胜利，既然立法不能够选择，那么可以通过行政执法的自由裁量权予以解决。❶专利法上的实用性标准在本质上是一个专利行政执法和法院司法的操作技术问题。不同科技发展水平的国家，通过实用性标准所具有的弹性进行灵活执法，可以更好地贯彻本国的科技政策。以印度为例，由于其新药研发水平难以与发达国家抗衡，仿制药长期以来是其制药业发展的根本。印度每年的仿制药产值达到100亿美元，其中超过一半出口到发展中国家，被称为"发展中国家的药房"。印度仿制药产业已经发展成为印度的支柱产业，是对印度国家 GDP 贡献率最高的产业之一，为政府创造了极为可观的税收收入。❷ 为了保护其仿制药产业，印度专利局对于药品专利执行一套极为严格的实用性标准，一般要求申请人必须提供充分的临床证据证明新药物对人体足够安全并且具有重大的积极效果才视为符合了实用性要求。这就使得很多在国外能够获得专利保护的制药技术，在印度成为公有知识或者更难以获得专利保护。得益于专利法所提供的保护，印度的仿制药产业才得以生存和发展。印度的经验启示我们，对于我国已经成熟且占据优势的产业，可以采取较低的实用性标准，把更多的创新成果纳入专利保护；相反，对于那些发展水平尚

---

❶ 郑成思. 信息、知识产权与中国知识产权战略若干问题 [J]. 环球法律评论，2004，28（7）：11-15.

❷ 陈沄沄. 印度《专利法》对其制药业的保护及启示 [J]. 江苏科技信息，2012（11）：1-3.

低的国内产业，则宜奉行较高的实用性标准，以给国内产业的发展创造出一个相对宽松的知识产权环境。实用性标准的高低可变性为不同发展水平的国家执行不同的科技政策留下了一定的回旋余地。

（三）实用性标准的多元化可以满足不同产业的发展需求

专利法在表象上是统一的，但是在具体的法律适用上却呈现出因产业而异的特性。专利法的这种特性是由技术自身因细化发展而表现出来的复杂性和多样性所决定的。20 世纪 70 年代，技术本身尚未呈现出现在的多样性，所以专利法律适用大体上是统一的。但 20 世纪 90 年代以来，诸如软件和生物技术一类全新、互异的产业迅速成长为专利法的规制对象，才使得专利制度在很多方面发生了深刻的变化，出现了因产业而异的特性。❶ 专利法在适用上因产业而异的特性产生了实用性判断标准的多元化，这可以从以下两个方面看出来。

首先，作为事后的市场激励机制，专利对于不同产业表现出不同的效果。实际上，并非所有的产业都依赖于专利这种激励机制，实证研究表明，专利只在一部分产业的创新中起到了主要的激励作用，其中最典型的便是化学和制药产业。而对于发展迅速的产业，尤其是那些没有什么研发投资的领域，发明者是能够在仿造者进入市场之前的这段时间取得先机而获得足够的回报的，从而完全能够补偿其用于发明的投资。❷ 实际数据表明这些市场先占优势能够成为发明创造的激励诱因，计算机软件就属于这种情况。❸ 甚至在一些产业领域内，如商业方法领域，专利的扩张反而

---

❶ JOHN R. ALLISON, MARK A. LEMLEY. The Growing Complexity of the United States Patent System [J]. Social Science Electronic Publishing, 2002, 82 (1): 77 – 144.

❷ DAN L. BURK, MARK A. LEMLEY. 专利危机与应对之道 [M]. 马宁, 余俊, 译. 北京: 中国政法大学出版社, 2013: 58.

❸ EDWIN MANSFI. Patents and Innovation: An Empirical Study [J]. Management Science, 1986, 32 (2): 173 – 181.

抑制了创新的产生和经济的发展。❶ 为了使专利这种激励手段对创新产生更大的推动作用，抑制其负面效应，专利法通过多种手段调整其在不同产业领域内的作用方式。专利的实用性要件也是这些调整手段中的一种。通过对专利实用性的含义作出不同的解释，使那些宜由专利激励的产业领域更容易获得专利保护，并使另一些更适宜由其他激励手法调整的产业领域更难以获得专利授权。像计算机软件和商业方法，由于实用性标准的提高，在经历了一些年"淘金"般的狂热之后，又恢复了理性和平衡。

其次，随着科学和技术的发展，某些产业领域呈现出了基础研究和应用研究相融合的趋势，生物技术领域即为其著例，甚至有些研究成果难以确定其属性。结果导致大量的具有基础研究性质的上游研究成果申请了专利保护，出现了"专利丛林"和"反公地"现象，极大地增加了下游研究的成本。"如果专利商标局对这些琐细的上游发明授予了大量的专利，特别是那些权利范围非常宽泛的专利，那么就有理由担心下游研究将会被耽搁甚至可能会被阻却。"❷ 正如"反公地悲剧"理论所示，后来者所处的研究环境对生物技术和制药发明有着特别的影响，上游知识产权的扩张将会窒息以开发挽救生命的新发明为目的的下游研究。❸ 为了避免这种局面，专利法在生物技术领域发展出了一套特有的实用性判断方法，大幅度提高了实用性判断标准。在有些产业领域中，设置一个很高的实用性标准有助于后来的研究者。正像 Dan L. Burk 和 Mark A. Lemley 教授所设想的那样，"通过阻止那些威胁下游

❶ 刘银良. 美国商业方法专利的十年扩张与轮回：从道富案到 Bilski 案的历史考察 [J]. 知识产权，2010，20（6）：91－102.

❷ ARTI K. RAI. Engaging Facts and Policy：A Multi-Institutional Approach to Patent System Reform [J]. Columbia Law Review, 2003, 103 (5)：1035 –1135.

❸ MICHAEL A. HELLER & REBECCA S. EISENBERG. Can Patents Deter Innovation? The Anticommons in Biomedical Research [J]. Scince, 1998, 280 (5364)：698 –701.

创新的非必需的上游专利（例如，EST 专利），实用性和抽象思想原则能够在一些案件中限制反公地悲剧的问题。"❶ 与此同时，在那些基础研究和应用研究的区分仍十分明晰的产业领域，比如机械和电子领域，则继续坚持传统的实用性判断标准。实用性标准因产业不同而多元化的特性之所以在法律上能够形成，很大程度上依赖于实用性或工业实用性这一术语所具有的极为宽泛的内涵。

第二节　专利权社会契约理论

"专利是发明人和国家之间的一种契约"❷ 已经成为当下的一种社会共识。这句简单的话语表达了专利法上的一项重要的理论——专利权社会契约理论或称专利契约论。专利权社会契约理论是证成专利制度正当性、规制专利权利内容架构的一种为专利法所特有的理论。在知识产权家族中，只有专利制度打上了契约论的深深烙印，版权和商标等知识产权制度并无契约理论。❸ 美国联邦最高法院在 Eldred v. Ashcroft 一案中即明确指出："专利和版权并不要求同样的交换，我们一般是在专利的情境下提到对价。"❹ 由于专利权社会契约理论为专利制度所特有，这种特殊性所内在的具体性和针对性较之于其他更为一般化的知识产权理论，为专利制度的正当性和内容架构提供了更为直接和系统的论证，发挥其他知识产权理论难以产生的理论说明能力。专利权社会契约理论的精髓就是将专利制度形容为一种交换机制，申言

---

❶ DAN L. BURK, MARK A. LEMLEY. Biotechnology's Uncertainty Principle [J]. Case Western Reserve Law Review, 2003 (50): 305 – 353.

❷ 布拉德·谢尔曼，莱昂内尔·本特利. 现代知识产权法的演进:英国的历程 (1760 – 1911) [M]. 金海军，译. 北京: 北京大学出版社, 2012: 186.

❸ 和育东. 专利契约论 [J]. 社会科学辑刊, 2013 (2): 48 – 53.

❹ Eldred v. Ashcroft, 537 U. S. 186, 216 (2003).

之，即专利权人通过公开其发明创造获取国家授予的垄断权，而国家通过授予垄断权的方式获取发明人的发明创造信息，总结为一句话，就是信息公开和权利垄断的法律交易。对此，冯晓青教授曾精辟地论述道："在专利制度的公开功能和垄断权的授予之间，人们似乎发现了其背后的哲学因素，提出了社会契约论的专利制度理论。即专利制度似乎是在发明者和社会公众之间建立了一种契约：国家授予发明者以有限的垄断权以作为发明者在技术和努力上的报酬；相应地，发明者应该公开其技术要点、应该将发明中的技术秘密公开，以使有关技术人员能够实施。"❶ 专利权社会契约理论自 18 世纪后期正式形成以来对专利制度产生了重要的影响，至今仍为许多国家的学者所接受，有着十分广泛的影响。❷ 专利权社会契约理论经历了一个从自发实践到自觉应用的历史过程，其具体表现形式在早期专利法上和近现代专利法上呈现出不同的面貌，但是其基本内核却是始终如一的。专利权社会契约理论导源于政治哲学上的社会契约理论和私法上的民事契约理论，是二者的结合和统一，具有深厚的理论根基。专利权社会契约理论对于专利制度的说明和规范价值体现在多个方面，其中对于专利实用性的要求始终是专利权社会契约理论的重要组成部分。专利实用性要件存在的必要性及其内容架构都可以从专利权社会契约理论获得支撑和说明。

一、专利契约论的形成和发展

专利权社会契约理论的历史可以划分为专利说明书产生之前的早期自发阶段以及专利说明书制度形成之后的自觉应用阶段。这两个阶段大体上分别对应早期专利法和近现代专利法，虽然其表现形态不尽相同，但是本质却是一致的。

---

❶ 冯晓青. 知识产权法哲学 [M]. 北京：中国人民大学出版社，2003：277.
❷ 刘春田. 知识产权法 [M]. 北京：高等教育出版社，2010：165.

（一）专利说明书制度产生之前的专利权社会契约理论

在专利说明书制度产生之前的早期专利法上，专利权社会契约理论尚未作为一种完整的理论学说出现，但是当时的专利实践和专利法律制度却清晰地体现了专利权社会契约理论的基本要求。早在 1421 年佛罗伦萨城市共和国授予世界上第一件真正的发明专利时，专利权社会契约理论所要求的公开换取垄断的思想即得到了体现。佛罗伦萨城市共和国在授予 Filippo Brunelleschi 一项新式船舶专利权的法令中写道："（如果没有特权授予）他将不会将这样的机器提供给大众，以免其成果在未经其同意的情况下为他人所得。如果他能够获得与其成果有关的特权，他将公开其隐藏的新技术，并将其提供给所有的人……鉴于对 Brunelleschi 本人、整个城市共和国及其他所有人都能带来好处……为 Brunelleschi 创设一项特权以便激励其更加积极地投身于更有价值的实用技艺的研究……"可以看出，在这项世界上最早的发明专利授权中，技术的公开与特权的获得互为对价，专利权相当于 Brunelleschi 和佛罗伦萨城市共和国政府所签订的一项契约。❶ 在接下来的更具规范性和连续性的威尼斯和英国的早期专利实践中，专利权社会契约思想得到了更为明确的表达和实际执行。早期专利法上专利权社会契约理论的特征是，专利被视为专利权人和封建君主之间缔结的契约，契约的主要内容是，专利权人获得就其专利技术的垄断实施权，但同时承担以实施的方式公开其发明创造内容的义务。封建君主承担授予和保障专利权人垄断权的义务，但享受因为该新技术的应用所带来的经济发展和税收增加的利益。早期专利法上尚不存在专利说明书这个事物，专利权人在获得专利权时也没有披露其发明创造的义务，但是这并不等于专利权人不承担公开其发明创造内容的义务。实际上，早期专利

---

❶ 杨红军. 知识产权制度变迁中契约观念的演进及其启示 [J]. 法商研究，2007（2）：83－90.

法上普遍存在专利权人的实施义务，通过该项义务的履行一般就达到了公开其发明创造技术信息的目的。因为早期专利法上的专利产品多为与生活和经验接近的简单机械装备或生活用品，产品一旦投放市场，发明创造的信息便已自动公开，多属于"自我披露"的发明。❶ 而对于那些具有一定隐蔽性的制造方法或工艺专利，封建君主一般都会要求专利权人在实施其专利的过程中，招收一定数量的本地学徒或者工人，并将全部生产技术传授给他们，通过这些学徒或技工的再传播，相应的专利技术信息就在社会上得到公开。❷ 早期专利法上必定存在技术公开的要求这一点很好理解，因为封建君主引入新技术或者新产业的目的即是在国内推广应用，以提高整个社会的生产水平，所以绝不可能允许专利权人在专利权到期后还能够以商业秘密的方式继续维持其垄断地位，这是由其重商主义的国家政策所决定的，授予专利权人一定时期的垄断权只是吸引新技术的一种手段而已。专利权人在专利权到期后欲继续维持其垄断地位只能向封建君主申请延长专利保护期，实际上这是一种被专利权人经常使用的伎俩，同时在历史资料中从未发现专利权人在专利权到期后还能通过技术秘密的方式继续维持其垄断地位的情况。当时专利实践中广泛存在的实施条款和用工条款可以理解为封建君主要求专利权人以实施的方式"间接公开"专利技术，其与现代契约论强调公开在本质上是一致的，只不过现代契约论所要求的是一种直接公开，因此也有学者将这一阶段比拟现代契约论而称之为"前契约论"时期。❸

---

❶ 凯瑟琳·斯特兰斯伯格对"自我披露"（Self-disclosing）的发明与"非自我披露"（Non-self-disclosing）的发明作出了区分。按照他的分类法，早期发明专利多属于"自我披露"的发明。KATHERINE J. STRANDBURG. What Does the Public Get? Experimental Use and the Patent Bargain [J]. LECTRONIC OURNAL, 2004, 1（1）: 81 – 182.

❷ SIMON THORLEY. Terrell on the Law of Patents [M]. London: Sweet & Maxwell, 2006: 5.

❸ 和育东. 专利契约论 [J]. 社会科学辑刊, 2013（2）: 48 – 53.

（二）专利说明书制度产生之后的专利权社会契约理论

在专利说明书制度形成的过程中，专利权社会契约理论的思想得到更为清晰的表达。至19世纪60年代，在专利制度存废论战的过程中，专利权社会契约理论作为一种支持专利权存在的工具被正式明确提出，此后日益丰富和系统化，最终形成了一种重要的专利法理论。经由法院在司法过程中对该理论的不断诠释和适用，该理论不但作为一种学说出现，而且更直接上升为一种裁判规范。1663年英国发生的盖瑞（Garill）案❶是官方要求申请人提交说明书的最早实践。1711年英国安妮女王授予纳斯密斯（Nasmith）的一件从糖中提取洗涤剂的专利被公认为是现代专利说明书制度的真正起源。在该件专利申请中，纳斯密斯主动表示愿意在专利授权后一定时间内提交一项有关该发明的详细文字说明。❷ 1734年之后，提交说明书成为英国发明人申请专利时的一种惯常做法。但是运用专利权社会契约思想论证专利说明书制度的正当性和必要性，则要归功于1778年英国发生的赖德诉约翰逊（Liardet v. Johnson）一案。在此案中，主审法官曼斯菲尔德（Mansfield）勋爵要求陪审团判定，专利权人所提交的专利说明书是否能够足以指导他人生产或者制造这一发明。他指示陪审团，只有专利说明书的公开程度达到这一要求，专利权人的权利才可能是有效的。为此，他论证道："（专利权人）必须将其发明的说

---

❶ 第一次将提交说明书作为授予专利的前提条件的是1663年"盖瑞"（Garill）案。盖瑞申请了"将金银锭单一铸丝"技术的专利，但当时伦敦铸造、金匠和拉丝行业的官员反对授予该专利，担心授予的专利可能会涵盖任何拉丝者以任何方式进行拉丝的技术实践。倘若果如行业官员所言，则盖瑞的专利申请并不符合垄断法规第6条。对此质疑，英王破天荒地命令枢密院从盖瑞那里获得技术披露，来求证质疑是否成立。但盖瑞拒绝向枢密院披露技术，结果未获得专利。ADAM MOSSOFF. Rethinking the Development of Patents: An Intellectual History, 1550 - 1800 [J]. Hastings Law Journal, 2001, 52（6）: 1255 - 1322.

❷ D. SEABORNE DAVIES. The Early History of the Patent Specification [J]. The Law Quarterly Review, 1934, 197（50）.

明记录在案，该说明将教导技术人员在专利期限届满后如何制造它，并且按其指导能制得和发明人的一样好。唯有如此，在专利期限届满后，公众才能从中获得实益。"❶ 曼斯菲尔德在此案中第一次将专利说明书公开上升到专利对价的地位，标志着专利契约理论的正式形成。❷ 从此专利权的对价不再是实施专利，而变成了通过说明书充分公开其发明信息；同时，伴随着自然权利观念的兴起，专利权不再被视为封建君主的恩赐，而开始将其视为是专利权人和社会公众之间的一种契约关系。至此，现代版的专利权社会契约理论开始正式形成。美国法院在一系列重要的专利案件中主动援引专利契约论作为说理或裁判根据，并根据个案的具体情况对该理论进行阐发，为专利契约论的丰富和发展作出重要贡献。1829 年，美国联邦最高法院在佩诺克诉达劳格（Pennock v. Dialogue）一案中，正式采用专利契约论中的对价思想作为裁判的说理根据。1832 年，美国联邦最高法院又将专利法上的"能够实现"要件的理论基础建筑在专利契约论之上。在1911 年的一项判例中，美国法院将专利描述为"一个契约，这个契约是政府与申请人之间通过要约与承诺的方式实现的，申请人向政府发出公开技术发明的要约，政府承诺保证其享有 17 年的专有使用权和销售权"。❸ 1944 年美国联邦最高法院在通用石油产品公司一案（Universal Oil Products Co. v. Globe Oil & Refining Co.）中明确指出获得专利权的对价是"足够详细地披露发明信息以使该领域技术人员在专利期限届满后能够准确实施该发明。"❹

---

❶ ADAM MOSSOFF. Rethinking the Development of Patents: An Intellectual History, 1550 – 1800 [J]. Hastings Law Journal, 2001, 52 (6): 1255 – 1322.

❷ F. SCOTT KIEFF. Cases and Materials: Principles of Patent Law [M]. 4th Ed. New York: Foundations Press, 2008: 15.

❸ Century Electric Co. v. Westinghouse Electric & Mfj. Co. (191 Fed. 350, 354, 1911).

❹ Universal Oil Products Co. v. Globe Oil & Refining Co. , 322 U. S. 471 (1944).

1974 年的凯文尼案❶以及 2001 年的 JEM 案❷继续追随通用石油产品公司一案的裁判意见，致使专利权社会契约理论成为美国法院对专利问题的最基本的诠释手段，成为美国专利法的一块基石。19 世纪中叶，欧洲发生了反专利运动，促使人们更加深入地思考专利的理论问题，催生了多种多样的专利权正当性理论。专利权社会契约理论与其他专利正当性理论不同，它不以发明人为论证基点，而是以技术知识为着力点，它不关注人为什么搞发明，而聚焦于整个社会的技术知识总量的增长，跳出了辩论中难以消解的道德困境，通过更为客观的立场和论据有力地回应了反专利质疑，成为专利制度辩护者的一张王牌。❸

二、专利契约论的思想渊源及其基本内涵

契约理论是理解西方人精神世界的一把金钥匙。西方人惯于以契约的理念和准则去理解世界、安排生活，并将契约精神贯彻到社会各个方面。按照作用领域的不同，西方人对契约的运用可以划分为四种类型：法律上的契约、宗教神学的契约、社会政治概念的契约以及道德哲学层面的契约。❹ 不同层面的契约虽在实质内容上互有差异，但是在形式上存在一些基本的共同要素，即都具有允诺、对价、对等等形式要件。专利制度产生后，西方人同样使用契约的眼光来审视这一事物，并逐渐形成了专利法所独有的专利契约论。专利契约论从其思想根源分析，其来源于政治哲学上的社会契约理论以及私法上的民事契约理论，是二者在解释专利问题时思维成果相互结合的产物。社会契约

---

❶ Kewanee v. Bicron，416 U. S. 470，485 (1974).

❷ J. E. M. Ag Supply v. Pioneer Hi-Bred International，534 U. S. 124，142 (2001).

❸ MATTHEW FISHER. Fundamentals of Patent Law-Interpretation and Scope of Protection [M]. Oxford and Portland：Hart Publishing，2007：81.

❹ 孙同鹏. 经济立法问题研究——制度变迁与公共选择的视角 [M]. 北京：中国人民大学出版社，2004：31.

论中的财产权理论解释了"专利作为私权同时又需要国家授权"这一看似矛盾的命题，而民事契约理论则精细化地诠释了专利权人"以公开换取垄断"的具体内涵。❶舍弃其中任何一个方面，都难以正确理解专利权社会契约理论的精神实质和内容架构。

（一）政治哲学上的社会契约理论对专利契约论的贡献

法国启蒙思想家卢梭所提出的社会契约论为资本主义财产权制度构筑了一种不同于前人的哲学基础，对政治学和法学均产生了广泛而深远的影响。在卢梭之前，以霍布斯、洛克为代表的启蒙思想家倡导的是"财产自然权利"学说。洛克所代表的传统财产权理论可以分解为"先占、需求和劳动"三个层面的要素。首先，某物还不曾为他人占有；其次，人们只能索取为维持其生存所必需的数量；最后，占有某物的必要手段是劳动获取，这是保障其所有权受到他人尊重的唯一标志。❷卢梭对洛克的劳动财产权理论进行了批评，在他看来，洛克的财产权理论只是说明人们拥有财产的事实，并不能证明人们获得了一种受到法律保障的财产权利，因此，洛克语境下的财产仅仅是财产，尚不构成财产权，是不安全的和没有保障的。为了弥补传统财产权理论的不足，卢梭提出了诠释财产权理论的新视角。和洛克一样，虽然卢梭的财产权理论也是针对有体财产而提出的，但是对于我们理解知识产权这一无形财产同样发挥着不容低估的借鉴作用。卢梭的财产权理论可以概括为关于财产权的来源和关于财产权的内容两个大的方面。

首先，在财产权来源方面，人们通过出让自然权利获得法律权利。卢梭认为，在社会形成之初，为了保障其自由、生命和财

---

❶ 吕炳斌. 专利契约论的二元范式 [R]. 南京大学法律评论，2012（2）：212－222.

❷ 洛克. 政府论（下篇）[M]. 叶启芳，瞿菊农，译. 北京：商务印书馆，1996：18－32.

产的安全，人们在完全平等的基础上自愿结合，通过缔结社会契约的方式建立了国家，然后将自己的所有自然权利转让给国家，国家通过制定法律，将人们转让来的自然权利再以法律权利的形式赋予人们，并承诺将以国家的力量来保障这种法律权利的安全。卢梭对这一过程进行了描绘："人类由于社会契约而丧失的，乃是他的天然的自由以及对于他所企图的和所能得到的一切东西的那种无限权利；而他所获得的，乃是社会的自由以及对于他所享有的一切东西的所有权。"❶ 卢梭严格区分了自然状态下的自由和权利与社会契约下的自由和权利，并将前者仅视为一种事实的存在，而认为后者才是一种受到保护的法律利益。也就是说，人们在自然状态下对财产事实上的管领和支配是无权利可言的，是无从有效排除他人的干扰或者侵夺的。卢梭的这种看法虽然来源于有体财产，但是在笔者看来，似乎更适于解释无形财产权的问题。如果说在缺乏法律保障的情况下，人们尚可以通过安设栅栏等自力手段宣示和保护其对土地和其他有形财产的占有，那么对于像专利、版权等无形财产则几乎是完全不可能的，这些信息产权一旦暴露，即会自然进入公有领域，权利人是没有办法限制或者禁止他人使用的。无形财产权对于法律的依赖要远大于有形财产。卢梭所谓的无法律即无权利的状态，近乎经典地诠释了无形财产权的现实存在。专利契约论的一项重要内涵，就是发明人将其对发明信息的自然权利转让给国家，从而获得国家所赋予的受到一定限制的法律上的专利权。

其次，在财产权的具体内容上，财产权的架构和行使还必须符合正义原则的要求。为此，卢梭对财产权提出了三个方面的限制：第一，权利和义务的伴生和对等。人们在取得财产权利的同时，也必须承担尊重他人财产权利的义务，这是正义原则的基本

---

❶　卢梭. 社会契约论 [M]. 何兆武，译. 北京：商务印书馆，1982：30.

要求。权利和义务的对等在卢梭那里是一种基本的财产权规范，其目的在于在全社会范围内形成一种尊重财产权的习俗。第二，不同主体财产权利的平等。财产权利形成的前提是人们在完全平等基础上缔结的社会契约，所以该契约下的所有主体的财产权利同样应该完全平等地受到法律保护，谁的权利也不优于或者劣于他人。当然，这里的平等讲的是受到法律保护的平等，并不是财产权在数量上的相等，卢梭认为财产权在数量上的相等是不可能的，也不是社会契约的一项内容。卢梭就财产权利保护上的平等论述道："它是公平的约定，因为它对一切人都是共同的……社会契约在公民之间确立了这样的一种平等，以致他们大家全都遵守同样的条件并且全部应该享有同样的权利。"❶ 第三，财产权制度的目标是维护公共福利。卢梭认为，完全平等的人们缔结契约、形成国家、保护财产的根本目的是维护人们"结合在一起的共同利益"，因此，公共福利原则是财产权的最为重要的目标。卢梭总结道："实际上，由社会公约得出的第一条法律，也是唯一真正根本的法律，就是每个人在一切事物上都应该以全体的最大幸福为依归。"❷ 卢梭的财产权正义理论，特别是其中关于财产权的目标是公共福利的论断，对于专利契约论的价值定位有着重要的意义。发明人从国家所获得的专利权之所以受到权能和期限方面的限制，根本原因就在于维护社会公共利益的需要。社会发展的价值体系是个人本位与社会本位并重的双向本位观念，对知识产权人利益的保障不能忽视公共利益。❸ 可以看出，卢梭的社会契约论奠定了专利契约论的基本架构，有力地支撑了专利契约论的正当性。关于社会契约论之于专利契约论的重要价值，吴汉东教授指出："卢梭关于财产权基础的社会契约论，对近代社

---

❶ 卢梭. 社会契约论 [M]. 何兆武，译. 北京：商务印书馆，1982：44.

❷ 卢梭. 社会契约论 [M]. 何兆武，译. 北京：商务印书馆，1982：43.

❸ 冯晓青. 知识产权法的价值构造：知识产权法利益平衡机制研究 [J]. 中国法学，2007（1）：67-77.

会的'专利契约'理论有很大的影响。西方学者将信息公开与权利专有的现象解释为契约对价关系，其思想观点导源于此。"❶

（二）私法上的民事契约理论对专利契约论的贡献

相较于政治哲学，专利契约论与法律有着更近的血缘关系，除了专利的正当性这一宏大的命题之外，专利契约论的理念和规则与私法契约具有内在的一致性。专利契约论的内容架构深受私法上的民事契约理论的浸染。私法上的民事契约理论所内含的两个层面的基本规定性直接影响了专利契约的内容建构。首先，必须存在用于交换的合法利益。契约法是关于交易的法律，拥有可以用于交易的合法利益是产生契约关系的不可或缺的前提。按照英美契约法理论，有效交易的第一项条件就是存在可以用来交换的合法对价。❷ 根据这一要求审视专利契约，我们可以发现，专利契约成立的前提就是必须存在专利权人管控其发明信息的天然权利以及社会公众一旦获知信息内容即享有不受限制使用发明信息的权利。实际上，这两种状态既是专利制度产生之前的现实，也是专利制度所要解决的一对主要矛盾。也就是说，这两项看似矛盾的自然权利是被人们普遍认可的。专利契约所调整的交易正是专利权人信息管控权和社会公众自由使用权之间的交易。其次，对价必须存在和充分，并且交易须符合合同正义原则。对价理论是英美合同法的基石性理论，是决定承诺能否执行的首要标准，被誉为是合同法律制度的"理论和规则之王"。❸ 根据契约法的一般理论，关于对价的要求包括形式要素和实质要素两个层面的内容。在形式要素层面上，只要交易双方自愿，对价真实存

❶ 吴汉东.法哲学家对知识产权法的哲学解读 [J].法商研究，2003 (5)：77-85.
❷ 崔广平.合同法诸问题比较研究 [M].成都：四川大学出版社，2001：145-154.
❸ 刘承题.英美法对价原则研究：解读英美合同法王国中的"理论与规则之王" [M].北京：法律出版社，2006：13.

在并且充分即可，并不要求必须充足或者相当。❶ 也就是说，只要对价是有法律价值的东西即满足了有效交易的要求，至于价值是否相当法院不会去主动审查，这是由契约自由原则所决定的。在实质要素层面上，由于契约的根本性质是"经济人"之间的利益交换，所以在正常情况下或者一般意义上，契约的对价又往往是基本相等的。给付与对待给付的等值性是契约正义的一项基本要求。❷ 否则，交易就不可能长期维持下去。法律对于不公平的交易在一定条件下给予相应的救济。对价等值虽不在个案中强调，但确是立法者创设契约法时的理想模型。根据契约理论的第二个层面的要求检视专利契约可以得出两点结论：第一，由于契约的对价首先是形式上的，所以只要专利权人所提供的对价——发明信息的披露——是充分的，也就是说是完整、准确的，其和社会之间订立的专利契约就应当是有效的，根据该契约产生的专利权就应当被尊重，而不应过多拷问专利权人所提供的发明信息的经济价值的大小。实际上，专利法对那些价值微小的专利所提供的保护和对那些价值重大的专利所提供的保护没有什么本质上的不同。第二，契约法所内在的公平性原则要求，专利权利范围的大小应该和专利权人的发明贡献的大小相一致。无论过去还是现在，相等补偿原则对于现代合同法及对价原则产生了重大影响。❸ 作为回报给专利申请人所披露的发明信息的对价，国家所给予的专利权范围是在遵循"相等补偿原则"下确定的，专利权人的权利不得超过其所披露的发明信息的范围和程度。在专利契约中，发明人对社会的贡献应该和社会给予发明人的东西一样

---

❶ PETER HEFFER, JEANNIE PATTERSON, ANDREW ROBERTSON. Principle of Contract [M]. Sydney：Lawbook Co.，2002：88.

❷ 卡尔·拉伦茨. 德国民法通论（上册）[M]. 王晓晔，邵建东，程建英，等，译. 北京：法律出版社，2003：60.

❸ WILLIAM HOLDSWORTH. A History of English Law（vol. Ⅷ）[M]. London：Methuen & Co. and Sweet & Maxwell，1937：7.

多。可以看出，专利契约论中当事人的权利和义务架构深受民事契约理论的影响，与民事契约理论的要求是基本一致的。

三、专利契约论对专利实用性要件的支持

在专利权社会契约理论的诸项内涵中，有两项要求与专利实用性要件存在紧密联系，可以视为是专利实用性要件在专利契约理论中的根据。第一项要求是，专利权人必须披露真实有用的发明信息，该信息的使用能够为社会带来直接的好处，这是由专利契约对价的合法性所决定的，是专利契约生效的前提。第二项要求是，专利权人仅能就其披露的发明信息主张权利保护，不得通过使用高度概括性的语言将其权利延伸至其未披露的技术信息，这是由对价理论中的"相等补偿原则"所决定的，同时也是由付出与回报相一致的契约正义原则所决定的。上述两项基本要求在专利实用性要件理论中展现为三个层次的内容。

首先，专利权人所披露的发明创造信息必须具有技术上的可操作性，具体包括该发明创造的内容是可实现的，并且能够稳定地再现，这项要求是专利实用性要件最基本的规定性。如果专利权人向社会披露的发明创造信息是虚假的，或者尚未达到技术上可操作的具体化程度，或者其发明效果的再现具有很大的随机性，都将是不符合专利契约关于对价合法的要求的。因为在这些情况下，社会公众虽然付出了和正常专利一样的专利权对价，但是并未收获真正有价值的发明信息，从而未获得其应得的对价，因此所缔结的专利契约以及由此契约产生的专利权无效。申请专利的发明创造缺乏可实施性要求，是所有国家均认可的专利权无效的理由。

其次，专利权人必须对发明创造信息进行全面、准确的披露，并须指出该发明对社会的真正实用性所在。如果专利权人对发明创造的信息进行不适当的保留，致使本领域技术人员除非进行过度实验，否则难以实现该发明，则此时专利权人所给予社会的对价将是不充分的，从而会影响到其专利权的效力。19 世纪著名专利法学者威廉·鲁宾逊曾说："为了使某一项发明可获得专利，它不仅必须由发明人提交给公众，而且在提交时，它必须使他们获得利益。……不能让社会获得对价者，自己也无法获得适当的补偿。"❶ 笔者认为，专利法上的实用性指的是专利权人所披露的信息本身是否足够有用、实用，而不是尚须依赖于所披露信息之外的过度努力获取的资源去判断专利是否足够实用。也就是说，专利的实用性是一种纸面上的、披露出来的实用性，而不是不考虑披露信息的具体情况的本质有用性。那种只有经过创造性劳动获致进一步的技术信息才能实现的专利信息，是不符合实用性要求的。实用性判断不是一项像判断科学假说那样的创造性技术判断，而是一项无须创造性的法律事实判断。不但专利权人需要披露充分的发明技术信息，而且其还要指出专利产品或者通过专利方法获得产品的真正社会用途。如果专利权人还没有找到这方面的用途，说明专利权人所进行的科学研究还未达到实用性的程度，其所披露的信息可能有科学价值，但是并不符合专利契约关于对价充分的要求。之所以抽象的科学技术信息虽有其科学价值，但并不符合专利契约关于对价的要求，乃在于专利契约的另一方是社会公众，他们不是科学家，虽可能对科学信息感兴趣，但是并没有从中真正收获什么，所以不能为社会直接所用的科学信息披露并不符合对价原则的要求。美国联邦最高法院在Brenner 一案中曾经论述道："无论鼓励披露和抑制保密应被赋予多大的价值，我们相信一项更重要的考虑是，如果没有发展出具体的实用性（Specific Utility），化学领域的方法专利会导致知识垄断。这种垄断只有明确的法律规定时才能被授予。除非方法被用来制造确实有用的产品，否则该（方法专利的）垄断权的边

---

❶ 转引自：谢尔登·W. 哈尔彭，克雷格·艾伦·纳德，肯尼思·L. 波特. 美国知识产权法原理 [M]. 宋慧献，译. 北京：商务印书馆，2013：238.

界将无法准确界定。该权利要求可能独占一大片未知、也可能是不可知的领域。这样的专利可能赋予（专利权人）阻碍整个领域的科学发展的能力，而没有给予公众回报。宪法和国会所预期的授予专利垄断的基本对价，是公众从具有实质性用途（Substantial Utility）的发明中所获好处。"❶ 美国联邦最高法院在 Brenner 一案中的论述虽然针对的是化学领域内的发明，但是其基本原理却具有普遍的适用性。

最后，专利权人的权利要求仅能覆盖其所披露的具有实用性的技术信息，而不得使用过度概括性的语言涵摄那些在本质上不属于其技术贡献的后来的发明创造。这是由专利契约的对价原则和正义原则所决定的。如果专利权人在权利要求中使用了过度概括的字眼，以至于涵盖了那些不是由其发明所提供的信息，由于这些信息在其申请专利时尚未被真正开发出来，所以就这些未来信息主张专利权并不符合实用性的要求，也不符合贡献与报偿相一致的契约法的精神。下面以萨缪尔·摩尔斯的电报专利来说明这一问题。因发明了摩尔斯密码闻名于世的美国科学家摩尔斯，为其利用电磁在电报中实现可识别信号的方法获得了一项保护范围十分宽泛的专利。但是在 O'Reilly v. Morse 一案中，美国联邦最高法院驳回了摩尔斯的第 8 项权利要求。摩尔斯在这项权利要求中主张对"任何将电磁转换为用于远距离标记或者印刷的可识别的字、标记或者字母"的方法享有权利。美国最高法院在该案中驳回上述权利要求时是这样论证的："如果上述权利要求获得授权，将涉及实现上述结果的过程或者设备。随着科学的进步，未来的发明人是否会在完全不利用到原告权利要求书所记载流程的部分或其组合的前提下，发现一种通过电流远距离书写或者印刷的方法，这一点我们现在还完全不得而知。这些新的发明可能

---

❶ Brenner v. Manson，383 U. S. 519 (1966). 转引自：崔国斌. 专利法：原理与案例 [M]. 北京：北京大学出版社，2012：144.

更简易——故障更少——在构造和操作上成本更低。但是，该案专利如果涵盖了上述内容，发明人在未获得专利权人许可的情况下就不能对此加以利用，而公众也无法从中获益。"❶ 后来的技术发展证实，美国联邦最高法院在 O'Reilly 一案中所提出的不能因为电报技术的发展而对摩尔斯利用电流进行信息交流的所有可能都给予专利保护的裁判意见，体现了其洞察力与预见力。在摩尔斯之后出现的电话、电传、传真等现代通信技术，基本上都依赖于对于电流的非电报性使用。如果摩尔斯的专利涵盖了这些后来才发展出来的全新的发明，一方面这对后来的发明人将是极不公平的，另一方面这些技术在摩尔斯申请电报专利的时候确实也是不符合实用性要求的，那时候它们可能仅是一些空洞的设想，甚至连设想都谈不上，它们只是利用了在摩尔斯时代已经存在的科学原理而已。实际上，专利法上关于专利除外客体的"抽象创意原则"、限制专利权利效力范围的"逆等同原则"以及适用于医药技术领域的用途发明等规定，都是可以从专利契约论和专利实用性的角度进行解读的。

第三节　专利权的法律建构性理论

所谓专利权的法律建构性，也可以称之为专利权法定主义，是指专利权是一种由国家通过有意识的立法行为所创设的权利，权利的设立和内容均以法律为基础，没有国家法律的存在也就没有专利权可言。专利权体现出了极强的法律依存性，或者说是学者们常称的法定性。笔者在此之所以使用了法律建构性而没有使用惯常的法定性，乃在于法律建构性更加强调专利权起源上的法

---

❶ O'Reilly v. Morse, 56 U. S. (15 How.) 113 (1853). 转引自：Dan L. Burk, Mark A. Lemley. 专利危机与应对之道 [M]. 北京：马宁，余俊，译. 北京：中国政法大学出版社，2013：193.

律依存性，而法定性则侧重权利内容的法律设定性，笔者在本书中重点讨论的是专利权在产生上对法律的依赖，所以选择使用了法律建构性一语。在专利权的本质属性上，长期以来存在自然权利和法定权利两种针锋相对的观点，自然权利论又常称为财产权论或独占论，法定权利论也可以称为工具论或垄断特权论。这两种观点不但价值取向和理论内容不同，而且其对专利权所表现出来的规范结果也很不一样。专利权的法律建构性理论反对自然权利立场，倡导人设权利观念。倡导人设权利观念的根本目的，是为国家干涉专利权的内容和行使提供某种正当性，以确保专利权对社会发挥最大的积极效用，同时限制其消极后果。既然专利权是一种人为创设的权利，那么就一定存在创设该权利的明确目的，这种目的就是促进实用技术的进步和社会经济的发展。[1] 因此，要求专利在个体意义上具有技术实用性，以及在整体意义上具有经济实用性，也就成为了实现该目的不可或缺的手段。可以有把握地说，专利权的法律建构性理论支撑了专利实用性要件的存在。19 世纪 60 年代在欧洲所发生的一次声势浩大的废除专利运动，以及之后长期持续存在的批评专利制度和专利局的各种声音时刻提醒我们，保证个体专利和整体专利制度对产业的实用性，是避免专利制度发生政治危机的极其必要的手段和基础。所以，对专利实用性的要求必须被时刻关注。舍弃专利给经济发展所带来的实用性，专利制度就没有生存的根基和必要。

一、专利权的性质之争

在近代资产阶级革命之前，专利权由于直接来源于封建君主的自由授予行为，所以其在权利属性上被定义为封建特权是没有

---

[1]　专利法的目的包括直接目的和最终目的两个层次，笔者此处是在最终目的意义上谈论。关于这两种目的的关系，请参见：冯晓青. 知识产权法目的与利益平衡研究 [J]. 南都学坛：南阳师范学院人文社会科学学报，2004 (3)：77－83.

争议的。在当时的社会条件下，没有人能够主张自己享有就其发明创造获得专利保护的权利，专利权被视为是君主的一种恩赐。封建君主在授予专利上是完全自由的，不受任何成文法或者普通法的约束，甚至当时普通法院都没有管辖专利案件的权力。但在资产阶级革命胜利以后，随着封建王权的逐步消退，专利权的特权色彩渐淡，于是出现了关于专利权属性的重新思考和观点论争。

（一）专利权自然权利论

资产阶级革命胜利以后，随着专利制度的逐步完善，人们在法律上逐渐获得了一种就其发明主张专利权的权利。配合着此时社会上广为传布的天赋人权观念和日益深入的反对封建特权的社会运动，专利权开始被人们勾画为一种发明人所享有的自然权利。这种自然权利观念的核心之点即在于，"它假定作者、发明人或者设计人是具有某种天生的、自治意志的承受者，其在某种程度上是先于社会（Pre-social）或者先于法律（Pre-legal）的。"❶ 著名知识产权法学者德霍斯将这种看待专利权的立场称为"独占论"。所谓独占论是指那些将自然权利作为其中心内容的公平理论。独占论有两个显著特征：一是这些权利被认为是先于社会和制度而存在的；二是这些权利的功能是对国家决策的限制。❷ 这也就是说，在独占论看来，专利权是一种先于国家和法律而存在的权利，国家的专利法律制度只是去保护它，但并没有创设它。实际上，独占论或者说自然权利论在理论上存在重大缺陷，在实践中是有害的。该学说在理论上存在以下三个方面的难以克服的缺陷：第一，既然专利权是一种先于法律的自然权利，那么它应该属于一种可以对抗任何人的对世权利，

---

❶ 布拉德·谢尔曼，莱昂内尔·本特利. 现代知识产权法的演进:英国的历程（1760－1911）[M]. 金海军，译. 北京：北京大学出版社，2012：206.

❷ 彼得·德霍斯. 知识财产法哲学 [M]. 周林，译. 北京：商务印书馆，2008：209.

无论在本国还是在任何其他国家都应该获得一体承认和保护。但实际上，专利权自其诞生之日起就具有强烈的属地性，而且这种性质至今没有改变。任何一个国家所批准的专利权都无法将其效力延伸至其他国家，即使已经存在大量的专利方面的国际公约，这一现实也没有根本性改变。第二，这种学说无法解释专利权的专有性特征。无论是先申请制还是先发明制，在几个人分别作出同样的发明创造时，只能由其中一人取得专利权，其他人终将一无所获。如果专利权是先于法律而存在的，其他独立作出同样发明的人应该享有自由使用其发明的权利，而实际上这种自然意义上的权利除了"在先使用"这种受到极大限制的特殊情况外基本是不存在的。还有，无论奉行哪种取得制度，专利权必须经过国家主管机关的授权程序方才被认为存在，从来没有出现过未经国家授权的所谓"天然专利权"被承认的事实。第三，与物权所具有的永续性不同，专利权总是存在时间的限制，这与自然权利说也存在不可调和的矛盾。❶不但存在上述理论上的难以自圆其说之处，而且专利权独占论或自然权利论还具有实践上的有害性。这种学说的作用后果是，专利权不断地被给予道德上的至上性，权利保护水平一再提高，主题事项范围一再扩展，国家在专利权面前显得无能为力，公共利益无从表达。❷独占论在专利法中的长久影响是，先前在公共领域的各种抽象信息将进入到个人所有权中，取得这种所有权的人针对其他人形成了一种较有形财产权更大的威胁权力。这是因为，"财产是一种主权机制。当这种主权机制与抽象物联系在一

❶　李伯超．英国专利制度发展史研究［D］．湘潭：湘潭大学，2011：34.

❷　作为限制专利权过度扩张而创设的"逆等同原则""试验使用原则"和"禁止专利滥用原则"，20世纪中期以来的发展趋势是，其适用范围越来越小、适用条件越来越严，据此胜诉的案件日见其罕，大有名存实亡之势。参见：黄海峰．知识产权的话语与现实：版权、专利与商标史论［M］．武汉：华中科技大学出版社，2011：194 – 198.

起时，一个社会制度中的威胁权力就不同寻常地增强了。"❶ 独占论的一个危险在于，它使专利制度倾向于保护所有有用的构思，而不是仅仅保护那些产生了实际效果的构思，结果导致了专利权人的控制权漫无边际地扩展。这种立场对于在经济技术发展水平上并不占据优势的发展中国家危害更大，甚至有学者认为"对知识产权私权属性的过分强调不仅违背了知识产权的制度安排事实，违背了知识产权客体的本性，也落入了西方知识产权强化论者的权利话语圈套。"❷ 对此，德霍斯深刻地指出，独占论深深地植根于国际资本主义的本性，植根于竞争条件下的资本主义的发展，植根于有这种竞争所引起的不确定性，以及植根于某些国家取得霸权地位的欲望等方面。❸

（二）专利权人设权利论

由于自然权利论存在上述无法克服的逻辑缺陷和难以弥补的消极后果，现代知识产权法趋向于更加依赖使用政治经济学和功利主义的话语和理论来诠释专利权，将专利权视为一种法律创设的人为权利，该权利被创设的目的是用来执行某种公共政策或者产业政策。这种立场具有坚实的历史基础和可靠的法律基础。作为近现代专利制度的先驱，英国在很早的时候就认识到了专利制度的产业政策属性。在 1602 年英国发生的达西一案中，法院认为，垄断极大地干涉了臣民的从业自由，因此一般是无效的。但是有一种垄断形式是有效的，那就是当一个人将新的交易或者发明引入英国时，"考虑其发明确实给全体臣民带来的好处，国王可以因此授予某人在适当的时期内享有垄断权利，直到全体臣民

---

❶ 彼得·德霍斯. 知识财产法哲学 [M]. 周林，译. 北京：商务印书馆，2008：175.

❷ 王太平. 论知识产权的公共政策性 [J]. 湘潭大学学报（哲学社会科学版），2009，33（1）：35 –39.

❸ 彼得·德霍斯. 知识财产法哲学 [M]. 周林，译. 北京：商务印书馆，2008：212.

都了解该项发明为止，否则便不得授予专利。"❶ 这就清晰地表明了当时英国专利制度的公认目的是鼓励人们将有价值的技能和技术引入英国。美国的专利制度和实践对世界影响巨大。但是作为美国专利法立法基础的美国宪法第 1 条第 8 款第 8 项，在规定知识产权的创设目的时，仅仅使用了公共福利的理由而没有提及保护的自然权利理由。在 Graham v. John Deere Co. 一案中，美国联邦最高法院认为："专利垄断权不是用来授予发明者的发现中的自然权利，而是一种为产生新知识的报酬和刺激物。对发明排他权的授予是社会的创造，而不是自然地给予的。只有促进了人类知识的新颖而实用的发明和发现才当得起有限的私人垄断权的专门刺激。"❷ 实际上，将专利法视为一种发展经济的手段在现代各国的专利法中都有直接或者间接的表达，特别是那些在法律中惯于规定立法目的的国家更是如此。❸ 就连作为全世界知识产权保护总纲的 TRIPS，在承认知识产权为私权的条件下，也认可知识产权的公共目的与某些政策特征，并允许成员基于公共政策考虑而对专利权进行一定的限制。现代专利法将专利制度视为一种产业工具，其核心思想就是采用法律经济学的方法和立场来处理专利权的权利属性问题。英国贝尔珀（Belper）诠释了专利权的这一性质："一个发明人对于其发明并不拥有自然的或者原始的一种垄断权……专利的存在只可能以公共效用为依据而获得辩护。"❹ 专利权是政府对市场的审慎干预——一种人为

---

❶　SIR WILLIAM HOLDWORTH. A History of English Law（Vol. IV）[M]. London: Sweet and Maxwell, 1966: 351.

❷　Graham v. John Deere Co. , 383 U. S. 1 (1966).

❸　我国《专利法》第 1 条规定："为了保护专利权人的合法权益，鼓励发明创造，推动发明创造的应用，提高创新能力，促进科学技术进步和经济社会发展，制定本法。"明确地将保护专利权规定为发展经济的一种手段。

❹　布拉德·谢尔曼，莱昂内尔·本特利 . 现代知识产权法的演进: 英国的历程（1760 - 1911）[M]. 金海军，译 . 北京: 北京大学出版社，2012: 207.

激励创新的重商主义经济政策。❶ 将专利权视为一种产业工具的核心含义在于，专利权作为一种特权本身伴随着一定的义务，专利权应该被限制在与权利被赋予的目的相一致的范围内，并且权利人不得以损害特权最初被授予的目的的方式行使这种权利。❷

　　将专利权理解为"垄断"特权抑或自然"财产权"，并非纯粹学理意义上的概念之争，语词相异的背后表达了不同的价值立场。以专利为垄断，系从公共利益出发，认可给予专利权人一定专营的必要，但同时视其为有限、法定的垄断，从而可以从公共政策出发予以各种合理的限制；以专利为财产权，则系从专利权人利益出发，认可专利为发明人的自然财产和私权，借此，借助政治理论中财产权的神圣光环，从而可以在话语和表达上强化专利权人权利的正当性。❸ 由于专利权被限制在一定的公共政策的目的之内，因此在授予专利权时，立法者就必须足够谨慎以防止将专利权授予不适格的主题或者授权的范围超过了专利权人实际发明的范围。❹ 众所周知，专利权被创设的公共目的是发展经济，而不是单纯地追求知识的增长，所以只有那些在产业上可以直接应用并确实能为经济发展带来好处的发明才有资格被授予专利权，换言之，也就是发明创造的实用性对于实现专利权创设的目的是绝对必需的。而且，为了保障专利权对经济发展确实有益，还应该将专利权的范围限定在发明人所披露的技术信息的范围之内。专利权的私权性虽为法律和学理所公认，但是专利权的私权性和专利权的公共政策性也并不是水火不容的，实际上二者

　　❶❹　Dan L. Burk，Mark A. Lemley. 专利危机与应对之道［M］. 马宁，余俊，译. 北京：中国政法大学出版社，2013：8.

　　❷　彼得·德霍斯. 知识财产法哲学［M］. 周林，译. 北京：商务印书馆，2008：227－230.

　　❸　黄海峰. 知识产权的话语与现实：版权、专利与商标史论［M］. 武汉：华中科技大学出版社，2011：202.

发挥着一种功能互补的作用。"专利权的公共政策性为专利权设置了发挥作用的终极目标，专利权的创设、内容和限制只能有助于这种终极目标的实现，而不能有害于它；而专利权的私权属性则意味着实现这种终极目标主要是通过设置专利权这种私权性质的权利来进行。"❶ 笔者之所以在此运用较大篇幅论述专利权的工具属性或者政策属性，一个重要的原因在于，时至今日，将专利权视为一种自然财产权的观念仍有相当的市场。在这种观念的支配下，专利的实用性要求不断被推向更深的谷底，严重损害了专利制度的政策目标。虽然美国联邦最高法院向来视专利权为一种有限垄断或者法定垄断，但是美国联邦巡回上诉法院成立以后，出于加强专利权保护的需要，在该法院的判决中一再出现使用"财产权"取代"垄断权"来指代专利权的历史回流现象。比如，在1983年Schenck v. Nortron Corp. 一案的判决中，时任首席法官霍华德·马克（Howard Markey）就曾说："没有任何成文法律将专利界定为垄断。专利权实为一种排他权，完全符合'财产权'的定义。任何财产权均可能滥用而违反《反垄断法》，但并不表明以专利为形式的财产权本身与《反垄断法》相冲突……将专利表述为'专利垄断'或者描述为'一般反垄断规则的例外'实系一种误读。"❷ 在1985年的Jamesbury Corp. v. Litoon Industrial Products, Inc. 一案中，该法院更是认定由于初审法院在给陪审团的指示中将专利称为"垄断权"而构成法律上的错误。❸ 然而，无论使用什么样的表达手法，在商业实践中专利并不能摆脱垄断之实。波斯纳法官对此曾评论道："专利使其所有者可以垄断对专利产品的生产。CAFC首席法官霍华德·马克却否认此种

---

❶ 王太平. 论知识产权的公共政策性 [J]. 湘潭大学学报（哲学社会科学版），2009，33（1）：35–39.

❷ Schenck v. Nortron Corp. , 713 F. 2d 782, 786（Fed. Cir. 1983）.

❸ Jamesbury Corp. v. Litoon Industrial Products, Inc. , 756 F. 2d 1556, 1558（Fed. Cir. 1985）.

效果，如此罔顾事实无异于将头埋于沙中。"❶

二、废除专利运动及其经验教训

到 19 世纪中叶，著作权法已经被广泛承认为一种实在机制，来保护有价值的和值得保护的对象，但是专利制度仍被人们另眼相看。❷ 针对专利制度所存在的时弊，英国议会在 19 世纪 20 ~ 50 年代进行了一系列的改革。但是改革并未满足人们的期待，社会对于专利制度的敌意日益高涨，到 19 世纪 60 年代演变成了一场声势浩大的废除专利运动。1857 年，英国"国家社会科学促进协会"成立。此后的 15 年中，该协会每年都举行大会专门讨论与专利改革和废除相关的问题，成为主张废除专利制度和主张改革但维持专利制度双方的主战场。❸ 在官方，英国议会在 19 世纪 50 ~ 70 年代成立了一系列皇家委员会对专利体系进行调查和评估，虽未明确提出废除专利制度的意见，但是恳切地表示需要对专利制度进行重大改革。当时英国的专利废除运动进行得如火如荼，社会反响强烈，以至于当时的《经济学人》杂志乐观地估计："可以确信，专利法不久即将废除。"英国的专利废除运动还漂洋过海影响到了欧洲大陆国家。1863 年，瑞士立法机构彻底否决了有关建立专利制度的提议；1868 年，普鲁士首相俾斯麦建议普鲁士取消专利制度；1869 年，荷兰议会通过决议，一举废除了已经实施多年的专利法。但是由于支持专利制度一方的有力防守和游说，废除专利运动在英国最终未获成功，议会决定改革专利制度而不是废除它。1883 年，英国议会通过了专利法的再次修正案——1883 年专利、外观设计和商标法案，至此

---

❶ Roberts v. Sears, Roebuck & Co., 723 F. 2d 1324, 1345 (7th Cir. 1983).

❷ 布拉德·谢尔曼，莱昂内尔·本特利. 现代知识产权法的演进：英国的历程 (1760 – 1911)［M］. 金海军，译. 北京：北京大学出版社，2012：155.

❸ MARK D. JANIS. Patent Abolitionism［J］. Berkeley Technology Law Journal, 2002, 17（2）: 899 – 952.

专利存废之争宣告收场。❶

　　主张废除专利制度的一方提出了诸种反对专利制度的理由。这些反对理由可以归结为两个大的方面：对于专利制度合法性的质疑和对于专利制度有用性的质疑。对于专利制度合法性的质疑包括两种具体的观点：第一，专利制度和经济上的自由主义相悖。当时流行的经济思潮猛烈抨击过去的重商主义，而鼓吹自由放任主义（Laissez-faire Principle）的思想。主张废除专利制度的一方借用这一理论，指出专利制度本为重商主义政策的产物，不再适应时代发展的要求，应该予以废除。根据自由放任主义的经济思想，政府只须保护而非指导或者干涉人们的经济行为，因此在工业发明活动方面，政府唯一的义务就是确保个人的行动自由，而限制人们自由贸易的专利制度则超越了政府的权力范围。第二，否定专利权的自然权利理论。反专利阵线的领导人物麦克非（Robert Andrew Macfie）认为，对思想不能主张财产权，因为思想无法为排他性占有。此外，反专利阵线还认为，发明实际上并非创造，而只是一种发现。比如，当时牛津政治经济学教授罗杰斯即认为，发明源于偶然的设想或者是对于众所周知的自然规律的应用，一般而言并非发明人的天才创造。正是基于这种对于发明本质的认识，反专利者才认为发明人并不能基于前人思想和方法的发明主张排他性特权，因为所有思想或者知识皆是全人类的共同财富。❷ 对专利制度的有用性所提出的质疑也包括两个基本观点：第一，从个体专利的角度来讲，当局所授予的很多专利都缺乏应有的实用性，并且权利本身也极不稳定。由于尚未建立起专利审查制度，很多根本不具备任何实用性的臆造发明或者琐细发明都获得了专利授权。特鲁曼（Trueman）在 1877 年说道：

---

❶ MOUREEN CLULTER. Property in Ideas：The Patent Question in Mid-Victorian Britain［M］．Philadelphia：The Thomas Jefferson University Press，1991：160.

❷ 黄海峰．知识产权的话语与现实：版权、专利与商标史论［M］．武汉：华中科技大学出版社，2011：155.

"实际上，第一个认为自己发现了永动装置（Perpetual Motion）的、专事制造奇思怪想的人（Crotcher-monger）就能得到证书，只要他愿意花上25英镑来换得这样的特权。"❶ 在当时的人们看来，专利法应该调整那些重大的发明，而实际上专利局却授予了大量的琐细发明（Trivial Invention）——比如万花筒、专门用于剪蜡烛芯的剪刀以及被称作脚蹬车的儿童木马等，它们被认为"对公众没有任何重大价值"，甚至"没有任何公共效用"，因此根本不值得运用专利进行保护。由于没有审查制度的保障，专利权人所获得的专利权很不稳定，专利权人经常需要承受专利被宣告无效的风险。"他对于新颖性是自己承担风险，对于实用性是自己承担风险，对于使之成为一项有效专利的任何其他必要条件也是如此。"因此，在当时的人们看来，对于专利机构及其工作人员而言，专利只给他们带来好处而不附带任何义务，所以他们成为了人们猛烈抨击的对象。由此造成的后果是，由专利局所授予的专利在实践中被认为毫无价值可言。❷ 第二，从专利制度的整体来讲，专利的存在被认为增加了生产成本，提高了产品的销售价格，从而损害了社会公众和消费者的利益。发明专利授予某些商人为独占经营的特权，由于缺少必要的外部竞争，这些商人总是倾向于提高产品的价格以便获得更丰厚的利润；同时，专利的使用者不得不支付相当的专利费，而这些专利费最终将转化为产品的价格，从而也会导致价格的提高。为此，作为消费者的公众不得不支付更高的价格。因此，从某种意义上讲，专利制度的存在损害了社会公众的利益。❸

---

❶ 布拉德·谢尔曼，莱昂内尔·本特利. 现代知识产权法的演进：英国的历程（1760 –1911）［M］. 金海军，译. 北京：北京大学出版社，2012：157.

❷ 布拉德·谢尔曼，莱昂内尔·本特利. 现代知识产权法的演进：英国的历程（1760 –1911）［M］. 金海军，译. 北京：北京大学出版社，2012：156.

❸ MOUREEN COULTER. Property in Ideas：The Patent Question in Mid-Victorian Britain［M］. Philadelphia：The Thomas Jefferson University Press，1991：90.

　　针对上述批评，支持专利制度的一方，他们一般是专利商人、发明人、专利代理人和专利律师等专利制度的受益群体，为专利制度存在的合理性进行了辩护。支持专利制度一方的观点也包括两个方面：一是从功利主义的立场进行辩护，二是从自然权利的立场进行辩护。但是由于自然权利论的立场容易陷入"见仁见智"的道德论泥沼，难以取得对反专利一方的优势，所以其反驳的重心被放置在功利主义立场之上。通过功利主义指导下的政治经济学理论论证专利制度所具有的重要的经济实用性，充分表彰专利制度对于经济发展所带来的实益。特别是像亚当·斯密、大卫·李嘉图等著名的经济学家都有保留地支持专利制度，他们的经济学说成为一种十分有利的武器。专利废除主义者无法回避工业革命时代技术繁荣的事实，故一般都承认专利促进技术革新的作用。❶专利支持者借此发力，充分论述技术革新和经济发展之间的内在关联，使专利借此获得了经济发展功臣的地位。1877年，英国一位时评人写道："就在若干年前，舆论的潮流还是断然反对专利法的……但现在产生了一种基本的理论共识，即取消发明专利将对国家利益构成危害，尽管我们也应该改革与之有关的法律。"❷

　　可以看出，在19世纪五六十年代的专利废除运动中，正反双方争执的真正焦点是专利制度的经济实用性问题，也就是作为个体的专利是否有用，以及作为整体的专利制度是否有益。支持专利的一方之所以能够获得最终成功，很大程度上归功于他们关于专利实用性的有力论证。当然，更为根本的恐怕还不是支持专利一方的论证多么的有力，而是由于在专利制度建构过程中国家有意识地确保了专利实用性的客观存在，从而

---

❶　张韬略. 19 世纪英国专利废除之争 [EB/OL]. [2013 – 09 – 10]. http://www. tongji. edu. cn/～ipi/communion/ztl5. htm.

❷　布拉德·谢尔曼，莱昂内尔·本特利. 现代知识产权法的演进：英国的历程 (1760 –1911) [M]. 金海军，译. 北京：北京大学出版社，2012：157.

使得人们普遍感受到专利确实促进了技术的进步和经济的发展。为了回应批评，各国开始纷纷建立专利审查制度，其中一项重要的内容就是在专利授权之前评价一件专利在技术上是否可行，以及在经济上是否对社会有某种最低程度的效用。专利的实用性成为专利制度得以生存的最坚实的理论基础和现实根据。当然不可否认的是，专利制度的存在也给经济发展带来了某些消极的影响。在对专利权进行法律建构的过程中，如何使专利制度对经济发展的正向作用更大，同时将其消极影响降到最低，也就是实现专利制度的经济价值的最优化，始终是专利制度所面临的一项重要课题。

三、专利权的法律建构性对于专利实用性的要求

针对专利实用性要件存在的必要性，有人提出了这样的疑问：一件专利如果不具备实用性，无法产生相应的经济效益，那么申请人又有什么动力不惜人力、物力去获得专利局的一纸证书呢？专利局为什么还要费力地进行审查，何不让市场机制去淘汰这类申请？❶ 因为如果一件专利不具备一定的实用性，必定终将被忽略或遗忘，而不会对社会产生什么大的负面影响。针对那些在申请专利时，其运用价值尚不确定的新的化学物质、遗传基因或蛋白质，这还好解释。申请人可能预见了这类物质未来必定有用，通过提前申请专利，可以将其他潜在的竞争对手排除出去，自己则可以在专利的羽翼下从容地完成后续的应用研究，从而独占市场。这也就是专利理论上所谓的"跑马圈地"运动。专利法之所以要以实用性要件为根据排除这一类申请的可专利性，主要是为了在基础研究和应用研究之间划出一条界线，以防止申请人通过占有基础研究成果而占取未来的一大片应用市场，这既不

---

❶ 崔国斌. 基因序列的专利性审查 [M] //国家知识产权局专利法研究所. 专利法研究1999. 北京：知识产权出版社，1999：84.

公平，也不利于促进基础研究成果的应用化开发。❶ 但是在面对永动机一类的专利申请时，这一问题似乎更难以回答。审查员认为该方案不可能具备可实施性，而申请人则坚持相反的立场。申请人甚至不惜发动一而再、再而三的诉讼程序来证明自己的永动机是可行的。这一过程自然耗费了大量的行政和司法资源。专利局为什么不一不做二不休：干脆让申请人自己傻下去，让他自掏腰包去获得和维持一个根本不可能给他带来任何利益的专利呢？这是因为，社会公众大体上认为专利技术对社会是有益的，它们一般代表了技术方展的方向。对于专利局而言，维持社会公众的这一印象至关重要，这甚至是出于"政治正确"的考虑。社会公众中了解专利法运作机制的，毕竟是极少数人，他们通常对专利技术都怀有某种美好的正面印象。试想，如果有一天，突然有人告诉他们，实际上专利局所发放证书给予保护的很多专利，不过是"垃圾"甚至更糟，社会公众就有可能跳出来指责专利局，在各种政治场合对之发难，使之承受巨大的政治压力。❷ 这也许就是专利局不遗余力排斥"永动机"类发明的真正原因所在。

自从专利制度产生以来，其正当性所遭受的质疑就从来没有停止过。即使到了 21 世纪的今天，虽然专利制度已经有了 500 多年的历史，专利法还是需要为自己存在的合理性进行辩护。因为专利制度的生存威胁时刻就在其身边。2006 年 1 月 1 日，瑞典盗版党（the Pirate Party）正式成立。该党的宗旨是从根本上改革版权法，废除专利制度，确保公民的隐私权。瑞典盗版党成立后发展迅速，在同年 9 月举行的议会大选中得票率达到 0.63%，在全部 40 个参选政党中跻身第十大党的位置。受到瑞典盗版党

---

❶ 有研究声称，一项基因被专利后，过去从事这一基因研究的实验室中，有 30% 选择放弃后续研究。ANDREW FARLOW. Costs of Monopoly Pricing Under Patent Protection（PPT）[EB/OL]. [2013-09-10]. www. earthinstitute. columbia. edu/cgsd/documents/farlow2. ppt.

❷ 崔国斌. 专利法：原理与案例 [M]. 北京：北京大学出版社，2012：168.

所获成功的鼓舞，此后不久，德国、法国、意大利、英国、西班牙、美国、俄罗斯、加拿大、澳大利亚、比利时、挪威、波兰、秘鲁等 40 多个国家成立了盗版党，盗版党事业呈现出了国际化趋势。各国盗版党还进一步联合，成立了盗版国际（Pirate Parties International），以便于协调其立场和行动。2009 年以后，有多个国家的盗版党开始进入议会，甚至还在欧洲议会获得了一定的议席，开始在官方正式场合公开表达它们的声音。盗版党的成因非常复杂，可以从多个视角进行分析，足以构成一个独立的社会学研究对象。无论如何解释盗版党的兴起，有一点是很明确的，那就是专利制度在当今世界受到的质疑不但没有消失，反而开始扩大化了。在这种日益复杂的社会和国际环境下，专利制度要想立稳脚跟，还必须要不断地证明自己存在的合理性。在理性主义和功利主义盛行的当代社会，任何形式的财产权学说都显得苍白无力，唯一能证成专利制度合理性的就是专利制度对于经济和社会发展所作出的贡献，而这从根本上来讲取决于专利法上的实用性要件制度，除此之外还有哪项具体的专利制度能堪此大任呢？"人们相信，如果专利制度能够以更大的社会有用性的发明创造来替代产量有限、价格昂贵并且无用的社会生产，并最终有益于社会，那么他就是正当的。"❶ 然而，对于专利制度是否成功实现了上述目标，并无统一的看法。在当今的法学家和经济学家之间，既有专利制度的坚定捍卫者，也有坚决的批评者，❷ 更不乏像弗林茨·马奇卢（Fritz Machlup）那样的骑墙者。1958年，美国国会请马奇卢对专利制度及其改革前景进行详细的评

---

❶ Dan L. Burk，Mark A. Lemley. 专利危机与应对之道 [M]. 马宁，余俊，译. 北京：中国政法大学出版社，2013：48.

❷ "两名美国圣路易斯联邦储备银行的经济学家发文批评专利制度，认为'没有证据'证明专利制度有助于创新，相反还有消极影响，建议将其废除。"参见：章迪思. 美国经济学家极言"废除专利制度"引起关注 [EB/OL]. (2013 – 02 – 18) [2013 – 09 – 10]. http://www. ce. cn/macro/more/201302/18/t20130218_ 24119470. shtml.

论，他研究后得出了这样的结论："如果我们之前没有专利制度，在对专利制度经济后果现有了解的基础上，建议设立这样一项制度将是不负责任的；但是既然我们已经有了这样的一项法律制度，在现有了解的基础上，建议废除专利制度同样是不负责任的。"❶ 从经济学的角度来看，这种含混的态度很难说是对专利制度的支持。在目前的专利制度下，无论是个体专利的实用性，还是整体专利的经济效用，都还没令人们满意。加强对专利实用性要件制度和整个专利制度的研究，找到能使专利发挥更大效用的方法，仍然是当今专利法学者不懈努力的目标。

---

❶ FRITZ MACHLUP. An Economic Review of the Patent System ［M］. Washington：Government Printing Office，1958：80.

第三章　实用性要件的判断标准

　　一般而言，专利申请是否具备实用性，应当在新颖性和创造性审查之前首先进行判断。从判断的内容上看，实用性的判断与新颖性、创造性的判断是彼此独立的，相互之间没有关联，因而无论是先评价实用性，还是先评价新颖性、创造性，都不应认为有什么逻辑上的不当。❶ 之所以优先判断实用性，是因为如果发明或者实用新型缺乏实用性，审查员就可以直接得出不能授予专利权的结论，没有必要再进行检索，进而对其新颖性和创造性进行判断。实用性要件是否被满足，取决于一个国家专利法所设定的专利实用性判断标准。对专利实用性的要求一般明确规定在专利法的条文之中，但实用性的具体判断标准则多是通过判例法所形成的，并体现在专利局所发布的专利审查指南之中。自从专利制度建立以来，对专利实用性的要求从来没有动摇过，但是专利实用性的判断标准却不是固定不变的，而是随着社会发展的需要不断地发生变化。在历史上，专利的实用性曾经历了一个从"经济实用性"到"无害实用性"再到"技术实用性"的变迁过程，其中所内含的判断标准也处在变化之中。总体而言，当今世界各国专利法所秉持的都是一种可以被称之为"技术实用性"的判断标准，与历史上的"经济实用性"和"无害实用性"标准存在比较重大的区别。但由于传统的不同，不同国家对于"技术实用性"的认识也是不完全一样的，甚至还存在一些比较重要的差别。即使是同一个国家，对于"技术实用性"标准高低的把握，

---

　　❶　国家知识产权局条法司．新专利法详解［M］．北京：知识产权出版社，2001：152．

在不同阶段也是有所不同的。以美国为例进行说明。1966 年，美国联邦最高法院在 Brenner v. Manson 一案中确立了一种较高的实用性判断标准，这一标准一直被坚持到 20 世纪 90 年代。但美国联邦巡回上诉法院在 1995 年的 In re Brana 一案中，大幅度降低了 1966 年以来长期坚持的实用性标准。美国专利商标局根据美国联邦巡回上诉法院的判决，在 1995 年所发布的实用性审查指南中确立了有关实用性的"两步（Two-prong）判断法"："第一，是否为一个特定的目的描述了具体的用途？第二，该用途是否是可信的？"❶ 1995 年的实用性审查指南所确立的宽松的实用性标准被认为有碍进一步的科学研究和技术进步，有损于社会公共利益，因而饱受指责和质疑。❷ 2001 年，美国专利商标局发布了新的实用性审查指南，重申了 1966 年 Brenner v. Manson 一案中所确立的实用性判断标准，即实用性必须是"特定的、本质的和可信的。"在本书中，笔者在充分考虑我国国家知识产权局目前所持有的实用性标准，并深入吸纳美国的"实用性"标准和日、欧的"工业实用性"标准的基础上，提出了一套相对系统、完整的实用性判断标准。笔者认为，实用性判断标准包括发明创造能够在产业上使用、发明创造具备可实现性以及发明创造的用途是现实性的三个方面。一项发明创造只有同时符合了上述三个方面的判断标准才被视为具备专利法上的实用性，才可能获得专利授权。总体而言，这是一套较为严格的实用性判断标准。在目前我国专利泛滥，甚至出现了专利泡沫的情况下，坚持一套相对严格的实用性判断标准，对于促使我国专利实践走上一条健康的发展道路，无疑具有十分重要的意义。

---

❶ 张晓都. 专利实质条件 [M]. 北京：知识产权出版社，2002：300 – 301.
❷ 徐棣枫. 专利权的扩张与限制 [M]. 北京：知识产权出版社，2007：217.

第一节　发明创造须具备产业应用性

欧洲和日本的专利法均要求申请专利保护的发明创造必须能够在产业上运用或者制造。也就是说，欧洲和日本专利法所定义的专利实用性实际上是一种工业应用性（Industrial Application）。这里的"工业"原本指制造业，但随着专利法的发展和专利主题范围的不断扩大，"工业"一词的内涵不断扩展，时至今日，实际上包括了每一个适合于授予发明专利的有组织的技术领域。❶《保护工业产权巴黎公约》第 1 条第 3 款规定："对工业产权应作最广义的理解，不仅应适用于工业和商业本身，而且也应同样适用于农业和采掘业，适用于一切制成品或天然产品，例如：酒类、谷物、烟叶、水果、牲畜、矿产品、矿泉水、啤酒、花卉和谷类的粉。"世界知识产权组织在 1964 年主持制定的《发展中国家发明示范法》要求申请专利保护的发明创造必须具备工业实用性，并认为："对'工业'应作最广义理解，包括工业、农业、渔业和服务业在内。"❷采纳"工业应用性"标准的国家，在其国内专利法或者专利审查指南中一般也都作出了类似的规定。由于"工业"一语在汉语中容易被狭义化理解，所以在国家知识产权局发布的《专利审查指南 2010》中使用了"产业"一词来替代日本和欧洲专利法上的"工业"一词。但这种替换只是语词形式的不同，并没有内涵上的本质区别。美国专利法及其审查指南未使用"工业"或者"产业"来限定可获得专利权的主题事项。在美国专利法看来，将专利限定在"工业"或者"产业"范围内，与其关于专利权的客体可以是"阳光之下的任何人造之物"的认识相冲突。但是通过对美国所授予的专利的实

---

❶ 邱国栋. 专利实用性条件研究 [D]. 上海：华东政法学院，2005：5.
❷ 转引自：张晓都. 专利实质条件研究 [D]. 北京：中国社会科学院，2001：4.

际情况来看，那些具有真正价值的专利基本上均落入了日、欧专利法所定义的"工业"范围之内。虽然美国确实也授予了一些无法与"工业"要求兼容的专利，❶ 但是这些专利基本上都没有专利法上的实际意义，充其量只能被视为是美国"实用性"标准的副产品。总体而言，为了确保专利法立法目的的实现，将专利局限在广义的"工业"或者"产业"范围内仍然是合适的。所谓发明创造能够在产业上制造或者使用，在笔者看来，至少包括三个层次的含义：直接的实践性、可能的商业性以及稳定的再现性。

一、产业应用意味着直接的实践性

工业或者产业是一种能够产生直接物质性后果的实践行为，有别于单纯的思想或者意识行为。发明创造能够在产业上制造或使用，意味着该发明创造所包含的技术方案具有直接的实践性。所谓发明创造的直接实践性，是指申请专利保护的所谓"发明创造"能够以其所披露的内容和形式被直接运用于某种产业，产生某种直接的现实性物质后果，而不能仅仅在思维领域内有用，或者匹配进一步的具体实施方案后才可在产业上使用。"保护专利是为了促进发明创造推广应用，促进科技进步和创新，这一目的必然要求一项发明可被用于实践。"❷ 各国在专利法或者判例法中都对那些不具备直接实践可能性的所谓发明创造进行了可专利性的排除。例如，美国判例法一直坚持自然法则（Laws of Nature）、物理现象（Physical Phenomena）、抽象概念（Abstract Ideas）是不可被专利的。❸《欧洲专利公约》第 52 条第 2 款第 a 项规定，发现科学理论和数学方法不是法律意义上的发明，因此是不可以授予

---

❶　例如，第 5443036 号美国专利"一种利用激光笔训练猫的方法"；以及第 6368227 号美国专利"荡秋千的方法"。

❷　张今. 知识产权法 [M]. 北京：中国人民大学出版社，2011：124.

❸　Diamond v. Chakrabarty, 447 U. S. 303 (1980).

专利权的。我国《专利法》第 25 条规定，科学发现、智力活动的规则和方法不授予专利权。各国专利法之所以排除上述主题的可专利性，其中一项重要的考虑就是，它们一般"不能在工业上使用而产生一定的技术效果"。❶ 同样地，那些仅仅提出了任务和设想，或者只是表明了一种愿望和结果，而未具体给出任何使所属技术领域的技术人员能够实施的技术手段的所谓发明创造，由于不具备直接的实践性，也是不符合产业应用性要求的。当然，专利的实用性仅仅要求的是能够被实际应用，而不是已经被实际应用。❷

1977 年美国联邦最高法院所判决的 Gottschalk v. Benson 一案，即为因发明创造缺乏直接的实践性而不能授予专利权的典型案例。在该案中，被申诉人 Benson 向美国专利商标局提出了一项将 BCD 码（"二/十进制"，二进制编码的十进制代码）数据转化为纯二进制码数据的方法。被申诉人所提出的权利要求并不限于任何特定的方法或者技术、任何特定的机器或者装置或任何特定的终端设备用途。被申诉人的权利要求涵盖了在任何类型的通用数字计算机上对该方法的任何应用。权利要求 8 和 13 被美国专利商标局驳回，但却得到了关税和专利上诉法院的支持。美国专利上诉与冲突委员会不服美国海关和专利上诉法院的判决，向美国联邦最高法院申请调卷令。美国联邦最高法院发放调卷令决定提审此案。美国联邦最高法院审理后认为，将 BCD 数字转化成纯的二进制数可以在人的大脑中完成。一个人不能就抽象的思想获得专利。如果该案中将 BCD 数字转化为二进制数字的公式被授予专利，则实际上导致这一结果。该案中的专利申请在本质上是一种算法，所要解决的是"将数字从一种形式转化为另外一种形式"的纯数学问题。这里所涉及的数学公式除了应用于数

---

❶ 冯晓青，刘友华. 专利法 [M]. 北京：法律出版社，2010：80.
❷ 张楚. 知识产权法 [M]. 北京：高等教育出版社，2010：157.

字计算机进行抽象的运算外，没有任何实质性的实际应用。❶ 虽然从这一通用公式出发可以开发出各种具体的应用功能，但是这一公式本身并没有实际的具体用途。

需要注意的是，虽然单纯的算法本身不是专利权保护的对象，但是如果算法构成了一项发明中的一部分，并且该发明从整体上来讲能够产生直接的产业实践性和物质性后果，则包含算法的发明仍然是可获得专利保护的。美国联邦最高法院在 Mackay Co. v. Radio Corp. 一案中指出："虽然科学真理或者它的数学表达，不是可专利的发明，但是在科学真理知识的协助下创造的新颖而实用的结构（Structure）则可能可以获得专利保护。"❷ 我国国家知识产权局所颁布的《审查指南 2001》也表达了同样的立场："如果一项发明就整体而言并不是一种智力活动的规则和方法，但是发明的一部分属于智力活动的规则和方法，则不应当完全排除其获得专利权的可能性，需要具体分析，按下述两种情况区别对待：（1）如果发明对于现有技术的贡献仅仅在于属于智力活动的规则和方法的部分，则应将该发明视为智力活动的规则和方法，不授予其专利权；（2）如果发明对于现有技术的贡献不在于或不仅仅在于属于智力活动的规则和方法的部分，则不能依据专利法第二十五条第一款第（二）项拒绝授予其专利权。"❸《审查指南 2001》在这里坚持的是一种所谓的"整体论"的观

---

❶ 参见：崔国斌. 专利法：原理与案例［M］. 北京：北京大学出版社，2012：99 – 103.

❷ Mackay Co. v. Radio Corp.，306 U. S. 86，94（1939）.

❸ 《审查指南 2001》第二部分第一章第 3.2 节. 转引自：崔国斌. 专利法：原理与案例［M］. 北京：北京大学出版社，2012：55.《审查指南 2006》和《专利审查指南 2010》也表达了同样的意思，只是不如《审查指南 2001》更为具体。《审查指南 2006》和《专利审查指南 2010》第二部分第一章第 4.2 节规定："如果一项权利要求在对其进行限定的全部内容中既包含智力活动的规则和方法的内容，又包含技术特征，则该权利要求就整体而言并不是一种智力活动的规则和方法，不应当依据专利法第二十五条排除其获得专利权的可能性。"

点，即在专利法上权利要求必须作为一个整体来对待，以决定是否应给予专利保护。在"整体论"看来，绝大多数的发明都是一系列已有要素的组合，很少有发明是单一要素的结果，不能单独通过各个要素是否具备专利性来决定该发明是否具备可专利性。具体到客体审查环节，我们不应首先分割发明方案的各个要素，然后再考虑各个要素特征单独是否应该成为专利法意义上的客体，也不应该刻意忽略掉已有要素或者非技术性要素之后再去考虑余下的要素是否构成一个发明方案，而是应该综合发明的所有要素从整体上看这种结合是否具备了可专利性要件。❶ 根据整体论的观点，算法如果被包含在一项发明方案之中并且成为其中的一项要素，只要该发明具备了产业上的直接应用性，就不能因为包含了算法而拒绝授予专利权。正是由于受到了"整体论"的教导，美国联邦最高法院在 1981 年的 Diamond v. Diehr 一案❷中，才历史性地为软件专利保护打开了大门。

二、产业应用意味着可为商业化经营

"工业"或"产业"是从属于商品经济和市场经济的概念，具有明显的营利性特征。它完全不同于自然经济条件下的以自给自足为目的传统农业和小手工业。专利制度起源于近代工场手工业，经过工业革命所造就的机器大工业的推动和自由竞争理念支配下的发达商品经济的洗礼，才成长为今天我们所看到的高度完备的状态。所以，专利制度是商品经济或市场经济的组成部分，专利本身即意味着市场化运作和营利的可能性。根据《欧洲专利公约》，一项发明要得到专利授权，必须可以在产业上应用。而"产业"一词则被解释为是持续的、独立的和盈利的活动。

---

❶ 崔国斌. 专利法上的抽象思想与具体技术——计算机程序算法的客体属性分析 [J]. 清华大学学报（哲学社会科学版），2005（3）：37 - 51.

❷ Diamond v. Diehr, 450 U. S. 175（1981）.

凡是那些根据申请当时的技术和经济条件，明显无商业化运作可能的专利申请，应基于专利制度之本旨不授予其专利权。比如，在 T74/93 案中，欧洲专利局审理了一项关于避孕方法的专利申请的实用性问题。技术上诉委员会得出的结论是：虽然避孕方法与医生专业行为有联系，但不能使这种个人行为具有产业性质，❶ 因此不符合法律关于工业实用性的要求。日本特许厅发布的发明工业实用性审查指南中规定，凡是不能进行商业化运作的发明，都是不符合工业实用性要求的。比如，像吸烟的方法一类的只适合于个人使用的发明以及只能适用于学术和实验目的的发明。由于美国专利法没有一般性地要求专利必须具有产业上运用的可能性，所以美国专利商标局曾授予了一些根本无从商业化运营可能的专利。比如，一种利用激光笔训练猫的方法、一种荡秋千的方法以及一种有利于时间移动的超光速的天线，等等。需要指出的是，这些无商业化可能的专利只是极少数，并且即使在美国，这些专利也受到了严厉的批评。有学者认为，这些专利的对象都是一些无实际意义的不必要的发明，美国专利商标局在授予这些专利时置"专利应当是有一定的用途而非无意义的娱乐"的要求于不顾，并称这些专利为"愚蠢专利"。❷ 有美国学者认为，为了改进专利法规定的不足，有必要在实用性判断标准中引入一项可商业化的标准。并认为，判断一项发明创造是否满足这项标准，应当考虑两个方面的因素：市场需求的存在以及发明能否以合理的价格满足市场需要的可能性。❸ 当然，发明在产业上的可利用性，只要存在即可，而无须追究其经济价值的多寡，因

❶ 李明德，闫文军，黄晖，等．欧盟知识产权法［M］．北京：法律出版社，2010：351 – 352．

❷ DAN L. BURK, MARK A. LEMLEY. 专利危机与应对之道［M］．马宁，余俊，译．北京：中国政法大学出版社，2013：32, 173．

❸ MICHAEL RISCH. Reinventing Usefulness［J］．Brigham Young University Law Review, 2010, 2010：1240 – 1241．

为专利市场价值的大小并非专利局所能准确预判。❶

之所以说专利本身即意味着商业化的可能，还是由专利法的商业法品格所决定的。所谓专利法的商业法品格，即指专利法实质上是规范商业竞争的法律，它也仅在商业经济中才能发挥其价值和作用。这可以从专利制度的起源以及专利权的范围两个方面加以说明。美国宪法规定，创立专利制度的目的在于促进实用技艺（Useful Arts）的进步。对于实用技艺的确切含义，美国学者曾这样评论："在 1787 年，实用技艺一词意味着有益的或者有价值的贸易。因此，促进实用技艺进步预设了推动和发展此类商业贸易之过程或进程的目的。"❷ 纵观专利制度，无论其起源、扩展，还是局部性的轮回，无不是商人推动的结果，称之为商人法或者商业法并非言过其实。有学者就专利法的这种品格深刻地指出："专利制度完全是一种商业竞争的工具，产业利益才是根本的法律原则。"❸ 从其历史背景来看，专利制度的产生，源于西方资本主义兴起之时商人限制竞争从而保障其资本回收和实现利润盈余的现实需要。无论是早期的引入新式制造业，还是后来的技术发明的商业化开发和应用，均需要大量资本的先期投入，用以建造厂房、购置机器和招聘工人。作为投资者的商人，为获得稳定的盈利预期和保障，必然要求法律规制其行业内部的竞争，给予其市场上的某种优势地位从而回收投资并实现盈利。❹ 知识产权客体的公共产品属性决定了，"欲制造非经济的壁垒进入市场及

❶ 田村善之. 日本知识产权法 [M]. 4 版. 周超，李雨峰，李希同，译. 北京：知识产权出版社，2011：186－187.

❷ EDWARD C. WALTERSCHEID. To Promote the Progress of Science and Useful Arts：The Background and Origin of the Intellectual Property Clause of the United States Constitution [J]. Journal of Intellectual Property Law, 1994, 2 (1).

❸ 崔国斌. 基因技术的专利保护与利益分享 [M] //郑成思. 知识产权文丛（第 5 卷）. 北京：中国政法大学出版社，2000：258.

❹ 黄海峰. 知识产权的话语与现实：版权、专利与商标史论 [M]. 武汉：华中科技大学出版社，2011：159.

强设惊人的价值，某种政治权威的支持必不可少"。此即为专利制度产生的根本动因。从商人的角度来讲，专利制度的功能即在于限制竞争、规制贸易，以独占经营的形式保障商人对于新产品开发的投资预期。随着商业实践的发展，商业的种类和范围不断扩展，为了获得垄断利润，在商人的不断推动下，可为专利的事项不断增多，专利权力的控制范围也不断增长。❶ 布罗代尔认为，历史上资本主义的关键因素并非是自由市场，而是垄断。拥有雄厚资本的大商人总是力求限制或者绕开市场的竞争，创造并维持某种垄断，从而在更大的程度上确保其投入的回报和利润的增长。❷ 毫无疑问，专利制度是商人获取垄断利润十分有力的工具。

　　从专利权的性质和范围上也可以得出专利法实为商业法的结论。随着各国对商业经营行为管控的扩展和深入，专利权已经从最初的积极实施权演变为今天的消极禁止权。根据目前多数国家的法律，专利权人获得一项专利权并不意味着同时获得了相应的生产经营的权利。获得专利保护的产品或者方法欲投入商业化运营，一般还需要国家行政机关的相应执业许可。但是，无论专利权人能否自行利用其专利，专利权人都有禁止他人对其专利擅自为商业化使用的权利。所以，专利权的主要属性被视为是一种消极的禁止权。关于专利权之禁止权的范围，根据各国专利法和有关国际公约的规定，一般仅及于他人的商业行为，至于无任何商业目的的私人行为，一般并不在专利权人的禁止权之列。《欧洲共同体专利公约》第 27 条规定："共同体专利的所有人享有的权利不适用于：（a）属于个人行为且无商业上目的的行为；（b）为进行与该发明主题有关的实验的行为。"世界知识产权组织主持制定的《发展中国家保护发明示范法》第 23 条第 1 款规定：

---

❶　黄海峰. 知识产权的话语与现实：版权、专利与商标史论 [M]. 武汉：华中科技大学出版社，2011：203.

❷　许宝强，渠敬东. 反市场的资本主义 [M]. 北京：中央编译出版社，2000：64 - 100.

"专利赋予的权利只限于为工业和商业目的的行为。"对该款所作的正式解释为："第 1 款所指的是，专利权仅包括为工业或商业目的而进行的活动和行为（如制造、出售、使用，等等）。因此，把专利发明用于其它目的——如严格为个人的目的或单纯为科研目的——是可以自由使用的。但应认识到，在工业上或商业上作这类使用（如个人或科研等使用）的权利是受专利保护的。"1977 年英国专利法第 60 条第 5 款同样将"私人方式"作为适用非生产经营目的抗辩的前提。我国《专利法》第 11 条同样规定，只有在为生产经营目的的前提下，未经许可实施专利的行为才构成对专利权的侵犯。在侵犯专利权的民事诉讼中，虽未经专利权人许可而实施其专利，但并非出于生产经营目的，即"非生产经营目的"是不侵权抗辩中的常用事由。各国专利法之所以将专利权人的禁止权限定在"生产经营"的范围之内，乃是因为专利权在本质上是一种商业经营权，如果他人实施专利的行为不以生产经营为目的，其对专利权人的产业利益就几乎没有什么影响，自然没有加以禁止的必要。相反，以生产经营为目的的专利实施行为则会侵占本来属于专利权人的市场份额，从而给专利权人带来实质上的损害，❶ 所以在专利法的禁止之列。从更深层次的原因来看，专利法将专利权人的禁止权局限在他人的商业性行为上，乃是由专利法所具有的平衡专利权人利益和社会公共利益的价值目标所决定的。❷ 在本质上，专利法与其他法律制度一样，应尽量保护所有的社会利益，并在不同的利益之间实现某种平衡与协调。任何成功的专利制度的关键都是在赋予专利权人的专有权和拥有一个开放与竞争性市场的公众利益之间达成精

---

❶ 北京市第一中级人民法院知识产权庭. 侵犯专利权抗辩事由 [M]. 北京：知识产权出版社，2011：9 - 10.

❷ 孙东平. 浅析知识产权制度的利益平衡机制 [EB/OL]. (2007 - 12 - 27) [2013 - 09 - 25]. http://www.chinacourt.org/article/detail/2007/12/id/278086.shtml.

确的平衡。❶ 美国联邦最高法院在一项早期的判例中即认识到了专利法利益平衡的重要性，其在判决书中论述道："尽管公众有义务为发明创造者提供回报，但必须公平对待和有效保护社会公众的权利和利益，绝不允许对个人的回报损害公众的利益。"❷

三、产业应用意味着可稳定的再现

"工业"活动或"产业"活动从本质上来讲是一种持续性的经营活动。因此，在"工业"或者"产业"中所运用到的生产技术也必定是一种可以稳定地重复使用的技术。如果技术自身由于某种缺陷，无法保证生产经营活动的可持续性，则将无法满足"工业"或者"产业"活动对持续性的要求。专利作为应用于"工业"或"产业"中的生产技术，必须要具备相应的重复可能性，或者用专利法上的术语称之为可再现性。可再现性是指所属技术领域的普通技术人员按照公开的技术内容能够重复实施专利申请中所采用的技术方案，即发明或实用新型的实施能够多次重复的可能性，包括重复制造和重复使用。❸ 可再现性的本质规定性主要体现在实施结果方面，即按照发明创造的技术方案所进行的每一次实施的结果都应该保持相对的稳定性，虽然不要求每次结果完全相同，但其实施效果都应该能够实现发明的目的。如果每次实施发明创造技术方案的结果都具有很大的随机性和不可预见性，有时能够达到发明创造的目的，有时则无法达到，并且这种结果的不确定性无法根据发明创造技术方案本身进行排除，这说明该发明中应包含的一些重要的技术特征尚未被揭示出来，该发明活动尚未最终完成，因此不应该授予专利权。需要指出的

---

❶　冯晓青. 知识产权法利益平衡理论［M］. 北京：中国政法大学出版社，2007：420.

❷　Pennock v. Dialogue, 27 U. S. (2 Pet) 1, 19 (1829). 转引自：尹新天. 专利权的保护［M］. 2 版. 北京：知识产权出版社，2005：493.

❸　冯晓青，刘友华. 专利法［M］. 北京：法律出版社，2010：117.

是，无论多么完备的技术方案，其每次实施的效果也不可能完全一致，更不可能尽善尽美。所以，只要多数情况下的实施都能够达到发明创造的目的，即使每次结果的完善程度不尽相同，也是满足可再现性要求的。对此，我国《专利审查指南2010》指出："申请发明或者实用新型专利的产品的成品率低与不具有再现性是有本质区别的。前者是能够重复实施，只是由于实施过程中未能确保某些技术条件（例如环境洁净度、温度等）而导致成品率低；后者则是在确保发明或者实用新型专利申请所需全部技术条件下，所属技术领域的技术人员仍不可能重复实现该技术方案所要求达到的结果。"❶ 可再现性仅仅要求在技术上可以稳定地重复实施，至于实施该发明所需的原材料是否充足或者能否通过非手工的方法操作，则并非是专利可再现性需要考虑的问题。值得注意的是，发明创造的可再现性并不是一成不变的。实际上，随着某领域技术水平在整体上的进步，很多原本缺乏再现性的本领域的发明，已经能够达到专利法所要求的再现性的程度。比如，随着人工繁育技术、采摘技术、气象条件的控制的成熟，很多原本不具有再现性的中成药发明可以因科技的发展而具备再现性。❷ 再比如，非治疗目的的外科手术方法由于不具备再现性，一般不能满足实用性的要求。但是随着技术水平的发展，已经有越来越多的原本被视为非治疗目的的外科手术方法，因为获得了稳定的再现性，从而被从非治疗目的外科手术方法的范畴中别除出来，并被授予了专利权。国家知识产权局专利复审委员会于2009年12月7日作出的第20467号复审决定以及2011年2月9日作出的第30369号复审决定即为著例。2009年11月，专利复审委员会与实质审查部门业务研讨会针对非治疗目的的外科手术

❶ 中华人民共和国国家知识产权局. 专利审查指南2010 [M]. 北京：知识产权出版社，2010：186.
❷ 马煜程. 现代中成药发明专利实质条件判定研究 [D]. 武汉：华中科技大学，2011：8.

方法的认定问题达成了如下会议纪要："对于因个体差异小、不必依靠医护人员的专业技能才能实施的包含有注射、导入等简单的介入性处置步骤的技术方案，应当认为其不属于非治疗目的的外科手术方法，因而具备专利法所要求的实用性。"❶ 而这些技术方案原本都被认为属于非治疗目的外科手术方法，从而不具有可专利性。发生变化的根本原因还是技术水平的提高和标准化，使得这些技术方案具备了较为稳定的再现性。下面将要讨论的医疗方法的可专利性的变迁过程也较为充分地展示了这一点。

　　关于医疗方法可专利性的争议在说明专利的可再现性问题上具有经典性。所谓医疗方法（Medical Procedure），一般认为包括了手术方法、诊断方法和施药方法等。医疗方法是否可为专利，在日、欧的"工业实用性"标准下和在美国的"实用性"标准下存在比较重大的区别。依照日本和欧洲的"工业实用性"标准，医疗方法一般不具有可专利性。《欧洲专利公约》（1973 年版）第 52 条第 4 款规定："对人体或动物体用外科或治疗方法以及在人体及动物体上实行的诊断方法，不应认为属于第一款所称的能在工业上应用的发明。"日本特许厅发布的发明工业实用性审查指南认为，治疗人体的外科手术的方法，或者对人体进行治疗的方法，以及在人体上进行诊断的方法是属于不能在产业上应用的发明，因此不具有实用性。日本和欧洲排除医疗方法可专利性的理由主要有两点：第一，医疗方法以有生命的人体或动物体为作用对象，由于受体情况差异较大，一般对一个受体的医疗方法难以完全适用于另一个受体，同时医疗方法深受医生个人的医疗技巧和水平的限制，不同的医生对同一个受体给出的医疗方案具有个性化的特征，这也就是说医疗方法在不同的患者和医生之间缺乏重复性或再现性，所以一般不将医疗行业视为产业，从而

---

❶ 吴文英. 非治疗目的的外科手术方法与实用性 [J]. 中国发明与专利，2011（10）：77 – 79.

不授予专利权。第二，出于人道主义等法律政策上的考虑，将医疗方法规定为一种独立的例外情形不授予专利权。在 20 世纪八九十年代，日、欧排除医疗方法专利的主要原因是上述第一点理由，但是 2000 年以后则主要是依据第二点。《欧洲专利公约》2000 年修改后的版本，已经将关于医疗方法的除外条款从第 52 条移位至第 53 条，更为根本的是，修正后的医疗方法例外条款删除了不能在工业上应用的理由，将医疗方法例外视为一种完全独立的情形，而不再依赖于所谓的缺乏工业应用性的传统理由。发生这种变化的根本原因是医疗技术的进步使得医疗方法本身取得了越来越稳定的可再现性，已经具有一般工业化技术的特点。《欧洲专利公约》2000 年外交会议指出，医疗方法不具有产业应用性的理由只是一个法律的假定，现在最好将其视为是一种单独的例外，原因是基于医生在执业时可以不用顾虑因侵权而被起诉。❶ 日本学者在解释医疗方法例外的原因时说，我们不能因财产上的权利而忽视人的生命安全与身体健康，所以不应把专利权中的禁止权扩大到医疗行为之上。❷ 由于医疗方法例外的根本原因在于维护人或动物体的健康，日本和欧洲目前都对医疗方法作出严格解释，明确规定医疗方法例外并不适用于非治疗行为，并对非治疗行为作出明确的列举。❸ 中国《专利法》采取了和日本、欧洲基本一致的立场，明确规定疾病的诊断和治疗方法不授予专利权。我国《专利审查指南 2010》所给出的例外原因和日、欧也基本一致："出于人道主义的考虑和社会伦理的原因，医生

---

❶ GUY TRITTON. Intellectual Property in Europe［M］. 3rd Ed. London：Sweet & Maxwell，2008：111.

❷ 田村善之. 日本知识产权法［M］. 4 版. 周超，李雨峰，李希同，译. 北京：知识产权出版社，2011：189.

❸《欧洲专利局审查指南》Part C，IV - 11，4.8.1 对非治疗行为作出列举。请参见：李明德，闫文军，黄晖，等. 欧盟知识产权法［M］. 北京：法律出版社，2010：330 - 332.

在诊断和治疗过程中应当有选择各种方法和条件的自由。另外，这类方法直接以有生命的人体或动物体为实施对象，无法在产业上利用，不属于专利法意义上的发明创造。因此疾病的诊断和治疗方法不能被授予专利权。"我国《专利审查指南 2010》对疾病的诊断和治疗方法也采取了从严解释的立场，一方面将其限定为"以有生命的人体或者动物体为直接实施对象，进行识别、确定或消除病因或病灶的过程"，另一方面还列举了大量的不属于诊断方法的发明和不属于治疗方法的发明，并规定这些不属于疾病的诊断和治疗方法的发明是具有可专利性的。

　　美国对待医疗方法专利的态度经历了一个从完全否定到彻底承认再到有所限制的发展过程。20 世纪之前，医疗方法专利在美国并不被认可。美国历次版本的专利法均没有明确医疗方法是否可为专利，而只是概括性地规定方法可为专利。因此，最初的医疗方法专利申请都是以新方法的名义进行的，但是法院对此却并不认可。❶ Morton 和 Jackson 是著名的外科手术医生，他们第一次发现了乙醚气体既能使人入睡，也能使人对疼痛不再敏感。这是一项能极大地减轻外科手术痛苦的重要发现。早在他们二人的发现之前，其实人们就已经知道吸入乙醚气体会使人进入迷醉状态，但并不知道处于这种迷醉状态下的人对疼痛不敏感。二人基于其发现申请了一件使用乙醚减轻患者在手术过程中痛苦的手术方法专利。在 1862 年发生的 Morton v. New York Eye Infirmary❷ 一案中，法院充分肯定了二人的发明，但认为该方法并不能成为专利的对象，其所获得的专利权无效。无独有偶，在 1892 年发生的 Brinkerhoff v. Aloe❸ 一案中，美国联邦最高法院同样宣布以治疗痔疮的方法为内容的专利无效，并一般性地认为，医生治疗

---

❶　张晓都. 专利实质条件研究［D］. 北京：中国社会科学院，2001：15.

❷　Morton v. New York Eye Infirmary, 17 F. Cas. 879（S. D. N. Y. 1862）.

❸　Brinkerhoff v. Aloe, 146 U. S. 515（1892）.

某种疾病的方法并不能成为专利的合适客体。在该案中，美国联邦最高法院认定医疗方法不具有可专利性的理由在于医疗方法在实现特定结果方面的不确定性，也就是说缺乏专利法所要求的再现性。20世纪之后，随着医学的发展和治疗技术的标准化，美国法院对待医疗方法专利的态度逐渐发生变化，到20世纪50年代以后几乎完全承认了各类医疗方法的可专利性。在1930年发生的 Dick v. Lederle Antitoxin Laboratory❶ 一案中，法院认可了皮试方法的可专利性，因为这种方法在医疗实践中切实可行。该案之后，法院逐渐改变了以往所秉持的医疗方法不得为专利的立场。在1954年所发生的 Ex parte Scherer 一案中，美国专利商标局推翻了 Brinkerhoff 一案中所确立的医疗方法不得为专利的规则，认定以高压喷气发动机注射药物的方法专利有效。专利复审委员会认为，审视医疗方法是否可为专利，只须审查方法本身是否实用，至于其结果是否确定则无关紧要。❷ 该案正式废弃了长期以来所坚持的结果是否确定对医疗方法的限制，仅以是否实用审查其法律效力，从而正式确立了医疗方法专利的合法地位。此后，美国医疗方法专利增长迅速，20世纪后期，每年大约有750件医疗方法专利申请获得授权。❸ 医疗方法专利的快速增长在推动医疗技术发展的同时，也产生了一系列消极后果：提高了患者的医疗成本，限制了医生之间的信息交流，有时使病人无法得到及时、有效的救治而严重损害了其健康乃至使其失去了宝贵的生命。医疗方法专利遭到了众多医疗团体和医学界人士的抨击和非难。为了回应社会诉求，1996年美国国会通过法律对医疗方法专利的法律效力进行了重大限制，规定"执业医生"在从事"医疗活动"中使用医疗方法专利并不构成侵权，只有对医疗方

---

❶ Dick v. Lederle Antitoxin Laboratory, 43 F. 2d 628 (S. D. N. Y. 1930).

❷ Ex parte Scherer, 103 U. S. P. Q. (BNA) 107 (1954).

❸ BRETT G. ALTEN. Left to One's Devices: Congress Limits Patents on Medical Procedures [J]. Fordham Intell. Prop. Media & Ent. L. J., 1997 (3): 837.

法专利为商业性开发、生产和销售才构成侵权。❶

第二节　发明创造须具备可实施性

　　基于专利法的实践性品格，申请专利保护的发明创造必须能够在产业上利用才视为满足了专利法关于实用性的要求。而一项发明创造能否在产业上利用，首先取决于该发明创造所包含的技术方案自身是否可行，也就是说该发明创造是否具备可实施性。发明创造所包含的技术方案的可实施性是专利实用性的重要内涵之一。所谓发明创造具备可实施性包含两层含义：第一，要求专利技术可实现，即专利产品能够被制造出来或者专利方法在生产过程中能够被执行；第二，要求发明目的可达到，即专利产品或者专利方法能够现实地发挥专利说明书为之设定的发明创造的目的，完成该发明创造所负有的技术使命。以上两项要求共同构成可实施性的完整内容。如果一项专利申请虽然能够被制造或者使用，但是却不能到达说明书设定的发明目的，同样是不符合可实施性要求的。美国联邦巡回上诉法院在一个案件中曾给陪审团发布了这样的指示：为了保证可实施性的要求被满足，专利权利要求中的内容必须能够实现说明书中所描述的用途。美国海关和专利上诉法院早在 1931 年的一项判例中就曾对专利的可实施性提出了明确要求：宪法和法律都不曾考虑就纯理论授予专利，也从未打算给体现在无法进行科学分析的设备中的知识投机行为授予垄断权。可实施性从本质上来讲就是要求发明创造必须具备技术性，也即可实施性意味着发明或者实用新型在技术上是可以实现的。❷ 美国学者 Michael Risch 将不具有可实施性的发明划分为三

---

❶　黄海峰. 知识产权的话语与现实：版权、专利与商标史论 [M]. 武汉：华中科技大学出版社，2011：188.

❷　冯晓青，刘友华. 专利法 [M]. 北京：法律出版社，2010：117.

种类型：不可能的发明、先知型发明以及未完全公开的发明。❶
所谓不可能的发明（Impossible Inventions），指的是那些明确违
反自然规律——如臭名昭著的永动机——从而被认为根本不可能
存在的发明。所谓先知型发明（Prophetic Inventions），指的是那
些技术方案能够操作，但是本领域技术人员不相信其效用能够实
现，而又没有直接的相反证据的发明。❷ 未经验证的药物发明多
属于这一类。未完全公开的发明（Incompletely Disclosed Inven-
tions），指的是那些根据发明人的教导无法实际执行的发明。这
类发明不可实施性往往是由于申请人未能完全披露所必要的技术
细节所导致的，而且实用性问题和能够实现的问题往往基于同一
争议事实，并在法庭上受到相似的对待。❸ 基于 Michael Risch 的
分析，笔者认为，为了满足可实施性的要求，一项发明创造的技
术方案本身或为其指派的技术使命必须不能包含违背自然规律
的内容，同时该发明创造还必须包含用以保证其客观性和可传导
性的完整的技术性特征，以及该发明创造的技术方案和技术使命
在现有技术看来应该是可信的。

　　发明创造的可实施性有时候可能还会受到权利要求撰写方式
的影响。在专利审查实践中，一项属权利要求（A Generic Claim）
中包括了一个或多个不可实施的种（Species）的情况，有时候
也会引发实用性问题。例如，一项物质组合权利要求，该物质组
合包括了 20% ~ 80% 重量百分比的组分 X，发明人宣称该发明创
造的实用性在于能够收缩恶性肿瘤。如果证明，当该发明创造中
X 的重量百分比是 30% 时，该物质组合不具有收缩恶性肿瘤细胞
的效果，那么就意味着在 X 的重量百分比为 20% ~ 80% 的属中，

---

　　❶　MICHAEL RISCH. Reinventing Usefulness ［J］. Brigham Young University Law
Review, 2010, 1202.

　　❷　Rasmusson v. Smithkline Beecham Corp. , 413 F. 3d 1318, 1318 (Fed. Cir. 2005).

　　❸　Brooktree Corp. v. Advanced Micro Devices, Inc. , 977 F. 2d 1555, 1571
(Fed. Cir. 1992).

至少该特定的种是不可实施的。也就是说，X 的重量百分比为
30% 的种不具备该类物质组合所宣称的实用性。那么，根据专利
法关于实用性的要求，这项属权利要求是否应整体无效？正如许
多其他专利法问题一样，对这个问题的回答依赖于特定案例的事
实。联邦巡回上诉法院认为，一项权利要求中包含一些不可操作
的实施例，并不必然导致该权利要求会因为缺乏实用性而无
效。❶ 专利权利要求无须排除所有可能不可操作的实施例。❷ 但
是，如果存在太多不可操作的种或者实施例，则可能导致无法满
足专利法上的能够实施要件的要求。专利的书面描述必须要提供
足够多的信息，使得本领域普通技术人员可以选择或者甄别哪些
实施例是可操作的而哪些不是，从而无须过度实验就能实现该发
明创造。❸ 如果这样的选择标准付之阙如，那么包含有不可实施
的从属权利要求便可能被认定整体无效。❹ 美国联邦巡回上诉法
院在一个专利案件中遇到了这样一种情况，根据专家证言提供的
科学证据，其每一项权利要求中都至少包含了一种不可实现的情
形。该法院在审理后认为："当权利要求本身记载了科学上不正
确的特征时，无论权利要求中记载的其他特征组合是什么，该权
利要求整体无效。"❺ 在 1895 年发生的 Hilton v. Guyot "白炽灯专
利"一案中，美国联邦最高法院就曾判决原告的一项类属权利要
求无效。根据原告的这项权利要求，由所有种类的碳化纤维和纺

---

❶　Atlas Powder Co. v. E. I. Du Pont de Nemours & Co. , 750 F. 2d 1569, 1576 –
1577 (Fed. Cir. 1984).

❷　In re Anderson, 471 F. 2d 1237, 1242 (CCPA 1973). 该案指出："组合权利
要求中包含一些不可实施的东西，在所难免。"但是，"权利要求的功能不是排除所
有这些东西，而是要指出该组合到底是什么"。

❸　In re Cook, 439 F. 2d 730, 735 (CCPA 1971).

❹　JANICE M. MUELLER. An Introduction to Patent Law [M]. New York: Aspen
Publisher, Inc. , 2006: 206 – 207.

❺　EMI Group North America, Inc. v. Cypress Semiconductor Corp. , 268 F. 3d 1342,
1349 (Fed. Cir. 2001).

织原料所制造的白炽灯灯丝都落在了原告的专利权范围之内。但是实验证明，其中有些种类的碳化纤维和纺织原料制成的灯丝能够实现发明目的（通电发光），而另一些种类的碳化纤维和纺织原料制成的灯丝则不能。❶

一、不得违背自然规律

专利作用于客观物质世界，物质世界的规律性当然是专利所包含的发明创造必须予以遵守的。自 19 世纪晚期科学和技术相互融合以来，发明创造往往被认为是自然规律的具体作用形式或者是人们对自然规律的有意识的运用。❷ 自然规律这个概念来源于西方的"自然法"观念，和自然法具有内在的相通性，❸ 一般是指未经人为干预的，客观事物自身运动、变化和发展的内在必然性联系。自然规律作用的发挥是不以人的意志为转移的，只要条件具备，它是必然会发挥作用的。在自然规律作用的限度内，任何违背规律的想法都是不可能实现的。所以，具有实用性的专利申请必然是不违背自然规律的。换句话说，那些从根本上违背了自然规律的专利申请必然是不能满足专利法对于实用性的要求的。我国《专利审查指南 2010》明确地将发明创造视为是对自然规律的运用，并规定了自然规律在专利审查中的基础性地位。我国《专利法》将发明和实用新型定义为一种技术方案，而《专利审查指南 2010》则将"技术方案"解释为"是指对要解决

---

❶ Hilton v. Guyot, 159 U. S. 113 (1895).

❷ 比如，瓦特的分离冷凝式蒸汽机的发明，就被他的好友罗宾逊（John Robinson）说成是对布莱克（Joseph Black）潜热理论的应用。但瓦特本人则反对这种说法，认为他的发明并不是布莱克的一般科学原理的直接应用的结果。罗宾逊的说法之所以在当时为人们所普遍接受，主要是它正迎合了当时"技术"所包含的科学与实用艺术（技术）关系的流行观念。这一时期流行的培根主义以及伴随出现的"技术"概念奠定了把技术理解为科学应用的思想基础。参见：陈凡，陈玉林. 技术概念与技术文化的建构 [J]. 科学技术与辩证法，2008，25（3）：39 - 45.

❸ 吴忠. 自然法、自然规律与近代科学 [J]. 自然辩证法通讯，1985（6）：25 - 33.

的技术问题所采取的利用了自然规律的技术手段的集合"。《专利审查指南2010》还明确指出："具有实用性的发明或者实用新型专利申请应当符合自然规律。违背自然规律的发明或者实用新型专利申请是不能实施的，因此，不具备实用性。"美国专利商标局的专利审查程序手册第2107节"实用性审查部分"明确规定：不可实施的发明（也就是说它无法产生专利申请人所宣称的效果），不是一项专利法意义上的有用的发明，❶因此是不能满足美国专利法对实用性的要求的。日本的发明工业实用性审查指南规定："如果用于定义一个发明的事项涉及任何违背自然规律的情形，那么请求保护的发明将是不符合法律规定的。所谓的永动机就是一个违背了热力学第二定律的例子。"可见，对于专利申请不得违背自然规律的要求是各国专利法的基本共识和一般规定，也是以缺乏实用性为由驳回专利申请的常见理由。值得注意的是，专利法上所讲的自然规律不一定是抽象的科学原理、定律，也包括人们在自然界中根据经验所发现的，基于一定原因产生一定结果的因果关系的认识。❷

　　违背自然规律的专利申请在专利实践中莫过于"永动机类"发明最为典型。基于能量输入和输出判断的难易关系，永动机类专利申请又可以划分为"明显型"和"隐蔽型"两类。所谓"明显型"是指那种明显违背能量守恒定律的专利申请，这类专利申请通过对比能量输入和输出的简单数量关系就可以确定其违背了自然规律。这类专利申请的文件中一般有"为克服能源危机，本发明的技术方案不需要消耗任何能源""提供一个初始启动能量，之后将启动能量切除，便能够不停地运转""输出能量远大于输入能量"等关于发明作用或目的的描述。所谓"隐蔽

---

❶ USPTO. Manual of Patent Examining Procedure. Rev. 9, August, 2012, p. 2100 – 2128.

❷ 张晓都. 专利实质条件研究 [D]. 北京：中国社会科学院，2001：29.

型"是指那些无明显能量输入和输出关系，但是通过技术方案的剖析可以得知，其技术方案在本质上是违背能量守恒定律以及违反其他诸如磁场定律、热力学第二定律等公理、定律的一类专利申请。对于第一类申请通常无须考虑发明系统的内部结构，通过输入输出在量上的对比就可以直接确定为违反了自然规律，而对于第二类申请一般需要通过对申请方案的深入剖析来确定其违反了什么样的科学原理，进而有针对性地说理驳回。虽然此类专利申请不可能具备授权的前景，人们仍然乐此不疲地提出了大量申请，各国专利局都曾处理过这类申请，可见人们对于追求打破能量守恒定律等自然规律的热情丝毫不减。❶ 美国联邦巡回上诉法院在 1989 年审理的 Newman v. Quigg 一案，即为在美国发生的一件典型的违背自然规律的专利申请。在该案中，原告 Joseph W. Newman 向美国专利商标局提出了一件产品发明专利申请，声称其所发明的一部机器的输出能量大于输入能量（Newman 将这部机器命名为"输出能量大于输入能量的能量生成系统"），由此打破了能量守恒定律的制约。美国专利商标局以该发明在本质上属于永动机（Perpetual Motion Machine），而永动机的工作原理违反了热力学第一或者第二定律（it violates either the first or second law of thermodynamics），因此以缺乏可实施性为由驳回了 Newman 的申请。Newman 不服专利商标局的驳回决定，向哥伦比亚联邦地区法院提起了诉讼。为了判定其发明是否具有 Newman 所宣称的性能，地区法院指定国家标准化局（the National Bureau of Standards）对 Newman 的发明进行测定并提出鉴定结论。国家标准化局研究后得出的结论是，Newman 的机器不能使输出能量大于输入能量，该机器最多只有 77% 的工作效率。地区法院据此维持了美国专利商标局的驳回决定，于是 Newman 向

---

❶ 张剑云. 机电领域永动机类专利申请的审查方式研究［M］//魏保志. 专利审查研究 2010. 北京：知识产权出版社，2011：107 – 113.

美国联邦巡回上诉法院提出了上诉。美国联邦巡回上诉法院基于与地区法院同样的理由终审驳回了 Newman 的诉讼请求。❶ 中国国家知识产权局也曾经多次收到和驳回此类专利申请。❷ 比较新进的一些例子有：国家知识产权局专利复审委员会于 2008 年 5 月 12 日所作出的第 13397 号复审请求审查决定，该决定驳回了一项申请号为 200520092407.8、名称为"热磁动机"的实用新型专利申请；国家知识产权局专利复审委员会于 2007 年 12 月 7 日所作出的第 12249 号复审请求审查决定，该决定驳回了一项申请号为 02102237.2、名称为"气体自激电离能量发生器及应用方法和产品"的发明专利申请。

有两种情况在审查时需要特别谨慎。第一种情况是，专利申请中的技术方案本身是可行的，并不违背自然规律，但是申请人为了说明自己的发明具有创造性，在解释其发明创造的原理时，人为地构造出了一套有违自然规律的所谓新理论作为论证基础，❸ 或者是人为地故意夸大发明所产生的技术效果。由于从本质上来讲，专利申请是可实施的，并且披露专利技术所依赖的科学原理并非申请人的法定义务，❹ 所以如果申请人愿意接受审查员的建议修改说明书中的违背自然规律的描述，则该申请是具有

---

❶ Newman v. Quigg, 877 F. 2d 1575 (Fed. Cir. 1989).

❷ 其中相对早期的一个比较经典的案例是 1993 年发生的"马景荣诉专利复审委员会"一案。参见北京市中级人民法院（1993）中经初字第 459 号判决书和北京市高级人民法院（1993）高经终字第 51 号判决书。

❸ 参见宋洁. 如何判断含有违背自然规律内容的发明的实用性 [J]. 中国发明与专利，2011（6）：86 - 87.

❹ "法律并不要求发明人在主观上理解其发明赖以实施的科学原理。只要发明能够实现其所宣称的目的，可实施性的要求即被满足。" AMY L. LANDERS. Understanding Patent Law [M]. Matthew Bender & Company, Inc. , 2008：233. 中国专利复审委员会 1991 年作出的第 151 号复审请求审查决定也指出："当发明的科学原理涉及较为复杂的科学理论，难于作出准确的定量或定性分析时，专利法并不要求申请人对其发明的科学原理作出详尽而完善的解释。" 转引自：张晓都. 专利实质条件研究 [D]. 北京：中国社会科学院，2001：29.

授权前景的。第二种情况是，专利申请中的技术方案突破了人们关于某些自然规律的认识，但是有充分的证据证明申请人的发明切实可行。此时，不应该再基于违背了自然规律的理由驳回申请。❶ 专利局在专利审查的过程中所应遵守的是法律，而不应该是人们关于自然规律的局限性认识。我们通常所谓的规律，只不过是人们关于规律的认识，所有表述出来的规律已经不再是规律自身。随着科学技术的发展，人们对于规律的认识也在不断深化。一旦作用条件和场景发生变化，之前的所谓规律也就失去了作用。在爱因斯坦的质能方程（$E = mc^2$）出现之前，科学界的通识是质量和能量截然有别，不可能发生相互转换。但质能方程不但说明了质量和能量之间的转化可能，而且还给出了二者之间的定量关系。正是根据质能方程所揭示出来的科学原理，人类成功地发明了原子弹和氢弹。还应注意的是，所有的自然规律都由科学理论描述，而所有科学理论都有适用的边界，在边界附近也应格外小心，在对待不断发展完善的新理论时更应如此❷。例如，在分子生物学领域，有所谓的描述基因信息流动的中心法则（Central Dogma），它是由克里克（Francis Crick）于1958年提出的。中心法则的内容是基因信息的传递方向主要是从基因（DNA）分子到RNA分子，再到蛋白质分子。但是随着分子生物学研究的深入，人们发现在一些RNA病毒或在实验室环境下也可有反向的基因信息传递模式。在这种情况下，如果仅依据传统的中心法则判定关于反向基因信息流动的发明违背了自然规律，显然就会出现错误。观察整个科学技术史，实际上就是一部人们关于规律和现象的既有认识不断被突破的历史。而且还经常出现

---

❶ 美国海关和专利上诉法院在一个案件中曾说："即使原告专利的操作看起来违背了公认的科学原理，只要是原告以非常清晰的证据证实了其专利的可实施性，在符合专利法其他要求的条件下，他就有权获得专利授权。" In re Chilowsky, 229 F. 2d 457, 43 C. C. P. A. 775 (1956).

❷ 刘银良. 生物技术的知识产权保护 [M]. 北京：知识产权出版社，2009：125.

突破规律性认识的发明创造在先，根据该发明创造重新认识规律在后的情形。在判断专利的创造性时，有一种被称为"克服了技术偏见"的发明。这一类发明，在本质上属于人们对规律认识的突破。根据我国《专利审查指南2010》的规定，所谓"技术偏见"是指"在某段时间内、某个技术领域中，技术人员对某个技术问题普遍存在的、偏离客观事实的认识，它引导人们不去考虑其他方面的可能性，阻碍人们对该技术领域的研究和开发。"《专利审查指南2010》还规定，只要是发明创造解决了技术问题并切实可行，与传统的技术认识有冲突的事实不但不能阻止其获得专利，相反还构成发明本身有创造性的重要证据。当然，由于规律自身所具有的相对稳定性，突破规律性认识的发明要想被承认，必须得有充分的证据。

二、具备技术性特征

"发明"这个词可以在非常宽泛的领域内使用，但是申请专利保护的发明必须是技术领域内的发明创造，也即必须具有技术性特征，则是各国专利法的共同认识。所以，专利法意义上的发明与包含了大量非技术性发明在内的一般意义上的发明概念是不同的。我国《专利法》第2条将发明和实用新型定义为是一种"技术方案"，明白无误地将技术作为专利的基本构成要素。《欧洲专利公约》第52条规定，对"所有技术领域内的任何发明"，在符合专利"三性"要求的条件下，才授予欧洲专利。日本专利法第2条则将专利法所保护的发明定义为"利用自然规律进行的具有高度技术性思想的创造"。美国专利法虽未明确规定专利的技术性特征，但其第101条将专利的客体局限在"方法、机器、制造物与组合物"的范畴之内。这四类客体一般被认为都处在技术领域之内，具有明显的技术性特征，而且美国专利法第102条在确定发明的新颖性时使用了"现有技术"的概念，更为清晰地表达了将专利视为一种技术的思想。专利的技术性和专利的实用性存在内在的联系，实际上专利的技术性是专利实用性的内涵之一。

（一）"技术性"是专利实用性的内涵之一

在专利法上，"技术性"意味着手段的客观化。"技术"这个词一般被理解为是人类解决社会和自然实际问题的技能和方法。❶"技术"（Technology）这个词出现于17世纪的欧洲。在"技术"这个词出现以前，西方在指代抽象技能时所使用的概念主要有"艺术"（Arts）、"手艺"（Crafts）和"技能"（Teche）等，其含义多与工匠的作坊、工具和制品有关。❷"技术"这个词出现以后，与"学"（–logy）这个词取得了稳定的联系，❸而且有所特指，即往往与科学的应用、大工业体系、机械设备和工业等相联系，更多的指"现代技术""科学化的技术""高新技术"和"系统化的技术"等。❹古代用于指称"技术"的那些概念，其根本性含义往往是指以个人从经验中获得的技能的形态存在，具有个人性和经验性特征的身体技巧，技术在本质上被视为是一种"艺术"。古代的技术经验往往带有很强的主观随意性，属于"意会知识"，难以使用准确的语言进行传达和交流，更多地依靠在实践过程中的个人体验，和文学艺术领域内的创作有着较强的相似性，所以使用了文学艺术领域内的"艺术"概念来表达。而"技术"这个词是在近代科学和技术相互结合以后出现的一个概念，其根本性特征是"技术"逐步借用了"科

---

❶ 谭斌昭. 技术概念与技术哲学的核心问题 [J]. 山东科技大学学报（社会科学版），2005，7（1）：14 – 16.

❷ 陈凡，陈玉林. 技术概念与技术文化的建构 [J]. 科学技术与辩证法，2008，25（3）：39 – 45.

❸ technology 这个词就其构词法来看，加"–logy"后缀应该是"技术学"或"工艺学"的意思，是一门对传统意义上的"技术"进行解释和研究的学问，比如希腊文 technologia 表示的是对某一种具体技巧/技能（通常是论辩术）的论说。所以，现代的技术是一种技术学视野下的技术。

❹ 吴国盛. 技术释义 [J]. 哲学动态，2010（4）：86 – 89.

学"的表达手段，通过使用规范的定量分析实验方法和数学描述方法，使得"技术"成为一种可直接交流的客观化知识。就这种发展趋势，有学者指出：17 世纪出现的"技术"概念开辟了新的发展方向，即技术的个人性经验正在逐渐为技术的客观知识化所代替，"技术"开始被称为"科学"，❶ 到 20 世纪 30 年代这一过程基本完成。今天，各国专利法上所讲的"技术"均是一种现代技术，是一种被科学化和知识化了的技术，迥然有别于古代所指的"身体技术"和"经验技术"。现代技术的核心特征是可进行定量化的分析和表达，具有直接的人际沟通性，可作为一种标准信息在全社会进行传播。现代专利法所被赋予的科学情报交流任务，也只有在现代技术的意义上才可能得到实现。古代具有"意会知识"性质的经验技术从根本上限制着技术的累积式发展，而一旦技术获得了客观化知识的形态，可以与技术创造者相分离而被教导和累积，它就能够形成呈几何级数增长的结构机制，这种效果正是现代专利法所追求的。总而言之，现代专利法上"技术"的一个核心特征，即是技术的知识化和客观化。

现代专利法意义上的"实用性"也不仅仅是指能够解决实际问题意义上的"有用性"，更为根本性的含义是：不仅仅发明人可以使用其发明解决特定实际问题，本领域内的其他技术人员同样可以使用其发明解决特定实际问题，并且解决问题的效果应该和发明人达到基本一致。我们在判断专利的实用性时所使用的"本领域普通技术人员"的标准足以证明这一论点。这也就是说，实用性中的"再现性"，不仅仅指发明人本人可以再现其发明，而且其他技术人员同样可以准确地再现发明。这就排除了那些必须依靠发明人特有的、无法用语言传达的个人经验和身体技巧才能完成的发明。而为专利法所认可的发明就只能是那些可以

---

❶ 陈凡, 陈玉林. 技术概念与技术文化的建构 [J]. 科学技术与辩证法, 2008, 25 (3): 39–45.

使用准确的语言在人际间交流的知识化和客观化了的发明创造。日本特许厅发布的发明工业实用性审查指南规定，"那些通过个人经验获得的，由于其缺乏客观性而无法与他人分享的个人技能"不具有实用性。专利法要想准确地区分那些不依赖于发明人人身的发明和那些依赖于发明人人身的发明，所能使用的手段也就是借用"技术"这个概念，规定发明创造必须具备技术性特征。"技术"这个概念所内含的客观化特征，使得其成为可以完成上述任务的合适工具。1952 年修正后的美国专利法正式使用更具现代技术含义的"方法"（Process）取代了自 1793 年以来专利法所使用的"技艺"一词，❶ 即是专利法上技术客观化的例证。针对美国历次版本的专利法所使用的用以指代实用性要件的"有用性"（Useful）这个词的含义，Chisum 教授曾指出："'有用性'这个词在 1787 年被用来起草宪法，在 1790 年又被用来制定第一部专利法，在今天仍被使用，但它所指称是'技术性'（In Technological Arts）这一术语。"❷ 专利保护以技术领域内的发明创造为限，是欧洲专利法的一贯传统。欧洲专利局申诉委员会认为，工业实用性就是要求发明必须具备技术性特征，也就是说，可专利性发明必须是采用技术手段解决技术领域内的技术问题的发明。申诉委员会在 T833/91 一案中进一步解释说，《欧洲专利公约》第 52 条第 2 款所列举的专利除外事项似乎都基于一个共同的暗示，那就是它们都缺乏技术性特征。❸ 所以，"技术性"是保证专利具有实用性的必要手段，构成了实用性的当然内涵。"发明与实用新型实用性的基本要求是发明与实用新型要有

---

❶ 杨利华. 美国专利史研究 [M]. 北京：中国政法大学出版社，2012：208.

❷ 冯术杰，崔国振. 从"发明"的技术性特征看电子商业方法的可专利性 [J]. 科技与法律，2010，83（1）：36－41.

❸ 付明星. 专利国际保护的新动向：兼评《实质专利法条约》对我国的影响 [M] //国家知识产权局条法司. 专利法研究 2005. 北京：知识产权出版社，2006：412.

技术性，其对技术问题的解决方案能产生技术效果，由此发明与实用新型才能在产业中应用。"❶ 而 "要否定一个发明的实用性，可以简单地说该发明所要解决的不是技术问题。"❷ 缺乏 "技术性" 特征的专利申请，因具有极大的主观性，既不符合专利法关于可再现性的要求，也难以完成专利法所承担的技术情报交流的任务。

（二）"技术" 的不确定性及其化解

"技术性" 特征在专利法上的实现方式就是要求专利必须是一种技术方案。而所谓 "技术方案" 则可以具体分解为三个 "技术要素"，即该方案所要解决的是技术问题，解决问题所采用的是技术手段，和最终达成的是一种技术效果。只有满足这 "技术三要素"，相应的专利申请才有授权前景。有学者曾言："要否定一项成果的专利客体属性，最简单的做法就是给它贴上 '非技术方案' 的标签。"❸ 虽然各国专利法均认同发明创造应当是技术性的，但却没有哪个国家的专利法对技术这个概念下过定义，大家都回避了这个必须解决的现实问题，将之留给专利局和法院在实践中进行判定。这可能是因为，这一任务实在是难由立法机关胜任，"要知道，在技术哲学领域，甚至连定义技术的方法都存在争议，更别说要找到一个为公众广为接受的 '技术' 概念。"❹ 在专利审查实践中，当一项权利要求所保护的方案的问题、手段和效果的技术性不是那么清晰时，不同的审查员在面对同样的发明申请时，由于对技术的认定差异，可能会形成截然不同的结论。例如，一项申请号为 200510094239.0、名称为 "手术衣的折叠方法" 的发明专利申请，其权利要求的内容如下：一种手术衣的折叠方法，包括以下步骤：（1）将手术衣衣

❶ 张晓都. 专利实质条件研究 [D]. 北京：中国社会科学院，2001：4.

❷ 崔国斌. 专利法：原理与案例 [M]. 北京：北京大学出版社，2012：174.

❸ 崔国斌. 专利法：原理与案例 [M]. 北京：北京大学出版社，2012：52.

❹ 崔国斌. 专利法：原理与案例 [M]. 北京：北京大学出版社，2012：53.

襟朝上展开放平，将两侧衣襟各自向外翻折一次；（2）将手术衣上下翻转使衣襟朝下，将两只衣袖向内折叠、放平，在腰带上系上标签；（3）自下而上分三次依次向上对齐叠起；（4）从两边分别向中间均匀叠起；（5）对准中心线，两边对齐叠好；（6）贴上标签，完成折叠过程。针对上述权利要求是否构成技术方案，存在着两种截然不同的观点：一种观点认为该方法利用了自然规律，构成技术方案；另一种观点则认为没有利用自然规律，不构成技术方案。之所以会形成上述两种截然不同的观点，最主要的还是因为对于技术这一概念的认识存在差异。❶ 笔者认为，一种可能的解决问题的思路是，不去追问"什么是技术"或者"技术是什么"这个本体论问题，而应该揆诸"技术"这个概念的本质特征——客观性。也就是说，如果一项发明所包含的信息能被客观化地交流和执行，执行的结果不会因人而异，则该发明就是"技术性"的，否则就是"非技术性"的。根据这个标准，我们可以看到，上面所举的手术衣案例应该是非技术性的，因为其中每一个步骤的执行都依靠执行者个人的特定手艺和技能，不同操作者执行的结果会有明显不同，以至于将在本质上影响方案的执行效果，属于因人而异的方法。判断一件具体的发明能否客观化执行要比抽象地探求"技术"的含义再决定某专利申请是否满足了"技术性"的要求，要便利和可行的多。

（三）"技术性"意味着发明方案的具体性

"技术"被理解为解决实际问题的方法和手段。能够实际地、直接地解决问题是技术的固有属性。任何关于解决问题的抽象设想，因不能达成直接解决问题的目的，均不属于专利法意义上的技术，不构成专利法上的技术方案。这也就是说，技术性本身即意味着发明创造是一种具体的技术方案。所谓具体是指发明

---

❶ 岳永娟，梁燕，朱晓琳. 浅谈专利保护客体的技术性审查［J］. 中国发明与专利，2011（12）：96 - 99.

必须能够实施，达到效果并且有可重复性。❶ 专利的这种性质，从根本上来讲是由前文所谈到的专利的产业应用性所决定的。只有那些能产生实际效果的、具体可操作的技术方案，才能满足产业实用性所内含的直接实践性的要求。相反，如果只是提出了任务或设想，或者只表明一种愿望和结果，而未给出任何使所属技术领域的普通技术人员能够实施的技术手段，这样的专利申请是未完成的技术方案，是不符合专利法关于技术性的要求的，❷ 当然也不具有实用性。如日本特许厅在其发明工业实用性审查指南中曾举过这样两个反例：在整个地球的表面覆盖一层吸收紫外线的塑料薄膜，以防止由于臭氧层破坏引起的紫外线辐射增加的方法；在火山口上放置一个表面由高熔点的物质（例如，钨）覆盖的由中子吸收材料（例如，硼）制成的巨大的圆球以防止火山喷发的方法（本发明建立在这样的假说之上，即火山爆发是由像在火山口底部的铀核裂变产生的物质所引发）。在专利审查实践中，日本特许厅还曾驳回了一件关于在日本列岛周围筑起一道高的钢盘混凝土的防台风装置的专利申请。❸ 上述专利申请只是一种宏观设想，缺乏实现发明目的的具体物质手段，不构成专利法意义上的技术方案。我国《专利审查指南 2010》也明确要求申请专利的技术方案必须能够解决其提出的技术问题，并产生预期的技术效果，并给出了不符合要求的几种具体情况。德国学者科拉（Kohler）曾给发明下了这样一个定义：所谓发明是指以技术形式表现出来的人的精神创造，是征服自然、利用自然且能产生一定效果者。❹ 该定义集中体现了发明必须是一种能够产生实际效果的具体的技术方案的思想。美国联邦巡回上诉法院在一则判例中也曾表达过同样的看法："专利追求实利的目的，如果未

❶　刘春田. 知识产权法［M］. 北京：高等教育出版社，北京大学出版社，2007：158.

❷　吴汉东. 知识产权法学［M］. 北京：北京大学出版社，2005：162.

❸　冯晓青，刘友华. 专利法［M］. 北京：法律出版社，2010：117.

❹　胡佐超. 专利基础知识［M］. 北京：知识产权出版社，2004：61.

提出旨在解决实施发明思想的物质技术手段，无论这一思想多么新颖和有益，也不能获得专利权。"❶

三、方案及其效果是可信的

违背自然规律的发明创造必然是不具备可实施性的。可是在判断发明创造是否违背自然规律时，虽然一些在本质上违背自然规律的发明创造可以被清楚地揭示出来，但是仍有很多发明创造是否违背自然规律并不能得到确证。发明创造应当是可信的，包括该发明创造可以被制造或使用是可信的，以及专利说明书为之披露的用途是可信的。发明创造应当是可信的这项判断标准，就是要解决那些被怀疑违背了某种自然规律（包括人们对于因果关系的认识），但是又难以确定究竟是否违背以及违背了什么样的自然规律一类的发明的实用性问题。缺乏可信性的专利申请又可以细分为两种情况：第一种情况是，没有明显的文字表明其违背了自然规律，而且经过分析也很难判断其违背了何种自然规律，但是技术方案本身有一定的问题，无法解决其所要解决的技术问题；第二种情况是，声称能够解决某种或某一类社会问题，进而采用一个能够解决一定技术问题的技术方案，但是该技术方案对其所要求解决的技术问题实质上并没有任何贡献。❷ 美国专利商标局在审查实践中就曾多次遇到这类申请。例如，一项声称利用磁场改变食物味道的发明，一种能产生能量的"冷聚变"（Cold Fusion）方法，一项声称能治疗各种癌症的未知合成物发明，一项控制人体衰老的方法，等等。在这些案例当中，考虑到本领域内的既有知识，申请人所宣称的实用性往往被认为是不可信的或者是误导性的。但是美国专利商标局专利审查程序手册同样告诫审查员，除非以缺乏实用性的理由驳回是明显合适的，否则考虑

---

❶ 转引自：邱国栋. 专利实用性条件研究 [D]. 上海：华东政法学院，2005：8.

❷ 张剑云. 机电领域永动机类专利申请的审查方式研究 [M] //魏保志. 专利审查研究2010. 北京：知识产权出版社，2011：115.

到这类案例的罕见性，审查员不应该轻易给它们被宣称的实用性贴上"不可信的""投机性的"等类似的标签。❶

美国专利商标局的实用性审查指南教程提示审查员，申请人所主张的实用性在如下两种情形中将被认为是不可信的：（1）申请人对实用性的主张，其所依赖的逻辑存在严重缺陷；或（2）该主张所依赖的逻辑与事实不一致。在这两种情况下，审查员可以要求申请人提供逻辑上和事实上的可信性证据，用于支撑申请人的实用性主张。如果申请人没有提供相应的证据，或者所提供的证据不满足要求，审查员就可以所主张的实用性不可信为由作出驳回决定。在实用性审查指南教程中，美国专利商标局给出了多个不具有可信实用性的假想案例，其中有一个案例是这样的：申请人的权利要求为"一种预防细菌 X 感染症的方法，其包含向动物导入适量的化合物 A"。美国专利商标局就该项权利要求的实用性分析道：应该根据专利法关于实用性的规定驳回申请，因为该权利要求指向的发明创造没有获得可信的实用性。权利要求专门指向细菌 X 感染症的预防方法，但是经对"感染"结合说明书进行最为宽泛的合理解释可知，感染仅需要一个微生物进入宿主细胞即可呈现。现有技术证明，细菌 X 的活性相似于细菌 Y 的活性。已知细菌 Y 可以通过不同途径进入宿主细胞。根据这种相似性可以合理地推断，细菌 X 也可以通过不同途径进入宿主细胞。说明书和现有文献均未表明，预防细菌从不同渠道进入宿主细胞是可信的。所以，此时应该基于所披露的实用性不可信为由作出缺乏实用性的初步审查意见。但是如果申请人在收到审查员的意见后提供了这样一份专家意见陈述书，结论就是另外一番情形了。该专家意见书认为，根据公知事实，细菌仅通过口鼻的黏膜进入宿主细胞，并且导入化合物 A 可以阻碍细菌 X 进入口鼻的细胞，从而预防感染。如果专家意见书陈述的事实成立，则审查员的结论就失

---

❶ USPTO. Manual of Patent Examining Procedure. Rev. 9, August, 2012, p. 2100 – 2128.

去了证据支撑，此时应该撤销缺乏实用性的审查意见。❶ 这个案例说明，对于可信实用性的判断是建筑在现有技术及其相关证据之上的，其结论会因为申请人所提供证据的情况而有不同，并不是一成不变的。

中国专利局也曾经多次收到此类申请，其中比较有意思的是一件被称为"科学计划生育"的方法发明。丁某于1993年7月5日向中国专利局提出了一项名称为"科学计划生育"的发明专利申请。在专利申请说明书中，丁某总结发明了怎样生育男孩和女孩的受孕规律。该规律是：能够产生女孩的精子须在健康男性的身体里发育1~2天（1天等于24小时）；能够产生男孩的精子须在健康男性的身体里发育5天或者5天以上。根据这一规律，丁某提出了生育能力健康的夫妻怎样怀男孩或女孩的受孕方法：（1）要想生育男孩，夫妻性交时男方必须精子饱满，而且要在睡眠前进行，这样坚持一个月或更长时间，直到怀孕。精子饱满是指男方对性生活有所节制，每次性交间隔5天或者5天以上；（2）要想生育女孩，当女方月经结束后首次性交时，如果男方精子饱满则应避孕（最好使用安全套），以后性交次数频繁，如果受孕就是女孩。中国专利局以怀孕的方法属于《专利法》所规定的疾病的诊断和治疗方法为由驳回了丁某的申请。专利局的这一理由在接下来的行政诉讼中，得到了一、二审法院的支持。实际上，专利局的这一驳回理由并不具有说服力，因为健康的人受孕并不可归结为任何一种疾病或者对疾病的治疗，专利局在此过分扭曲了法律术语本来的含义，❷ 有悖法律解释的一般规则。其实，驳回丁某的专利申请完全可以使用缺乏产业实用性、缺乏技术性以及缺乏可信性等实用性审查标准。医学界公

---

❶ USPTO. Revised Interim Utility Guidelines Training Materials, p. 13 – 17. 汉译参照了：张玉瑞. 生物技术、信息技术的知识产权保护 [M]. 北京：中国社会科学院出版社，2009：407 – 409.

❷ 崔国斌. 专利法：原理与案例 [M]. 北京：北京大学出版社，2012：70.

认，除非采取专业化的人工授精方式，生育男孩还是女孩具有随机性。没有任何科学证据可以支撑丁某的权利要求，所以其发明的实用性是不可信的。专利申请实用性的可信任性问题在医药领域最为突出。例如，对于一件复方中药专利申请，如果现有技术当中没有记载与之相似的药物，申请人又没有足够的证据确证该药物的医疗效果，则其所申请的药物的医疗效果具有不可信任性，在这种情况下，该申请不具备实用性。❶

　　我们之所以强调发明创造的可实施性及其用途应当是可信的，是因为在专利审查实践中确实经常发生一些令人难以置信的发明。所谓的令人难以置信的发明，往往指的是那些根据现有技术，经过合乎逻辑的推理，难以证成的开创性的发明创造。在判断专利的创造性时，有一种所谓的产生了预料不到的技术效果的辅助判断因素，可以起到佐证该发明本身具有创造性的作用。这种产生了预料不到的技术效果的发明在通常的技术眼光看来，有时候就是一种令人难以置信的发明。针对这一类专利申请，在审查其实用性时，审查员不能仅从逻辑的角度进行判断，更不得因推理过程中存在逻辑断点而否定其实用性。审查员在根据现有技术和逻辑推理提出合理怀疑之后，应该允许申请人提出必要的证据材料，只要有充足的证据显示，虽与现有技术和逻辑推理有悖，但确实发明具有实用性，则也就满足了实用性的要求。相反，如果申请人提不出任何有说服力的证据，则不能认定其发明的实用性。在发明史上，那些因为发明人想入非非而产生的难以置信的"奇谈怪论"式的发明创造不胜枚举。比如，早在18世纪的时候，翁贝尔（Homberg）就凭借其奇思怪想从令人作呕的狗粪中提取制作了一种温润滑爽、能够使人的皮肤变得格外白嫩的油脂；如今，英国科技人员又从猫粪中提取制作了50英镑一

---

❶　郑永峰. 中药专利申请的现状分析及审查标准［M］//肖诗鹰，刘铜华. 中药知识产权保护. 2 版. 北京：中国医药科技出版社，2002：276 - 277.

杯的昂贵咖啡。❶ 之所以会形成令人难以置信的发明创造，主要是由创造性思维的非逻辑性和人类知识的不确定性所决定的。首先，创造性思维的非逻辑性决定了某些发明创造难以从逻辑上证成。人们的思维包括逻辑思维和非逻辑思维两个大的组成部分，任何思维过程都是二者的统一。非逻辑性思维在创造性思维中占有十分重要的地位。❷ 非逻辑性思维主要表现为直觉和灵感，其思维过程无法使用逻辑的方法进行分析和认识，但它却是创造性思维的源泉。爱因斯坦也一直认为他的相对论源于直觉，并认为许多科学原理"都不可能用归纳法从经验中提取，而只能靠自由发明来得到。这种体系的根据在于导出的命题可由感觉经验来证实，而感觉经验对这基础的关系，只能直觉地去领悟。"❸ 科技创新的发现或发明，起初多呈现为点状，本身就不具有逻辑性。待认知深入后，才开始呈现为线状，直至呈面状，这时才具有这个方面的逻辑性。完成发明的思维的非逻辑性决定了相当一些发明在一个时期之内也难以从纯逻辑的角度进行证实。逻辑性不是科学，只是一个认知过程。用过去成熟的认知来推理和评判科技创新本身就是很不合适的，有可能成为压制科技创新的一种手法。所以，在实用性审查的过程中，虽不要求审查员必须重复发明创造的过程再去判定，但是也不应该完全根据逻辑推理来判定。其次，由于发明创造本身和用于评价发明创造的现有技术从本质上来讲都是一种知识，知识本身的不确定性，从根本上导致了某些发明创造的不可信性。自古希腊确立理性主义的认识方式以来，人类认识的目标总是追求具有普遍必然性的确定性知识。

---

❶ 张之沧. 当代科技创新中的非理性思维和方法 [J]. 自然辩证法研究，2008 (10)：98 – 102.

❷ 马超，赵贵军. 论创造性思维的逻辑性与非逻辑性 [J]. 许昌师专学报（社会科学版），1992 (3)：107 – 111.

❸ 阿尔伯特·爱因斯坦. 爱因斯坦文集（第 1 卷）[M]. 许良英，李宝恒，赵中立，等，编译. 北京：商务印书馆，1976：372.

但是 20 世纪以来，科学知识开始凸显出其不确定性。人们逐渐认识到，科学理论并不是具有普遍必然性的确定性的知识，其间充满着主观性、相对性和不确定性。❶ 所谓科学知识的不确定性，一般是指知识不具有逻辑论证的普遍必然性的或然性及其易误性。❷ 20 世纪的科技哲学发展表明，科学理论是不能被证实的，它只能被证伪，这就体现出科学知识不是切实可靠的，也就是说具有不确定性。❸ 知识不确定性理论，从根本上揭示了传统的、追求绝对确定性知识的思维方式的片面性和局限性。❹ 波普尔认为，人类理性认识是"处在完全的偶然性和完全的决定性之间的某种中间物，即处于完全的云和完善的钟❺之间的某种中间物。"❻ 既然知识本身都具有不确定性，使用一种知识（现有技术）去评价另一种知识（申请专利保护的发明创造），其结论也就难免具有一定程度的不确定性，这是导致某些专利申请的实用性难以通过逻辑推理确证的根本原因。

需要提醒的是，发明创造技术方案及其效果的可信并不等同于必须使本领域普通技术人员形成内心确信。在 20 世纪六七十

---

❶ 王荣江．"本体论承诺"与科学知识不确定性的根源 [J]．自然辩证法研究，2008，24（2）：16－19．

❷ 张鑫．科学知识不确定性问题及其当代启示 [D]．桂林：广西师范大学，2011：6．

❸ 吴国林．论知识的不确定性 [J]．学习与探索，2002（1）：14－18．

❹ 王荣江．知识不确定性的凸现与社会科学的发展 [J]．淮阴师范学院学报（哲学社会科学版），2004，26（5）：596－602．

❺ 波普尔批判了传统的追求确定性知识的认识方式，认为知识是在猜想和反驳中增长的，并用"云和钟"的比喻来形象地说明知识的样态。波普尔认为，可以把自然现象与自然过程摆在左边是云与右边是钟这样两个极端之间。"云"表示这样的物理系统：它像各种气体一样，是非常不规则、毫无秩序而又有点难以预测的；而"钟"表示这样的物理系统：它的行为是规则的、有秩序的和高度可预测的。所有的现象和过程都可以在"云"和"钟"之间找到自己被认识的位置。

❻ 卡尔·波普尔．客观知识：一个进化论的研究 [M]．舒炜光，卓如飞，周柏乔，等，译．上海：上海译文出版社，1987：239．

年代，美国海关和专利上诉法院曾经一度创立了证明专利实用性的"确信性标准"。在 In re Irons 一案中，申请人就一些新的抗胍多肽因子以及使用其治疗关节炎的方法主张专利权。美国专利商标局以缺乏实用性的理由拒绝了申请人的请求。在给美国专利商标局的答复意见中，申请人提供了一份来自两位类风湿关节炎专家的证明文件。这两位专家对该药物进行了临床测试，结果显示该药物在治疗关节炎疼痛方面具有很好的疗效。美国专利商标局维持了驳回决定，理由是该两位专家的临床测试并不是根据 Johns Hopkins 医院所创立的"双盲"标准进行的，而且也没有满足所需要的对照研究。虽然美国海关和专利上诉法院最终推翻了美国专利商标局所坚持的充足证据标准，但是通过本案却创立了"实用性的证据必须使本领域技术人员形成确信"的严格证据标准。该标准后来被美国联邦巡回上诉法院创立的"可信实用性"标准所取代。❶

第三节　发明创造的用途须具备现实性

前两节我们分别讨论了发明创造的产业应用性和可实施性，但是仅仅满足了这两个要件依然未解决实用性必须回答的"对谁有用，有什么用？"（useful to whom and for what?)❷ 的问题。因为一些暂时无实际用途的发明，对社会公众来讲可能没有什么用，但对于从事相关科学研究的人员来讲可能有直接的用处，它们可以被作为研究对象或者研究工具。那么像这样的发明在专利法看来到底有用还是无用，这就涉及"实用性"这个概念的本质性问题。究竟到什么程度算是达到了"实用"的要求，是一

---

❶　DAVID G. PERRYMAN and NAGENDRA SETTY. The Basis and Limits of the Patent and Trademark Office's Credible Utility Standard［EB/OL］. http：//digitalcommons. law. uga. edu/jip/vol2/iss2/3.

❷　In re Nelson，280 F. 2d 172（CCPA 1960）.

个政策性很强的问题。❶ 诚如美国联邦最高法院尝言：当被适用于具体生活事实的时候，像"有用性"这样一些简单的日常生活词汇通常都包含着很大的模糊性。所以，如果对"实用性"一词进行过于宽泛的解释，则很少，或者几乎没有不满足实用性的发明。❷ 曾有生活谚语"世界上没有垃圾，只有放错了位置的资源"，即为此意。在否定了一项发明的专利实用性之后，美国联邦最高法院曾补充评价道："这并不是说我们意图贬低那些缺少专利实用性的发明对增加科学知识储备所作出的贡献，或者无视其现在似乎无用，而明天却可能受到万众瞩目的前景。"很明显，美国联邦最高法院承认，那些在专利法看来无用的发明，在科学看来可能有着极大的价值。每一个学科或生活领域都有其对于有用性的独特理解，专利法上的有用性就不完全等同于科学上的有用性或者生活上的有用性，更不等同于经济上的有用性。很显然，专利法上所规定的有用性这个词不能在最广泛的意义上被理解，否则就等于取缔了专利的实用性要件，从而可能导致无法将专利法与其他领域特别是科学研究领域区分开来。围绕实用性的规定性问题，美国法院曾作出一系列重要判例，形成了独具美国特色的实用性判断标准。通过美、日、欧三方对特殊领域实用性要件的协调，美国的实用性标准逐渐被日、欧接受，深刻地影响了欧洲和日本的专利实践。❸ 美国专利判例法上所理解的有用性，是一种被称作特定的和本质的实用性标准。具体来讲，实用性指的是发明创造能够以其技术创新点为根据，向社会公众所提供的某种直接而现实的好处，即专利的运用可以为公众带来直接的便利或利益。正如美国法院在 In re Nelson 一案中所说："实际

---

❶　崔国斌. 专利法：原理与案例 [M]. 北京：北京大学出版社，2012：139.

❷　In re Bremner, 182 F. 2d 216（CCPA 1950）.

❸　SIVARAMJANI THAMBISETTY. Legal Transplants in Patent Law: Why Utility is the New Industrial Applicability [J]. SSRN Electronic Journal, 2008, 49（2）：155 - 201.

实用性是专利客体有'现实世界'价值的简短表达方法。换句话说就是，本领域的技术人员必须能够以为公众提供直接好处的方式利用该发明。"❶ 当然，"实际的"用途不必是显著的或者影响深远的。由于实用性这个词的含义十分丰富，加之一项发明创造的用途可能具有多面性，所以美国专利审查指南要求审查员在考察一项发明的实用性时，要充分考虑申请人对其发明是否有用的独特理解，并要求关注和接受其申请人关于该发明有用性的特别理由。指南还特别强调，只要是申请人已经为其发明披露了一项特定的和本质的实用性，则审查员一般不能以该实用性不够精确为由予以否定。❷

一、所披露的实用性必须是特定的

美国判例法和审查指南使用"Specific Utility"来指代这一要件，中文一般将其译为"特定的实用性"或"具体的实用性"。根据美国联邦巡回上诉法院在 In re Fisher 一案中的看法，所谓"特定的实用性"是指，一项发明创造的实用性必须是非常具体的，根据说明书对实用性的揭示，它能够为社会公众提供一种界定清晰的和特别的益处。❸ 特定的实用性是与"一般用途"或"通用用途"（A General Utility）相对称的概念。所谓"一般用途"指的是一大类的发明创造共同具有的用途，是对不同发明的特定用途的一种抽象和概括。如果仅仅指出了发明创造的通用用途，那么很多情况下将导致其没有办法被直接利用。例如，将一种化学物质描述为一种药品或者一种催化剂，由于未能指明是治疗哪一种疾病的药品或者哪一类化学反应的催化剂，实际上将导致该发明没有直接利用的可能。当然，普通用途和特殊用途都是

---

❶ Nelson v. Bowler, 626 F. 2d 853, 856 (CCPA 1980).

❷ USPTO. Manual of Patent Examining Procedure. Rev. 9, August, 2012, p. 2100 – 2126.

❸ In re Fisher, 421 F. 3d 1365, 1371 (Fed. Cir. 2005).

相对的概念，具体"特殊"到什么程度才被视为满足了特定的实用性的要求，就是要看专利申请所披露的用途有无直接在产业或者生活中运用的可能，这在很多时候依赖于生活经验。例如，将一种化学物质的实用性披露为可以用来预防感冒一般就是符合特定的实用性要求的，虽然感冒又包含了很多种类。美国专利审查指南要求审查员清晰地分辨，哪些申请人已经披露了具体用途的发明和哪些申请人仅仅指出其可能有用但未能揭示出其为什么被认为有用所需的具体性的发明。并举例说，仅仅指出某种复合物在治疗某种未知疾病上是有用的或者其具有某种有用的生物特性，对于定义一项复合物专利的具体实用性是不充足的。❶　一件多核苷酸序列专利申请，如果其仅被揭示可以作为"基因探针"或"染色体标记"这类所有多核苷酸序列的通用用途，则由于缺乏对目标 DNA 的披露，其实用性将不被认为是特定的。

　　美国联邦巡回上诉法院 2005 年在 In re Fisher 一案中所作出的裁判意见对于理解"特定的实用性"具有十分重要的意义。该案的大体案情如下：Dane K. Fisher 就编码玉米蛋白质及蛋白质片段的 5 种已经纯化的通常被称为"表达序列标签"（Expressed Sequence Tags）或称"EST"核苷酸序列，向美国专利商标局提出了专利请求。Fisher 所提出的权利要求是：一种编码玉米蛋白质或蛋白质片段的已经纯化的核苷酸分子，其核苷酸序列从包括 SEQ ID No：1 至 SEQ ID No：5 的集合中选择。SEQ ID No：1 至 SEQ ID No：5 包含的 EST 是从 cDNA 文库（编号 LIB3115）中获得的，该文库构建使用了阿斯格洛研究站（Asgrow research stations）种植的玉米（品种为 RX601，Asgrow Seed Company）叶子组织。SEQ ID No：1 至 SEQ ID No：5 分别包含 429、423、365、411 及 331 个核苷酸。当 Fisher 递交了该项专利申请时，权利要求主张与开花期玉米叶子组织基因表达对应的

---

❶　USPTO. Manual of Patent Examining Procedure. Rev. 9, August, 2012, p. 2100 – 2127.

EST。然而，Fisher 并不知道这些基因或这些基因所编码蛋白质的确切结构和功能。Fisher 的专利申请书公开了这 5 种 EST 具有的多种用途，包括：（1）作为玉米全基因组制图的分子标记，其中玉米基因组由 10 对染色体，大概 5 万个基因组成；（2）通过生物芯片技术检测组织样本中 mRNA 的表达水平，从而获知基因表达信息；（3）作为聚合酶链反应（Polymerase Chain Reaction，PCR）所需引物的来源，以进行快速、廉价的基因复制；（4）鉴定多态性的存在与缺失；（5）通过基因组步移技术（Chromosome Walking）分离启动子；（6）调控蛋白表达；（7）定位其他植物或有机体的遗传分子（Genetic Molecules）。2001 年9 月 6 日，审查员以缺乏美国专利法第 101 条所规定的实用性为由作出最终驳回决定。审查员认为，Fisher 所披露的上述用途并不符合"特定实用性"的要求。审查员的意见得到了美国专利商标局专利上诉与冲突委员会的支持，于是 Fisher 诉至美国联邦巡回上诉法院。美国联邦巡回上诉法院在裁判文书中首先回顾和讨论了实用性判定的标准，认为"特定的实用性"是美国专利法第 101 条对于实用性的具体要求。所谓特定的实用性即指，专利申请必须公开一种"不是过于含糊，以至于毫无意义"的用途，同时，实用性必须特定于权利要求主张的客体，并且不能适用于广泛的发明。根据这一标准，美国联邦巡回上诉法院否定了Fisher 为其专利申请所披露的全部 7 种实用性。美国联邦巡回上诉法院认为，Fisher 所声称的 7 种用途都不是"特定的"，玉米基因组中任一基因转录而得的任一 EST 都有可能实现任一声称的用途。也就是说，玉米基因组中任一基因转录而得到的任一 EST 都能够作为分子标记或者引物来源。同样，玉米基因组中任一基因转录而得到的任一 EST 都能够用于检测组织样本中 mRNA 表达水平、鉴定多态性、分离引物、调控蛋白表达或者定位其他植物及组织中的遗传分子。Fisher 声称的 7 种用途中没有任何一种用途将其主张的 5 种 EST 与其专利申请中公开的 32000 种 EST，或者从任一组织中获得的任一 EST 区分开来。因此，法院得出的结论是：Fisher 仅公开了 EST 的普通用途，而不是满足美国专利法第 101 条的特定的实用性。❶ 同时，这些所有的通用用途都是通向能够具体使用的直接用途的中间环节，除了对进一步研究有一定价值之外，这些通用用途并没有直接的产业或者生活实用性。

二、所披露的实用性必须是本质的

美国判例法和专利审查指南使用"Substantial Utility"来指称这一要件，中文一般译为"本质的实用性"或"实质的实用性"。本质的实用性所要表达的是，一项专利申请的实用性必须是现实性的，而不能是潜在的。用美国专利审查指南中的话来表达就是：专利申请必须展示其在目前状态下就能对公众有用处，而不是证明其能对将来的研究有用处。简言之，为满足"本质的"实用性要求，所宣称的用途必须能够展示"主张的发明具有重要意义，并且在目前状态下能够对公众提供立即可得的利益"。科学界有一种信念认为，并非所有的发明创造都具有潜在的用途，一些类型的发明创造可能永远都不会有什么实际用途。❷ 例如，据目前的科学揭示，那些从不参与蛋白质编码或者调解的 DNA，被认为是无用 DNA，它们占据了人类基因组的95%。❸ 如果人们不愿意把专利视为一种赌注的话，拒绝授予那些当前没有任何实用性的发明就是必需的。在 In re Fisher 一案中，法院否认 Fisher 所申请的 5 种 EST 的实用性时，在运用

❶ In re Fisher, 421 F. 3d 1365 (Fed. Cir. 2005). 参见肇旭. 美国生物技术专利经典判例译评 [M]. 北京：法律出版社，2012：99-116.

❷ MICHAEL RISCH. Everything is Patentable [J]. Social Science Electronic Publishing, 2009 (75)：591-634.

❸ J. M. 穆勒. 专利法 [M]. 3 版. 沈超，李华，吴晓辉，等，译. 北京：知识产权出版社，2013：258.

"特定的实用性"标准的同时还运用了"本质的实用性"作为评价标准。法院在判决书中评论道:"Fisher 所主张的 EST 仅可被用于获取与基因及基因编码蛋白质相关的进一步信息。主张的 EST 本身并不是 Fisher 研究工作的终点,相反,它只是在寻找实际(Practical)实用性过程中所要用到的工具。因此,虽然 Fisher 主张的 EST 也许对生物技术研究作出了显著的贡献,但是根据我们的先例,Fisher 的专利申请并未满足美国专利法第 101 条的实用性要求。Fisher 并没有确定编码蛋白质的潜在基因的用途。因为没有确定潜在基因的用途,所以我们认为该 EST 的研究并没有发展到这样的关键点——可以向公众提供一种即刻的、明确的和现实的好处,从而值得授予专利权。"❶ 因此,为了识别或合理确定出一种"现实世界"(Real World)的用途,那种要求或者构成进一步研究的对象意义上的实用性,并不符合"本质的实用性"的要求。相反,治疗一种已知的或者新发现的疾病的方法以及分析那些本身已被证明有实用性的化合物的方法,则表达了现实世界的用途。分析一种与特定疾病的发生有公认联系的物质的方法同样定义了现实世界语境下的有用性,这种有用性表现为,利用该方法可以识别出潜在的患者,以便采取进一步的预防和监控措施。另外,下面这些例子由于需要通过进一步的研究才能确定其"现实世界"的用途,因而是不符合"本质的实用性"要求的:(1)基础研究,例如就申请专利的产品的自身属性及其所包含的材料机理所进行的研究;(2)一种治疗某种未知疾病的方法;(3)一种用于分析、识别其本身尚无特定、本质用途的物质的方法;(4)一种用于制作其本身尚无特定、本质和可信实用性的材料的方法;以及(5)一种用于制

---

❶ In re Fisher, 421 F. 3d 1367 (Fed. Cir. 2005). 参见崔国斌. 专利法:原理与案例 [M]. 北京:北京大学出版社,2012:158.

作其最终产品尚未被发现实用性的中间物质的产品专利要求。❶

由美国联邦最高法院在 1966 年所审结的 Brenner v. Manson 一案，是美国专利法上最为重要的判例之一。该案确立了现代美国专利法上的实用性标准，特别是清晰地表达了"本质的实用性"的含义及其要求。该案的大体案情是：1957 年 12 月，Howard Ringold 和 George Rosenkranz 向美国专利商标局递交专利申请，请求授予一种制备某已知类固醇的新方法专利权。1960 年 1 月，Andrew John Manson（一位从事类固醇研究的化学家）也向美国专利商标局提交专利申请，主张了与 Ringold 和 Rosenkranz 同样内容的权利，并请求宣告与上述二人的申请之间存在抵触申请。审查员驳回了 Manson 的申请，理由是其专利申请"未公开任何通过该方法制备的化合物的实用性"。Manson 引用了 1956 年 11 月发表在《有机化学杂志》（Journal of Organic Chemistry）上的一篇文章来说明其专利的实用性。该文章报道了一类类固醇化合物，其中包括 Manson 专利申请公开的化合物。该文章揭示，有研究正在对包含争议化合物在内的一类类固醇对老鼠肿瘤的可能的抑制效果进行筛选，并且与 Manson 的类固醇邻近的一个同系物已被证明具有上述效果。美国专利商标局专利上诉与冲突委员会认为，不能因为与某一产品紧密联系的另一种化合物具有实用性，就认为这种产品也具有实用性，并据此维持了审查员的驳回决定。Manson 上诉到美国海关和专利上诉法院，美国海关和专利上诉法院推翻了委员会的决定。于是，美国专利商标局专利上诉与冲突委员会向美国联邦最高法院申请调卷令。联邦最高法院发放调卷令提审了本案。在该案中，联邦最高法院引用 In re Bremner 一案所确立的规则，认定"除非产品被认为是有用的，否则该产品或生产该产品的方法不应被授予专利权"。在 In re Bremner 一案中，法院还认为，一种新化合物要想取得专利，那

---

❶　USPTO. Manual of Patent Examining Procedure. Rev. 9, August, 2012, p. 2100 – 2127.

么就必须具有现实的实用性，并且这种实用性不能仅仅是发明人的推测或暗示，也不能是根据化学机构相似的其他化合物的已知实用性所进行的类推。❶联邦最高法院认为，由于类固醇领域中的化合物的用途具有强烈的不可预知性，尽管 Manson 的类固醇的邻近同系物被证明有抑制老鼠肿瘤的效果，但并不能据此推断 Manson 的类固醇也有同样的实用性。Manson 为其类固醇所披露的实用性只是推测性的，并非是已被确证了的。法院认为，如果没有发展出具体的实用性，化学领域的方法专利会导致知识垄断。这种垄断只有明确的法律规定时才能被授予。除非方法被用来制造确实有用的产品时，否则该方法专利的垄断边界将无法准确界定。该权利要求可能独占一大片未知、也可能是不可知的领域。这样的专利可能赋予专利权人阻碍整个领域的科学发展的能力，却没有给予公众回报。宪法和国会所预期的授予专利垄断权的基本对价，是公众从具有本质的实用性（Substantial Utility）的发明中所获得的好处。除非方法已被改进和发展到这一地步——存在立即可用的具体好处，否则没有充分理由许可申请人独占一片可能很宽泛的领域。❷联邦最高法院在判决书的最后对专利制度的本质作了一番堪称经典的评论："专利并不是一张狩猎许可证，它不是对探索过程本身的奖励，而是对其成功结果的报偿。专利制度必须与商业世界（the World of Commerce）而非思想王国（the Realm of Philosophy）相联系。"缺乏特定的实用性和本质的实用性的专利申请，由于尚无直接利用的可能，所以仍然处在思想王国的范畴之内，因此是不符合授予专利权的条件的。

---

❶ In re Bremner, 182 F. 2d 216（CCPA 1950）.

❷ Brenner v. Manson, 383 U. S. 519（1966）. 参见：崔国斌. 专利法：原理与案例［M］. 北京：北京大学出版社，2012：144.

三、所披露的实用性必须基于发明点

专利制度最为重要的使命之一就是激励发明创造的产出及其应用。发明创造属于一种技术上的创新。社会追求发明创造的根本目的还是看中了这种新技术的应用给社会所带来的生产效率的提高、成本的节约、环境的改善等现实利益。发明创造这种优益性的发挥从根本上来讲依赖于其发明点和对发明点的恰当运用。一项发明创造的发明点是该发明创造区别于现有技术的客观基础。发明点在专利申请中体现为权利要求，它是一项专利的核心内容。发明创造的优益性价值在制度上表现为专利的实用性，因此，专利的实用性并不是泛泛的有用的意思，而是以发明创造的发明点为基础所产生的一种优益性。这种优益性可能仅仅是一个很小的点，但它必须确实存在。如果一项发明创造在所有的方面都等于、甚至劣于现有技术，那么它还有什么资格被称为一项发明，又有什么理由要求对之提供专利保护呢？退一步讲，即使赋予了这样的"发明创造"以专利权，这种专利又能产生什么有价值的社会效果呢？充其量只能演变成一种劫持正常工商业发展的"专利螳螂"或者"策略性专利"。❶ 这类专利往往以极为宽泛的语词撰写其权利要求，涵盖了一些未来可能出现的技术，以便于在未来某个时点该技术成熟时，对其使用人发起突然袭击。由于使用了极为宽泛的语言表达权利要求，所以其中为其所覆盖的部分技术方案在申请当时往往并不符合实用性的要求，实用性条件起到了限制那些策略性专利行为的目的。❷ 这就是说，一项

---

❶　将防御性专利和遏制性专利结合在一起，以进行对正常工商业进行劫持的专利，被称为"策略性专利"（Strategic Patenting）。参见：威廉·M. 兰德斯，理查德·A. 波斯纳. 知识产权法的经济结构 [M]. 金海军，译. 北京：北京大学出版社，2005：409.

❷　威廉·M. 兰德斯，理查德·A. 波斯纳. 知识产权法的经济结构 [M]. 金海军，译. 北京：北京大学出版社，2005：385.

专利的实用性必须符合最低限度的"有益性"要求。但是由于"有益性"是一个颇具主观性的概念，容易见仁见智，而"有益性"又必定是通过发明创造的发明点来体现的，所以专利法对"有益性"的要求就转化为要求发明创造的实用性必须以发明点为根据。

美国专利理论上有一种被称为浪费的（Throw Away）实用性的情形，即为典型的缺乏最起码的"有益性"要求的一类专利，它的目的在于规避特定的实用性和本质的实用性的要求，因而在本质上是不符合专利法关于实用性要求的。美国专利法通过综合使用特定的实用性和本质的实用性来否定浪费的实用性。例如，一种花费了数万美元培育出来的转基因小鼠，其实用性被披露为可以作为蛇的一种食物。❶ 将花费如此之巨的转基因小鼠作为蛇的一种常规食物显然是十分"浪费的"，这既不可能是该发明的真正目的，也不可能是专利制度想要达成的目标。另外，转基因小鼠与普通小鼠的不同点，也是其可能获得专利保护的创造点，就是基因上的不同。而将转基因小鼠作为蛇的食物，如果未能指出其中的特别之处，显然该发明创造的发明点未发挥出其应有的社会和技术作用，所披露的实用性与发明点之间没有逻辑上的联系。同样地，在发现或合成一种新的蛋白质时，由于未能找到其独特的功用，将其实用性描绘为动物的一种普通食物或者洗发香波的添加剂，也是浪费性的，因为所有的蛋白质都可以作为动物的食物或者洗发香波的添加剂，其实用性同样与发明点之间没有内在联系。当然，在分析一种专利的实用性是否具备最基本的"有益性"或非浪费性时，还应充分考虑该发明的技术背景和本质。例如，如果一种转基因小鼠是作为一种特殊营养物质培育的，而且其所具备的特殊营养性与其基因上的特殊性存在内在联

---

❶ USPTO. Revised Interim Utility Guidelines Training Materials，p. 7. ［EB/OL］. ［2013 – 10 – 03］http：//www. uspto. gov/web/menu/utility. pdf.

系，即其实用性是以发明点为根据的，那么此时将其实用性披露为一种动物（例如，蛇）的食物，那么其实用性就是符合专利法要求的。一项浪费性的发明显然是不可能具有现实世界的价值的，因此是不符合实用性要件的客观要求的。判断一项发明创造的实用性是否基于该发明创造的发明点的基本方法是，看不具有该发明点的现有技术是否也能产生和该发明创造完全相同的实用效果。如若现有技术所产生的效果和申请人所描述的发明创造的效果完全相同，那么就可以断定该发明创造的实用性并非基于发明点，该发明是一项只增加成本没有相应收益的浪费性发明，因此也就不能通过对实用性的审查。相反，如果申请人为其发明创造所披露的实用性，与发明点存在着内在的逻辑联系，缺乏该技术特征就不能产生该等技术效果，则可以断定该发明的实用性并非浪费性的，具有现实世界的价值。

第四章　实用性判断的相关因素

实用性的判断是专利实用性要件理论的核心内容。在上一章中，笔者较为详细地讨论了实用性判断的三个方面的标准。一般情况下，依据产业应用性、可实施性、现实有益性三个方面的审查基准进行综合衡量，即可得出一项发明创造有无实用性的确定结论。然而，事物是普遍联系的，任何一个事物在其产生和发展的过程中都会或多或少地受到其他事物的影响和制约，专利实用性要件也不例外。专利实用性要件作为专利制度的组成部分之一，与专利法上的其他制度存在着紧密程度不一的联系，受到其他制度不同程度的影响。专利实用性的判断作为实用性要件的中心话题，虽然判断标准是其最核心的内容，但并不是全部内容。专利实用性的判断除了作为主要依据的判断标准之外，还受制于难以上升到标准层次的其他辅助因素和其他具体专利制度的影响。深入认识实用性判断标准与其他有关因素和其他专利制度之间的关系，有助于深化对专利实用性要件的理论认识，更为恰当地运用实用性要件的判断标准，从而在判断一项发明创造的实用性时才可以得出更为准确和科学的结论。科学技术的发展使得专利实用性要件复活为专利法的中心问题之一，因此与专利实用性要件密切相关的因素也越来越多，其中专利的技术性与专利的实用性之间的关系、专利的客体审查与实用性审查之间的关系，已经在实用性要件的判断标准一章进行了比较详细的讨论，本章主要研究剩余的那些难以作为实用性判断标准组成部分而又与专利实用性判断紧密相关的几个方面的因素。这些因素主要包括与专利实用性判断有关的各种辅助因素、实用性判断中特有的程序和证据问题以及实用性与充分公开的关系三个方面的问题。

第一节 实用性判断的辅助因素

在关于专利创造性的判断之中，与创造性判断标准有一定牵连从而对创造性的判断有一定助益的所谓"辅助因素"得到了较为充分的学理讨论，甚至还有明确的法律根据。这些辅助因素确实也给专利创造性的判断作出了积极的贡献，虽然专利局在运用辅助因素时相当谨慎，但专利审查实践中运用辅助因素佐证创造性的案例还是可以经常见到。但是关于专利实用性的判断，目前国内的学理研究尚局限在实用性的概念和判断标准之上，对于实用性判断的辅助因素基本上未见涉及。但是在国外，特别是专利制度相对发达的美国，对于实用性判断的辅助因素已经展开了一定程度的研究，[1] 而且也出现了一些有一定影响的相关案例。[2] 我国目前关于实用性判断的辅助因素的研究尚未展开，但实践中已有使用辅助因素佐证实用性的案例，[3] 实践走在了学理的前面。专利实用性判断的辅助因素一般包括商业上的成功、侵权行为的发生以及其他一些相关因素。虽然说，实用性判断的辅助因素和创造性判断的辅助因素在名称上有所重合，但是其作用的内容和形式具有较为明显的区别，所以对于创造性判断辅助因素的研究不能视为是对实用性判断辅助因素的研究，更不能直接套用创造性判断辅助因素方面的研究成果。在之于实用性判断的作用上，这些辅助因素只能作为适用判断标准结论未

---

[1] NATHAN MACHIN. Prospective Utility：A New Interpretation of the Utility Requirement of Section 101 of the Patent Act［J］. California Law Review, 1999, 87（2）：421 – 456. 该文较为详细讨论了商业上的成功对专利实用性的影响。e. g., N. SCOTT PIERCE. In re Dane K. Fisher：An Exercise in Utility［J］. Journal Technology Law, 2010（6）. 该文讨论了侵权行为的发生对于实用性判断的影响。

[2] Bedford v. Hunt, 3 F. Cas. 37（C. C. Mass. 1817）.

[3] 参见上海隆海科技实业公司诉专利复审委员会的判决书——北京市高级人民法院（2004）高行终字第 316 号行政判决书。

明时的辅助参考因素，或者适用判断标准结论已经比较明朗时的增强说服力的证据，所以它们一般不能离开判断标准成为独立的判断根据。同时，根据国外的实践经验，这些辅助因素一般也只能作为实用性的证成依据，即在出现了辅助因素的情况下，可以佐证实用性的存在，而不得作为反驳或者证伪的依据，即在没有出现辅助因素的情况下，并不能据此否认专利实用性的存在。而且，即使出现了辅助因素，也还要具体分析，看辅助因素的出现与实用性之间有无内在的联系，不宜直接下定实用性存在的结论。从作用的程度上来讲，实用性判断的辅助因素一般要大于创造性判断的辅助因素的作用和价值。这是因为与创造性判断相比，实用性判断有着更为明显的客观化色彩，受判断主体主观性的影响较小；同时实用性判断的辅助因素均是一些客观化很强的证据，往往与专利的实用性存在内在的一致性。所以，辅助因素在实用性判断中的作用更大。国内学理研究之所以忽视实用性判断的辅助因素问题，是因为实用性要件本身在很大程度上不受重视，不被认为是一个有多大作用的要件，遑论其辅助因素了。但随着新技术领域专利发展的需要，实用性要件的地位和作用日益受到重视，在实用性判断标准研究不断深入的背景下，关于实用性判断的辅助因素的研究也一定会获得重视。

一、商业上的成功

19 世纪上半叶，关于专利实用性判断标准的认识发生了一次根本性的转变。自从专利制度产生以来一直到 19 世纪初期，专利制度一直被视为一种发展本地工商业的手段，专利权也一直被视为一种在本质上限制了人们自由经商权的垄断特权。因此，当时进行专利实践的各国，均从特权本身必须附带有增进公共福利之义务的观念出发，要求获得专利保护的发明创造必须具有一种重大的公共效用。唯有如此，社会公众在因为专利权所受到的对经商自由的限制中所遭受的损失，才能在因为专利实施所带来的社会福利的弥补中找回平衡。为了保障所授予的专利能真正有利于公共福利，早期各国专利法均坚持了一种极高的"经济实用性"标准。根据该标准，在授予专利权的时候，仅发明创造可以实施本身是完全不够的，它还必须能够产生例如提高产品质量、降低产品价格等真正有益的效用，并且一般还必须在规定的时间内将发明创造付诸实施，以确保公共福利尽快实现。针对当时的专利授予实践，有学者评论道：专利是一种特别授予的权利，专利的实用性即专利对公共利益的积极效果，专利授权必须有利于增进公共福祉。❶ 为了落实专利法所规定的公共效用标准，在专利授权的过程中，各国专利审查机构都对申请专利保护的发明创造可能产生的经济和社会效果进行审慎的权衡，以至于"对专利的审查和授权，同时就是一个衡量发明是否符合公共需要的政治决策过程"。❷ 但是自 19 世纪初期以来，由于专利权开始更多地被视为一种财产权以及受经济上自由放任主义思想的影响，人们对事先评价专利的社会效果的做法提出了深刻的质疑和广泛的批评，认为专利的社会效用应该交由公众和市场去决定，❸ 专利审查机构的任务只是确保专利不致给社会带来损害即可。至于专利自身，哪怕只有一个非常微小的用途，就足以满足专利法关于实用性的要求。对于"由谁来判断发明的价值"这一问题，著名的斯托里法官根据当时流行的市场价值理论，认为如果发明的实际效用很小，那么它能带给发明人的利益也就很少甚至没有；如果它不能带来利益，专利就没有价值，自然会被人忽视。那些没

---

❶ OREN BRACHA. The Commodification of Patents 1600 – 1836：How Patents Became Rights and Why We Should Care ［J］. Loyal of Los Angles Law Review，2004（38）：177 – 244.

❷ 杨利华. 美国专利法史研究 ［M］. 北京：中国政法大学出版社，2012：116.

❸ 布拉德·谢尔曼，莱昂内尔·本特利. 现代知识产权法的演进：英国的历程（1760 – 1911）［M］. 金海军，译. 北京：北京大学出版社，2012：214.

有真正价值的专利也不会给公众带来真正的负担，所以，法院无须以公共利益的名义去不切实际地预判专利的价值，市场是专利价值的唯一测量仪。❶ 专利价值应该由市场决定的观点自从被提出来以后，就成为专利实用性判断的重要理论基础，至今没有发生根本性变化。根据专利价值由市场决定的原理，虽然不允许在专利申请当时以无市场前景为由否定一项专利的实用性，但如果有证据证明该发明已经取得了市场上的成功，当然可以证明该发明具有实用性。市场上的成功可以证实发明具备实用性这一论断同样是专利价值应由市场决定这一命题的当然内涵和逻辑结论。正是这一点决定了市场上的成功可以作为实用性判断的辅助因素。

商业上的成功可以佐证专利具有实用性的见解，在专利实践中多次被法院予以认可。1793 年，美国人埃利·惠特尼（Eli Whitney）向美国联邦政府提出了一项关于轧棉机的专利申请，随后其发明被授予专利权。由于惠特尼发明的轧棉机能够提高棉籽剥离效率数十倍，所以一经面世即受到广泛关注，甚至在市场上出现了供不应求的局面。由于市场需求巨大，很快就有人跟进仿冒。为了保障自己的专利权益，惠特尼起诉了众多的仿冒侵权者，其中比较著名的是 1810 年发生的惠特尼诉卡特（Whitney v. Carter）一案。在该案的审理过程中，被告提出原告的发明由于没有促进公共利益（因为价格昂贵）因而没有实用性的抗辩理由。法院驳回了被告的抗辩，并认为，原告发明在市场上所取得的巨大成功足以证明该发明具备实用性。❷ 在中国的专利实践中，也不乏使用商业上的成功佐证发明实用性的例子。北京市高级人民法院在一则案件的判决中写道："具有实用性的方法专利，其方法在产业中应该能够应用，并能够解决技术问题。方法专利

---

❶ Bedford v. Hunt, 3 F. Cas. 37 (C. C. Mass. 1817).

❷ Whitney v. Carter, 29 F. Cas. 1070 (C. C. D. Ga. 1810) (No. 17, 583).

是否具有实用性不以专利产品是否上市销售为唯一衡量依据，但专利产品已经生产并销售可以作为确认该方法专利具有实用性的依据。故根据（1997）沪高经终（知）字第 347 号判决书所确认的事实，即隆海公司使用本专利技术生产的产品已经上市销售，并为此向专利权人支付了相应费用，可以认定本专利具有实用性。"❶ 虽然，商业上的成功既可以作为实用性的证据又可以作为创造性的证据，但是由于实用性要件的目的就是满足发明在产业上的应用，所以商业上的成功与实用性的联系更为密切、更为直接，证明力也更大。而且，两者对发明创造在市场上成功程度的要求也不同，创造性所需要的市场上的成功应该是一种显著的成功，是一种超过了同类产品的成功，而实用性所要求的成功仅限于有市场销售的事实即可，并不要求必须达到或者超越同类产品在市场上的成功程度。❷

在评价商业上的成功之于发明实用性判断的作用时，有以下三点需要特别注意：第一，要考察市场上的成功与发明点之间的联系。专利法上的实用性指的是发明基于其发明点对社会的有用性和有益性，如果一项产品所获得的成功仅仅是由于出色的市场推广或其他与发明点无关的因素所产生的，则不能根据商业上的成功佐证发明的实用性。北京市第一中级人民法院在一则案件的判决中写道："万宝表业厂主张本专利获得了商业上的成功，但万宝表业厂提交的有关媒体报道的内容的真实性和客观性难以确定，且即使上述报道的内容是客观、真实的，也不能证明这种市场业绩是唯一地由本专利的技术方案带来的。因此，万宝表业厂

---

❶　北京市高级人民法院（2004）高行终字第 316 号行政判决书（上海隆海科技实业公司诉国家知识产权局专利复审委员专利权无效行政纠纷案）[EB/OL].［2013-10-08］. http://www.110.com/panli/panli_44121.html.

❷　NATHAN MACHIN. Prospective Utility：A New Interpretation of the Utility Requirement of Section 101 of the Patent Act［J］. California Law Review, 1999, 87（2）：421-456.

主张本专利获得了商业上的成功证据不足，本院不予采信。"❶
第二，要看商业上的成功的作用对象和具体内容。如果一项产品
的市场只是指向研究性或实验性应用，购买该发明的只是一些科
研机构，而且购买的目的是进一步测试该发明的性能以便确定其
真正的产业价值。则这样的商业上的成功并不符合特定实用性的
要求，不足以佐证发明实用性的存在。在 In re Fisher 一案中，
Fisher 曾主张其所申请的五个表达序列标签（EST）已经取得了
商业上的成功，故具有实用性。美国联邦巡回上诉法院拒绝了
Fisher 的主张，认为其商业成功的证据不充分，更根本的还是
Fisher 所主张的 5 个 EST 缺乏特定的实用性。❷ 第三，商业上的
失败不能作为推定该发明无实用性的证据。一方面，由于当时在
专利申请和授权时并不要求发明创造已经实际投入运用，甚至在
授权之后也没有要求专利权人必须实际使用其发明，更没有要求
必须取得商业上的成功；❸ 另一方面，商业上不成功的影响因素
很多，一般难以确定失败是由于发明创造本身的原因所致，所以
商业上的失败是不允许作为专利缺乏实用性的反证来使用的。

二、侵权行为的发生

侵权行为的发生佐证被侵权的专利具有实用性一般发生在授
权后的第三方程序之中。在英美等国家，在专利权侵权诉讼中，
法律明确规定被告可以在民事程序中直接反诉原告专利权无效，
审理侵权诉讼的法庭可以对涉案专利权的效力进行审查，并作出

---

❶ 北京市第一中级人民法院（2004）一中行初字第951号行政判决书（东莞清
溪三中万宝表业厂诉国家知识产权局专利复审委员会专利无效行政纠纷案）［EB/
OL］. ［2013 - 10 - 09］. http://www.110.com/panli/panli_ 39063.html.

❷ In re Fisher, 421 F. 3d 1356 (Fed. Cir. 2005).

❸ 美国法院在判例中曾说："要求在市场竞争中成为优胜者是强加给专利权人
的远远超越了成文法要求的负担。" Studiengesellschaft Kohle v. Eastman Kodak, 616
F. 2d 1315, 1339 (5th Cir. 1980).；"商业上的成功并不是专利法上实用性的标准"，
参见：Imperial Chemical Industries v. Henkel, 545 F. Supp. 635, 645 (D. Del. 1982)。

专利权有效还是无效的判决。❶ 但是，根据我国《专利法》的规
定和执法体制，我国实行双轨制，即专利权效力的确认属于专利
行政管理部门的职权范围，受理专利侵权诉讼的法院仅处理侵权
纠纷本身，不能在侵权诉讼中就专利权的效力问题进行审查。因
此，如果被告在侵权诉讼中提出了专利权无效的抗辩，法院应向
被告释明相关规定和程序，告知被告应当向国家知识产权局专利
复审委员会提出无效宣告请求，而在侵权诉讼中对于抗辩不予审
查。不管在哪一种司法体制下，一般来说，如果发生了侵犯专利
权的情形且侵权行为成立的话，都可以佐证被侵害的专利具有实
用性。这可以从商业上的成功作为实用性的辅助因素的理由中推
论出来。侵权行为的发生和成立，一般即意味着专利权人的发明
创造被在商业上运用，而商业上的运用可以佐证发明本身具有实
用性，所以侵权行为同样可以佐证发明实用性的存在。1817 年，
由著名法官斯托里所审理的 Bedford v. Hunt 一案首开侵权行为的
发生可以作为实用性判断辅助因素之先河。该案涉及的是一项有
关制作鞋子和靴子的方法专利。被告被诉侵权，但被告提出了原
告专利权因缺乏实用性而无效的抗辩。被告认为："该发明没有
实用性。根据经验，该发明没有达到预期的目的，而且这种制作
鞋子和靴子的方法早已落伍。"❷ 换句话说，至少在被告看来，
这项用于制作鞋子的专利方法实施效果不理想，所以（除了被告
之外）市场上没有人会使用。主审法官斯托里拒绝基于缺乏实用
性的理由宣告专利权无效。斯托里法官认为，被告使用原告专利
方法的事实足以说明该方法是可用的，至于专利的实用性程度并
非法院审查的对象，相反，它应该由市场来决定，只要有一项微
小的有益用途，实用性的要求也就被满足了。侵权行为的发生可

---

❶ BRIAN C. REID. A Practical Guide to Patent Law ［M］. 2nd Ed. London：Sweet &
Maxwell 1999：96.

❷ Bedford v. Hunt, 3 F. Cas. 37（C. C. Mass. 1817）.

以反证实用性存在的另一个著名的案例是 1820 年发生的 Kneass v. Schuylkill Bank 一案。在该案中，被告被控侵犯了原告的一项双面印刷纸币的专利权。被告在诉讼中辩称，涉案发明不具有实用性，因此其专利权是无效的。针对被告所提出的发明因无用而不具备可专利性的辩解理由，法庭反问："如果被告所使用的东西正是原告的发明，怎么能够允许说原告的发明是无益处的呢？"❶ 实际上，被告的使用行为本身就是该发明具有实用性的最好证据。一般来说，专利法上的实用性并不要求专利已经在实践中被使用，也不要求发明比之前的技术有更好的效果，但是如果在实践中发生了侵害专利权的行为以至于使上述两点得到了证实，则可以反证实用性的存在。

由于侵权行为的发生与专利实用性之间存在着过于直接的联系，所以美国专利法史上所发生的在侵权诉讼中将对方专利缺乏实用性作为抗辩理由的情况主要是一些早期的案例，后来这种案例就很少能见到了。但是这并不是说只要发生了侵犯专利权的行为就一定预示着受到专利权保护的发明创造具备专利法上的实用性，有两种情况应该属于例外。第一种情况是，所发生的专利侵权行为并不是产业上的。根据专利实用性判断标准中的特定实用性的要求，只适合于作为进一步研究对象意义上的发明创造并不符合实用性的要求。如果被控的侵权行为是一项在研究上使用的行为，并不能由此推定被侵权的发明是有实用性的。根据多数国家专利法的规定，在科学研究的过程中使用他人的专利一般并不构成侵权。例如，我国《专利法》第 69 条第（4）项规定，专为科学研究和实验而使用有关专利的，不视为侵权专利权。1981年德国专利法第 11 条规定："专利授予的权利不应延及涉及专利发明主题的实验使用行为。" 1977 年英国专利法第 60 条规定："行为是出于私人或非商业目的不属于侵权行为；出于实验目的，

---

❶ Kneass v. Schuylkill Bank，14 F. Cas. 748（Cir. Ct. Penn. , 1820）.

而以使用专利物质为条件进行的行为不是侵权行为。"日本专利法第69条规定:"专利权的效力不及于为实验或研究而实施专利发明。"上述各国专利法的规定在学理上一般称为专利侵权的"实验例外"。虽然各国法律规定基本相似,但是对于"实验例外"的解释则存在很大的不同,并且实验例外的适用范围有一种日趋缩小的趋势。不以商业开发为目的的单纯的研究行为不构成侵权是各国无例外的共识,但对于直接指向商业开发目的的实验使用行为是否构成侵权,则存在不同的认识。美国2002年所发生的 Madey v Duke University(杜克大学)一案,严格限制了实验使用例外的适用,对其他国家产生了重大的影响。该案的具体情况是:Madey 曾在杜克大学某实验室从事研究工作,并在该实验室内安装了一些由 Madey 享有专利权的设备。在 Madey 从杜克大学离职后,杜克大学在未经其本人授权的情况下继续使用由 Madey 享有专利权的仪器设备进行研究活动。Madey 以专利侵权为由将杜克大学诉至法院。地区法院以杜克大学"不承担主要以开发专利和商业应用为目的的研发工作",故属于非营利性机构为由,判决 Madey 败诉。但在上诉审中,美国联邦巡回上诉法院推翻了地区法院的判决。美国联邦巡回上诉法院认为,实验使用抗辩是"非常狭窄而被严格限制的",应当被限定在"出于消遣、满足好奇心,或者严格意义上的科学探寻"(for amusement, to satisfy idle curiosity, or for strictly philosophical inquiry)的使用上,而且只要使用是"明确的、可辨识的并且实质上是出于商业目的",那么实验例外抗辩就不再适用。❶ 经由此案,美国专利法上的实验例外原则大为缩小,并必将会对世界范围内大学与产业之间的合作关系产生微妙的影响。❷ 以此案的判决为基础,美

---

❶　Madey v. Duke University, 307 F. 3d 1362 (Fed. Cir. 2002).

❷　郑友德, 金明浩. 从 Madey 诉杜克大学案谈实验使用抗辩原则的适用: 兼论我国大学知识产权政策的调整 [J]. 知识产权, 2006 (2): 50.

国学者将"实验例外抗辩"的构成要件归结为三个方面：（1）出于智力上的好奇和兴趣，对专利发明的纯研究性使用，以检验专利权人对于专利的权利要求是否与说明书一致；（2）研究使用人本身不是专利技术的商业消费者；（3）该行为不能缩小专利权人的销售渠道或者减少其他潜在消费者。❶ 鉴于 Madey 一案对实验使用例外的严格限制，有观点甚至认为该案正式宣告了实验使用例外在美国的死亡。❷ 可见，经由 Madey 一案限制之后，完全可能存在这种情况：受专利权保护的发明并没有真正的实际实用性，其他人出于商业开发的目的而在实验室中寻找该发明的真正用途。可以看出，在这种情况之下，一方面被诉侵权人无法援引"实验例外抗辩"，因为其研究出于商业开发目的；另一方面，专利权人的发明并无实用性，因为该发明除了在实验室中被作为研究对象外，并无实际用途。如果在被控侵权后，被告未将缺乏实用性作为专利权无效的抗辩事由，则其行为很有可能被判构成侵权，而同时原告的专利并无真正的实用性。美国的做法对于包括我国在内的许多国家产生了一定的影响。北京市高级人民法院 2013 年 9 月发布的《专利侵权判定指南》第 123 条规定："专为科学研究和实验而使用有关专利，不视为侵犯专利权。专为科学研究和实验，是指专门针对专利技术方案本身进行的科学研究和实验。应当区别对专利技术方案本身进行科学研究、实验和在科学研究、实验中使用专利技术方案：①对专利技术方案本身进行科学研究实验，其目的是研究、验证、改进他人专利技术，在已有专利技术的基础上产生新的技术成果。②在科学研究、实验过程中使用专利技术方案，其目的不是为研究、改进他人专利技术，而是利用专利技术方案作为手段进行其他技术的研

---

❶ 转引自：张新锋. 药品专利权的 Bolar 例外：从一例专利侵权案探析 [J].
中国发明与专利，2009（4）：60.

❷ 吴玉和，熊延峰. 中美两国有关 Bolar 例外的理论与实践 [J]. 中国专利与商标，2008（3）：3-23.

究实验，或者是研究实施专利技术方案的商业前景等，其结果与
专利技术没有直接关系的行为。该种行为构成侵犯专利权。"所
以，即使 Madey 诉杜克大学一案发生在北京，杜克大学仍会被北
京地区的法院判决败诉。❶ 第二种情况是，在侵权诉讼中，被告
使用原告发明的具体方式是被告本人或者其他人在原告专利被
授权后才开发出来的。也就是说，在专利授权当时，专利权人
的发明并没有特定的实用性，从本质上来讲不应获得专利权，
如在 In re Fisher 一案中所涉及的 5 个 EST 即是如此。在发明被
错误授权后，通过后续的研究行为，授权当时本无实用性的发
明被开发出了具体而特定的用途，那么此时如果被告因为通过
这些后来开发的用途使用该发明的话，即使被判定侵权也不能
够说明被告的发明具有实用性，因为被告对发明的使用方法并
不是专利申请当时已经具备的实用性。相反，由于授权当时该
发明并无具体而特定的实用性，该发明的专利权应被宣布无
效。在实践中，药品专利特别是中成药专利发生这种情况的可
能性很大。因为药品专利的用途具有难以预测的特性，很多药
品专利的实用性在申请的时候都没有被确证，但是审查员又没
有足够的证据进行反证，而后来的证据往往证明申请时所披露
的用途并不存在，相反后续的研发行为发现它有着在申请当时
无法预期的其他用途。

三、其他相关因素

除了商业上的成功和侵权行为的发生这两项主要的辅助因素
之外，关于专利的实用性还存在其他一些有一定参考价值的辅助
因素，只是这些辅助因素在实践中使用的频率更低一些。关于其
他辅助因素的认识不一而足，笔者在此主要选取产生了预料不到

---

❶ 北京市第一中级人民法院知识产权庭. 侵犯专利权抗辩事由［M］. 北京：
知识产权出版社，2011：9 - 10.

的技术效果、本专利在国外授权的情况以及本发明已获奖励的情况等三个方面。下面对这三种辅助因素的内容、价值及其适用条件略作说明。（1）产生了预料不到的技术效果。所谓产生了预料不到的技术效果，主要是指与现有技术相比，发明产生了"质"的变化，具有了新的性能，或者产生了"量"的变化，但是结果超出了人们的预想。❶ 产生了预料不到的技术效果对于创造性的判断参考价值较大，国内外均有许多成功运用的案例，但同时对于判断实用性也有一定的参考价值。因为"技术效果"一语，往往涵盖了实用性中的两项重要内容，即发明创造的技术性以及发明创造的实践性。这两项要件的满足，多意味着实用性的存在。当然，这里的"效果"还必须超出了实验的范畴和严格意义上只能为个人使用的范畴，即还必须能在产业上加以运用，否则不能认定有实用性的存在。例如，上一章在谈到实用性的可信性时所引用的"科学计划生育"方法专利的例子。可以看出，丁大中的发明，如果效果可信的话，确实称得上是产生了预料不到的技术效果，因为千百年来人们都未能解决在自然状态下如何决定生育男孩还是女孩的问题，在理论上也没有人认为通过调整夫妻性生活在时间上的规定性就可以达到上述目的，堪称效果完全超出了人们的预料（所以根据笔者的观点，其发明的实用性是不可信的）。但是由于丁大中的"发明创造"只能在严格的个人生活范畴内使用，所以并不符合产业应用性的要求，即使发明本身产生了预料不到的技术效果，也不足以佐证有专利法上实用性的存在。（2）本专利在外国授权的情况。根据学理上公认的知识产权的地域性以及《保护工业产权巴黎公约》所规定的"专利独立原则"，各国在专利权的授予上是彼此独立的，任何一个国家对一项发明创造授予或不授予专利对其他国家的审查行为都没有法律上的约束力，哪怕是同族专利也不例外。虽然从

---

❶ 冯晓青，刘友华．专利法［M］．北京：法律出版社，2010：115.

法理上来讲，外国的专利授权情况并不影响本国关于是否应授予专利权的判断，但是考虑到世界上绝大多数国家都参加了具有全球统一性的《保护工业产权巴黎公约》和 TRIPS，在专利授权条件上适用基本相同的规则，所以一国所作出的是否授权的结论及其理由对其他处在同一公约管辖下的国家还是有参照力的。实践中已经发生了在创造性的判断中，考虑其他国家授权情况的案例。❶ 笔者认为，关于实用性的判断也应该适用完全相同的规则。当然，由于关于实用性判断标准的历史传统不同以及对实用性标准高低程度把握上的不同，对同一件专利的实用性判断依然可能得出不同的结论，❷ 所以一国的判断对其他国家仅有参照力，特别是在采用工业应用性标准和采用实用性标准的国家之间。（3）本发明已获奖励的情况。为了激励科学技术的进步，各国均存在对科技成果进行奖励的制度和实践，尤以我国为甚。获得科技进步奖励，往往代表了官方或其他社会团体对一项发明创造的认可，一般也可以对发明创造实用性的存在提供参考。在实践中，已经发生了对于专利创造性的判断考虑获奖情况的案例，❸ 虽然对于获奖的参考价值的大小并没有统一的认识。但是需要提醒的是，无论是官方的奖励还是民间的奖励，对科技成果进行奖励的种类是多样的，并非所有奖励对实用性的判断均有参考价值，更不是有着相同的参考价值。例如，我国政府

---

❶　参见：石必胜. 专利创造性判断研究［M］. 北京：知识产权出版社，2012：354.

❷　Human Genome Sciences 公司的一项关于 Neutrokine－α 蛋白的基因序列编码技术的发明在美国因为缺乏实用性被驳回，但是在英国却被授权。参见：萧海. 英国专利判例：凸显欧美在工业实用性要求上的差异［J］. 中国专利与商标，2012（1）：66－66.

❸　中国的案件参见于春国与国家知识产权局专利复审委员会、哈尔滨市中强铝塑复合保温门窗制造有限公司实用新型专利权无效行政纠纷案，北京市第一中级人民法院（2003）一中行初字第 31 号行政判决书。美国案例请参见：In re Beattie，974 F. 2d 1309，1313（Fed. Cir. 1992）。

以国家名义对科技成果的奖励就区分为国家最高科学技术奖、自然科学奖、技术发明奖、科技进步奖和中华人民共和国国际科学技术合作奖五大类。其中国家最高科学技术奖和中华人民共和国国际科学技术合作奖针对人而非针对事，所以对于判断具体发明的实用性几乎没有价值。国家自然科学奖由于在授奖时只考虑理论上的价值，针对科学发现而非发明，授权对象本身就不符合专利客体的要求，所以其与实用性之间的联系也很疏远，难有参考价值。但技术发明奖和科技进步奖在授奖时重点考虑了特定科学技术成果在生产实践中的价值，有时甚至重点考虑了已经实际产生的经济和社会效益，所以一般能佐证获奖发明的实用性。所以，一项发明的获奖情况对于其实用性判断有无参考价值，重点要看对该发明授奖时的考量因素中是否包括了与判断实用性相一致的事实因素。从总体上来看，由于其他相关因素与发明创造的实用性的联系相对较为疏远，并因应具体因素和个体案件而有较大的不同，所以在适用时应十分谨慎，只能作为判断标准的佐证因素。

第二节　实用性审查中的程序和证据问题

作为知识产权法的组成部分之一，专利法从属于知识产权法的一般属性，在性质上属于私法，专利权属于私权。但专利权又不同于普通的私权，甚至与知识产权中的其他权利形态也存在一定区别，这主要源于和表现为专利权所具有的强烈的行政赋权禀性，或者称之为专利权的法定性特征。❶ 由于发明创造与公共利益关系甚密，为了有效保护公共利益不被侵蚀并兼及与专利权人利益的平衡，各国对以专利形式所表现出来的对发明创造的垄断权均采取了行政赋权的做法。即使在理论上将专利权视为财产

---

❶　冯晓青，刘友华．专利法［M］．北京：法律出版社，2010：3．

权、自然权利，甚至天赋人权的国家，也从未允许专利权像著作权那样可以被自动获取，虽然专利法上存在着一种取得专利权的权利在今天已成为各国的共识。专利权必须经由行政赋权而不能自动获取的原因是多方面的，其中之一是国家通过对行政自由裁量权的运用，在专利授权的过程中执行和实现国家的科技政策，从而使得专利授权实践尽量与国情相一致，最大限度地发挥专利制度对经济发展、社会进步的贡献。在一个法治社会或者以法治为建设目标的社会里，基于行政法治或者法治政府的考量，行政权的运用就不可能是毫无约束、毫无节制的。虽说授予专利权的行政行为会有一定的甚至是必需的自由裁量因素，但按照一定的法律程序运用行政权力同样十分重要。为了规范行政授权行为，各国专利法和专利审查指南均规定了比较详尽的行政程序。这种程序不仅体现在专利审查环节，还表现为授权后的无效宣告程序等多个方面，从而使得专利法表现出了比较明显的实体法和程序法相结合的特色，❶ 据此而与其他普通私法有显著区别。

实用性审查是专利实质审查的重要一环，虽然要遵从专利审查的一般程序和规则，但同时也呈现出一些自己的特点。这些特点既有纯程序方面的，也有与程序密不可分的证据运用方面的。为了帮助审查员准确、科学、高效地进行专利实用性的审查，以充分实现知识产权法的正义和效率价值，实有必要对实用性审查中的程序和证据问题进行专门研究，以总结出一套科学合理的程序规范和证据规则。不无遗憾的是，我国专利法和专利审查指南虽规定了专利审查的一般程序，但对于专利实用性审查中应存在的特殊性程序尚付之阙如，更遑论实用性审查中的特殊证据规则了。程序和证据规范的缺失，导致实用性审查程序上的不规范性和结论上的不可预知性，损害了专利法应有的清晰性、严密性和

---

❶ 冯晓青，刘友华. 专利法 [M]. 北京：法律出版社，2010：10.

可预知性等形式道德品质。❶ 美国的专利审查程序手册对实用性审查所特有的程序和证据运用问题作出近乎细节性的规定，对完善我国实用性审查颇具借鉴价值，是本节研究内容和研究结论的一项十分重要的资料和思想来源。

一、实用性审查中的行政程序

在我国，专利审查被视为是专利行政部门所作出的一项具体行政行为。以行政主体对行政法规范的适用有无灵活性为标准，行政行为被区分为羁束行政行为和自由裁量行政行为。羁束行政行为是指行政主体对行政法规范的适用没有灵活性的行为，而自由裁量行政行为则是指行政主体对行政法规范的适用有灵活性的行政行为。需要特别注意的是，羁束行政行为与自由裁量行政行为的分类是以行政行为受行政法规范的约束程度为标准的，而不是以行政主体对事实的认定是否具有灵活性为标准的，就事实的认定而言，两类行政行为都具有灵活性。❷ 羁束行政行为与自由裁量行政行为区分的意义在于，对羁束行政行为的评价只存在合法性的问题，而对自由裁量行政行为的评价还存在进一步的合理性问题。由于专利法对于专利实用性的规定具有很强的原则性，专利审查指南对于实用性判断标准的描述也是开放性的，所以总体来看关于专利实用性审查的规定，法律的软约束多于硬约束，审查的标准具有很大的弹性，且实用性审查主要是一种对特定事实的确认，所以专利实用性审查行为属于一种自由裁量的行政行为。自由裁量的行政行为并不意味着不接受行政法规范的约束，相反，它更应在精神上遵守行政法规范。为了扩大公民参政权行使的途径、保护行政相对人的利益、提高行政效率以及监督行政

❶ 参见：胡波. 专利法的伦理基础 [M]. 武汉：华中科技大学出版社，2011：136－142.

❷ 姜明安. 行政法与行政诉讼法 [M]. 北京：北京大学出版社，高等教育出版社，2007：180.

主体依法行使职权，任何行政权力的行使都要遵循公开原则、公平公正原则、参与原则和效率原则等行政程序的基本准则。❶ 专利实用性的审查仍应遵守以行政程序一般原则为基础制定的专利实质性审查的三项通用原则：（1）请求原则。指除专利法及其实施细则另有规定以外，对专利实用性的审查程序只有在申请人提出实质审查请求的前提下才能启动。并且，审查员只能根据申请人依法正式呈请审查的申请文件进行审查，不得擅自扩大审查范围。这是由专利权的私权属性所决定的。（2）听证原则。指的是在对专利实用性所进行的实质审查过程中，审查员在作出最终的驳回决定之前，应当给申请人提供至少一次针对驳回决定所依据的事实、理由和证据陈述意见或修改申请文件的机会。这样做有利于保证申请人的正当权益并减少审查员可能产生的主观偏见。这是由公平原则和参与原则所决定的。（3）程序节约原则。指的是在对发明专利申请进行实用性审查时，审查员应当尽可能地缩短审查过程。但是需要指出的是，无论程序如何节约，都不得省略请求原则和听证原则所赋予申请人的最基本的权利保障程序。这是由行政效率原则所决定的，也是为缓解日趋严重的审查积案所必需的。专利审查的行政程序不仅是一种工作的方法和步骤，当中还包含了大量的关于专利行政机关和行政相对人权利和义务的规定，程序的本质是对权利的配置。严格遵循审查程序，特别是尊重相对人所享有的程序权利，是保障相对人利益和审查科学有效进行的不可或缺的基础。美国学者威廉·道格拉斯就行政程序的价值曾评价道："行政程序法分别了依法而治与恣意而治，坚定地遵循严格之程序保障是我们在法律之下平等正义之保证。"❷ 根据我国现行专利法规的相关规定，结合美国专利审查

---

❶ 姜明安. 行政法与行政诉讼法［M］. 北京：北京大学出版社，高等教育出版社，2007：370－380.

❷ 转引自：王学辉. 行政程序法精要［M］. 北京：群众出版社，2001：28.

指南中有关专利实用性审查的程序内容，笔者认为，专利实用性的审查应该包括如下几个方面的程序步骤，其中程序性的权利义务配置也如下所述。

（一）关于实用性的初步审查

毫无疑问，专利必须具备最起码的实用性，所以为申请专利保护的发明创造至少披露一种实际用途是专利申请人的义务。在 In re Bremner 一案中，美国海关和专利上诉法院说道："我们确信，法律要求专利申请应声明其发明的实用性，并指出其有用性或潜在的有用性的迹象。"❶ 据此，美国海关和专利上诉法院认为，如果说明书没有清楚地描述产品具有的实用性以及"该产品可以被用于什么用途"（what use of the product may be made），即使具备新颖性并且该产品被充分描述，该产品及其制造方法也是不可专利的。❷ 所以，在对实用性进行审查的过程中，首先就要看申请人在权利要求或作为支撑权利要求的说明书中是否为其发明披露了一种用途。如果披露了至少一种用途，则还要审查该用途是否符合专利法关于实用性判断标准的要求，特别是其中的特定实用性和本质实用性的要求，因为这两项标准常常是实用性判断的焦点所在。虽然申请人为其发明特别是产品发明披露数种用途是很常见的，也是合乎情理的，但是只要申请人所披露的用途中有一种或一种以上的用途符合了实用性判断的标准，就不得因为缺乏实用性的理由驳回申请，哪怕其余的关于实用性用途的描述并不符合实用性标准。美国海关和专利上诉法院在一则关于某种抗生素的实用性的案件中曾说，如果已经发现该抗生素在某些方面是有用的，那么就不必再去细究说明书中为其披露的其他用途是否真正存在。也即是说，如果申请人为其发明披露了一种符合法律要求的可信的实用性，整个发明所需要的实用性就已经被

---

❶ In re Bremner, 182 F. 2d 216（CCPA 1950）.

❷ 徐棣枫. 专利权的扩张与限制 [M]. 北京：知识产权出版社，2007：206.

完全满足了。❶ 还需要注意的是，在审查申请文件所披露的实用性的时候，一般应该信赖申请人对实用性的披露是符合要求的，不得轻易或武断地得出实用性不符合法定标准的结论。专利的实用性可能是多方面的，不同的人对同一项发明实用性的观察角度可能是不一样的，据此得出的结论可能是不同的，所以审查员一般应该特别关注和接受申请人关于其发明为什么被视为有用的特别理由。❷ 例如，第 5457821 号美国专利是一项被称作"具有像煎蛋一样外形的帽子"（hat in the shape of a fried egg）的产品发明。这项发明是申请人根据煎鸡蛋所特有的外形设计出的一顶黄白相间、中央凸起、周围多褶皱的帽子。由于担心其实用性可能遭到审查员的质疑，申请人在说明书中将该发明的实用性描述为：该发明的使用（带上这样的帽子）可以在诸如商品展销会、商业谈判等活动中吸引相对方的注意力。可以看出，申请人为其发明所找到的用途堪称别出心裁，但却又在情理之中，审查员信赖了申请人所给出的特别理由，作出了授予专利权的决定。如果申请人没有为其发明披露任何实用性，并不意味着其发明没有实用性，更不能基于没有披露实用性的理由直接驳回申请，此时审查员有义务审视该发明是否存在业界公认的实用性（Well‒established Utility）。所谓公认的实用性是指，根据发明自身的特征，本领域技术人员能够直接领会到为什么该发明是有用的，也就是说，该发明的实用性具有直观性、显而易见性。机械和电子领域内的发明往往具备公认的实用性，很少有因为缺乏实用性被驳回的情况。❸ 如果一项发明具有公认的实用性，那么在专利申请文件中披露这种实用性就不是必需的，实际上很多与日常生活有关的发明的实

---

❶　USPTO. Manual of Patent Examining Procedure. Rev. 9, August, 2012, p. 2100 ‒2132.

❷　USPTO. Manual of Patent Examining Procedure. Rev. 9, August, 2012, p. 2100 ‒2126.

❸　JANICE M. MUELLER. An Introduction to Patent Law ［M］. New York：Aspen Publishers, Inc. , 2006：196.

用性都具有公认性，是可以在申请文件中省略的。省略对公认的实用性的披露，不违反专利法关于实用性的要求，不得因为缺乏实用性的理由驳回申请。❶ 同时，申请人对于其发明所披露的实用性一般不得被视为不可信或者不准确，应该首先推定其可信和准确，然后在此基础上展开审查，直到有足够的证据和理由反驳这种推定，才可以发出实用性不符合法定要求的审查意见。❷

（二）发出不符合实用性要求的初步审查意见

经过对实用性的初步审查，如果申请人所披露的实用性不符合法定的实用性标准，并且也未发现发明具有公认的实用性，则审查员应该向申请人发出初步审查意见，要求申请人答复其发明的实用性以及该实用性在申请文件中的具体支撑材料。同时，如果申请人对其发明实用性的披露被认为是不可信任的，则同样要向申请人发出要求其作出进一步解释的审查意见。一般情况下，申请人对实用性的披露应该被假定为是可信的，除非（A）关于实用性的陈述存在严重的逻辑缺陷；或者（B）实用性陈述所依据的事实与实用性陈述所内含的逻辑性之间不一致。❸ 在具备了上述任一点的情况下，如果申请人没有提供相反的知识教导，根据本领域目前所存在的知识状况，以本领域普通技术人员的主观标准来综合审视申请人所提交的全部证据材料和逻辑推理过程，看能否得出该发明的实用性是不可信任的结论。如果得出实用性不可信的结论，审查员应该发出申请不具备实用性的初步审查意见。审查意见应该详细说明实用性不存在的理由，并应该附有相应的证据，而不能仅仅得出实用性不存在的结论。审查员所作出的实用性不存在的初步

---

❶ In re Folkers, 344 F. 2d 970 (CCPA 1965).

❷ In re Langer, 503 F. 2d 1391 (CCPA 1974).

❸ USPTO. Manual of Patent Examining Procedure. Rev. 9, August, 2012, p. 2100 - 2134.

审查意见在其完整性上必须构成一项表面证据（Prima Facie）。❶ 为了构成一项表面证据，审查员关于不具备实用性的初步审查意见必须包含如下内容：（1）对得出该发明创造没有专利法上的实用性的推理过程的清晰阐释；（2）用于支撑上述缺乏实用性的结论的事实依据；（3）对所有相关证据记录的评价，包括最接近的现有技术对实用性的教导。❷ 而且审查员关于申请不具备实用性的理由不得仅仅基于申请人在申请书中所作出的实用性陈述本身，还必须得提供其他的理由和证据。实用性不存在的理由在实践中往往都是与现有的公知自然规律或科学原理相违背，也就是不具备专利实用性所要求的可实施性。例如，一项申请号为 200610007203.9、名称为"解析雷暴云起电机理的日光云室"的发明专利申请就因为缺乏可实施性被驳回。该申请的权利要求为：一种气象学使用的云室，它是由排雾口、验电器等组成的，其特征在于：日光云室安装在太阳光聚光器的焦点。从该申请说明书记载的内容可知，本发明所依据的理论是申请人所推测的气体、液体也能产生"光电效应"，雷暴云中产生了强烈的光电效应，所以其发明的目的可以达到。稍具物理学常识的人们都知道，申请人所依赖的理论不是公认的、没有物理学上的理论基础，而且申请人所提出的理论也没有经过严密的逻辑推导，同时也没有提供任何实验数据或者记录，并且明显不符合公认的"光电效应是指光射到金属上，有电子从金属表面逸出的效应"这一自然法则，致使该权利要求所保护的技术方案不可信并且无

---

❶　据布莱克法学辞典，"表面证据指的是在表面上是真实的和足够的证据。依据法律规则，这种证据足以对形成诉讼一方当事人的请求或抗辩的某种事实或一组或一系列事实进行证明，而且不经反驳或不与其他证据相矛盾，就是充足而有效的。如果不经解释或反驳，就足以使得法官作出支持该证据所支持的观点的判决。但是，该表面证据仍然可以被其它证据所驳斥。" Black's Law Dictionary [M]. 6th Ed. Eagan: West Publishing Co., 1990: 1071.

❷　USPTO. Manual of Patent Examining Procedure. Rev. 9, August, 2012, p. 2100 – 2125.

法实现，所以在初步审查意见中得出了该发明不具有实用性的结论。

（三）申请人对审查员的初步审查意见作出答复

如果审查员根据专利法和专利审查指南的规定作出了发明不具有实用性的初步审查意见，并且该意见构成了一项表面证据，则申请人有义务作出相应的答复。如果申请人没有按照要求作出任何回复，其申请将被认为自动撤回。在答复申请不具备实用性的审查意见的时候，申请人可以综合运用以下几种方式：修改权利要求，修改发明的理论依据或推理过程，或者提交专利法所允许的证明实用性存在的新证据。❶ 申请人所提交的新证据必须与审查员所提出的实用性疑问直接相关。如果申请人所作出的答复没能在其实用性结论和证据之间建立起联系，或者仅仅是表达了申请人的立场，那么这种答复在推翻初步审查结论方面仅具有十分有限的证明价值。我国当前审查实践中没有规定新证据在实用性审查中是否应当考虑以及如何使用。对此，有人提出了这样的建议："首先，在专利审查指南层面予以规定。例如，在审查判断申请的实用性时，应当考虑申请日后证据。证明发明或实用新型不具备实用性的证据不管其是在申请日前，还是申请日后均应当予以考虑，因为不具备实用性的事实理应不会随时间而改变。其次，对于具体的判断规则，应依据个案而定，具体应当考虑诸如证据的性质等。比如，对于申请日后证据证明发明已经实施的客观事实的，应当予以采纳并证明发明具备实用性，以及对于申请日后证据表明发明原本不具有实用性（主要涉及无再现性、违背自然规律两种情形）的客观事实的，应当予以采纳并否定发明的实用性。"❷ 笔者认为，上述看法存在重大缺陷，新证据在判

---

❶ USPTO. Manual of Patent Examining Procedure. Rev. 9, August, 2012, p. 2100–2136.

❷ 欧阳石文. 申请日后证据在专利审查中的应用研究 [M] //魏保志. 专利审查研究2009. 北京：知识产权出版社，2011：81.

断实用性时与判断其他可专利性要件时的作用是基本一致的，被允许使用的新证据的范围应当是相当有限的。重新提交的用于证明实用性的新证据一般应为申请日之前已经存在的证据或申请日后制作的用于证明申请日前已经存在的事实的证据。如果申请人所提供的证据是申请日后形成的用于证明申请日后才发生的与实用性有关的事实的证据，一般并不符合专利法关于证据的要求。这是因为，完全有可能在申请当时该发明并无实用性，出于"跑马圈地"、占领新技术制高点的需要，申请人先行提出了专利申请而后由申请人或其他人开发出了该发明的实际用途，此时的实用性及其证据并不符合专利法关于以申请日为时点判断可专利性的规定，故该等情形下的新证据不可采信。从证明对象的角度来看，可以接受的判断实用性的新证据，只能是用于证明在申请日当时该发明具备公认的实用性的证据，或者是用于证明申请人已经在申请文件中披露的实用性可信的证据；在发明没有公认的实用性并且申请人在申请时也没有披露任何实用性的情况下，用来证明在申请日即存在申请人本应予披露的实用性的新证据，一般都不可接受。当然，提出新证据是申请人的权利，是否需要提出新证据完全由申请人自行决定，审查员不得强制要求提供新证据。在申请人没有提供新证据，仅仅作出了解释和说明的情况下，审查员应该基于目前所有的证据作出实用性是否存在的最后判断。

（四）审查员作出最后审查决定

如果申请人对审查员的初步审查意见按照规定进行了答复或者提交了新的证据，审查员有义务基于新的理由或者证据，重新审视正反两方面的理由及其证据，充分考虑和回复申请人在答复中提出的每一项实质性的意见，据此作出最后审查决定。只有在总体上，发明实用性不符合法定要求或者是不可信的可能性大于可信的可能性时，审查员才能维持不具有实用性的初步审查意见。就此最后决定程序，美国法院在一则判例中说道："如果申请人对于业已构成表面证据的初步驳回意见进行了答复，审查员应该重新审视申请人最初的实用性陈述、使初步驳回意见构成表面证据案件所依赖的所有证据、（申请人）对权利要求的所有修正，以及申请人所提供的用于支撑实用性的一切新的证据或推理。针对申请人在对缺乏实用性初步驳回决定的答复中提到的每一项实质性意见，审查员有义务去认识、充分考虑和作出回复。只有所有证据记录在总体上依然显示，实用性陈述是非特定的、本质的和可信的，以缺乏实用性作出的初步驳回决定才能被维持。如果根据所有的证据记录，本领域普通技术人员倾向于认为，专利申请实用性的可能性大于不可能性，则审查员不应该维持最初的驳回决定。"❶ 当然，在作出最终驳回决定之前，可能还会存在一个在审查员和申请人之间反复交流意见和证据材料的过程，以真正弄清楚发明的实用性是否存在，但无论如何不应久拖不决，应该尽早在合适的时间结束交流并作出最后审查决定。

二、实用性审查中的证据问题

专利审查的过程就是一个运用证据决定发明创造是否具有可专利性的过程，专利审查中所作出的任何结论都必须得有证据上的支持，以使其能够经得住检验。所以，虽说专利审查是一项具体的行政工作，但是由于其具有一定程度上的准司法性，如何运用证据的制度显得尤为重要。❷ 我国《专利审查指南 2010》对无效宣告程序中的证据问题作出了相应的规定，但对于专利审查中所涉及的证据问题并没有规定，这给专利审查工作带来了一定的困惑和不便。与新颖性和创造性审查相比，实用性审查在证据方面还有自己的特殊之处，因此研究专利的实用性问题难以绕开实

❶ In re Rinehart, 531 F. 2d 1048, 1052（CCPA 1976）.

❷ 郑永锋. 民事诉讼证据制度在专利审查中的应用 [J]. 知识产权，2001，11（2）：30 – 33.

用性审查中的证据问题。实用性审查中的证据问题主要包括举证责任的分配、证明标准的确定以及证据的认定等三个方面的内容。

(一) 举证责任的分配

举证责任的分配是诉讼活动中的一个重要环节。专利审查是一种行政行为，本无举证责任分配的问题。但考虑到专利审查行为的可诉性，在专利审查的过程中就模拟诉讼中举证责任分配的要求去配置审查员和申请人各自的证明责任，可以使专利审查的过程更加规范、专利审查的结论更为合法有据，所以有必要在专利审查环节即讨论和确定举证责任的问题。相反，如果在专利审查的过程中专利行政机关不能正确分配举证责任，一旦进入行政诉讼，专利行政机关就会面临败诉的风险。从这个角度来讲，专利审查机关应该随时将自己置身于假想的诉讼过程中，正确定位自己的角色，科学合理地分担举证责任，以防患于未然。❶ 一般认为，举证责任包括两个方面的含义：一是当事人在具体的诉讼过程中为了避免败诉的危险而向法院提供证据的必要性，或称主观上的举证责任；二是指在法庭辩论结束之后，当事人因要件事实没有得到证明而要承受败诉的法律后果，或称客观上的举证责任。❷ 因为专利审查可能引发的诉讼性质上属于行政诉讼，遵从行政诉讼的规则和程序，所以进一步弄清楚行政诉讼中的举证责任十分重要。所谓行政诉讼中的举证责任是指由法律预先规定，在行政案件的真实情况难以确定的情况下，由一方当事人提供证据予以证明，如提供不出证明相应事实情况的证据，则承担败诉风险及不利后果的制度。❸ 可以看出，行政诉讼中的举证责任与

---

❶ 郑永锋. 民事诉讼证据制度在专利审查中的应用 [J]. 知识产权, 2001, 11 (2): 30 - 33.

❷ 陈卫东，谢佑平. 证据法学 [M]. 上海：复旦大学出版社, 2006: 347.

❸ 姜明安. 行政法与行政诉讼法 [M]. 北京：北京大学出版社，高等教育出版社, 2007: 522 - 523.

一般诉讼意义上的举证责任的核心内涵是完全一致的，只不过在具体的责任分配上，行政机关承担证明具体行政行为合法的主要责任。

　　由于专利申请人在专利申请文件中对于实用性的披露具有推定适法的效力，所以当专利局在初步审查中质疑这种实用性的合法性和可信性时，则负有最初的举证责任。专利局不能仅仅提出对于发明实用性的质疑，然后让申请人来否证这种质疑，相反，专利局必须为其主张承担最初的举证责任，以使其主张达到表面上的确证。美国法院在一则判例中说道："为了证明发明在表面上的不可专利性，专利局负有以现有技术或其他任何证据为基础承担初步举证责任的义务。只有当专利局的这一义务完成，提出进一步证据或理由的责任才能转移至申请人。如果在最初的审查过程中，审查员得出的发明不具有可专利性的结论在证据上未能达到表面证据案件的要求，则在无须采取任何进一步行为的情况下，申请人即有权获得对其发明的专利授权。"❶ 当专利局举证证明了发明缺乏实用性或申请人的实用性陈述不可信时，提供进一步证据的责任则转移到了申请人一方。此时，专利局可以基于申请人关于实用性的陈述是不可信的或者是误导性的等理由，要求申请人提供进一步的证据。美国联邦巡回上诉法院在分配实用性的举证责任时，采取了一种两步测试法：首先，专利局必须提供证据"显示本领域普通技术人员对（申请人）所宣称的实用性产生合理性怀疑"；其次，在专利局完成了上述举证责任之后，举证负担才转移至"申请人，由其提供足以说明该发明实用性的反驳证据"。❷ 在一则案例中，美国专利商标局基于目前的现有知识来看癌症是不可治愈的，并且申请人未能为其发明（一种宣

---

❶　Fregeau v. Mossinghoff，776 F. 2d 1034（Fed. Cir. 1985）

❷　DAVID G. PERRYMAN AND NAGENDRA SETTY. The Basis and Limits of the Patent and Trademark Office's Credible Utility Standard ［EB/OL］. http：//digitalcommons. law. uga. deu/jip/vol2/iss2/3.

称可以治愈癌症的新药）提供任何临床数据证明其所宣称的实用性，驳回了一项专利申请，该驳回决定得到了法院的确认。❶ 如果申请人按照专利局的要求重新完成了举证责任，以至于使审查员的初步审查意见被推翻，则如果专利局对申请人在表面上已经成立的答复意见提出新的质疑，专利局又将面临新一轮的举证责任的发生。就这样，举证责任在专利局和申请人之间可能来回多次，直到审查员作出了最后的决定。

（二）证明标准的确定

在厘清了举证责任的归属之后，随之而来的便是证明标准的问题，也就是说负有举证责任的一方需要将待证事实证明到什么程度才算是完成了自己的证明义务，从而才能免遭败诉的风险并将反证的责任推向对方。在证明标准的问题上，有一个长久争议的问题，即通过对证据的运用所要达到的和所能达到的究竟是"客观真实"还是"法律真实"。"从哲学上来讲，时间的不可逆性决定了任何事实都无法恢复其原始状态。"❷ 所以，运用证据所能得到的只能是一种"法律真实"，"客观真实"永远只能是人们追求的一种理想状态，如果说它有什么价值的话，在笔者看来，它有助于引领人们不断地把"法律真实"推向深入，使其结论更能经得起推敲和辩驳。就二者的关系有学者打了一个非常恰当的比喻："客观真实"是诉讼的旗帜，是自然法的要求与境界，而"法律真实"是诉讼的标杆，是实定法的标准与状态，在诉讼中两者不可或缺。❸ 有学者就刑事诉讼中的证明目标评价道："在刑事诉讼中，不存在超越于法律之外的客观事实，所有的事实必须进入刑事程序之中的证据的基础上，并且依照法定的程序推论出来，而在法律规定的机制和标准上得出关于事实的结

❶　In re Citron，325F. 2d 252（CCPA 1963）.

❷　顾培东. 社会冲突与诉讼机制［M］. 成都：四川人民出版社，1991：91.

❸　龙宗智，何家弘. 刑事证明标准纵横论［M］//何家弘. 证据学论坛：第4卷. 北京：中国检察出版社，2002：143-176.

论，这也就是法律事实。"❶ 其他性质的诉讼程序也同其道理。在运用证据对专利实用性进行审查的过程中，由于审查行为总是发生在审查时点（申请日）之后，属于对既往事实的认定，所以审查员对实用性所得出的也是一种"法律真实"的结论。完全有可能一项申请被审查员认定为具有实用性，但是后来进一步的证据证明该实用性并不存在，当然也可能存在完全相反的情况。这很大程度上是由于审查员一般只是对申请人所提交的证据材料进行审查，并不要求当事人实际演示其发明，所以得出的结论自然也只能是一种"法律真实"，特别是当对实用性的认定是按照"结构类似，则功能相似"的判断规则推论出来的时候。

关于证明标准，不同性质的诉讼存在着不同的标准，甚至同一性质的诉讼在不同的阶段都存在不同的标准，即呈现出一种多元多层次的证明标准体系。❷ 在英美法上，传统的观点是，民事诉讼的标准是"盖然性占优势"标准，刑事诉讼的标准是"排除一切合理怀疑"的标准。刑事诉讼中的证明标准明显高于民事诉讼中的证明标准，其采取较高标准的根本目的是充分保障人权。我国的诉讼理论基本上接受了英美法上的证明标准理论，即刑事诉讼坚持排除合理怀疑的标准，而民事诉讼和行政诉讼坚持盖然性占优势的标准。❸ 专利审查可能面临的是行政诉讼，所以审查中所坚持的证据标准和行政诉讼相一致，即所谓的"盖然性占优势"的标准。也就是说，在专利审查的过程中，看申请人和审查员双方所提供的证据谁的证明力更大，谁的主张就可以获得最终成立。至于主张得到支持的一方证明力需要比对方大多少，一般并没有特别的限制，有学者就此评论道："证明的盖然性占优势的一方可以胜诉，哪怕只是百分之五十一对百分之四十九的

---

❶ 龙宗智，何家弘. 刑事证明标准纵横论 [M] //何家弘. 证据学论坛：第 4 卷. 北京：中国检察出版社，2002：214.

❷ 陈光中. 证据法学 [M]. 北京：法律出版社，2011：353 – 355.

❸ 陈卫东，谢佑平. 证据法学 [M]. 上海：复旦大学出版社，2006：309 – 319.

微弱优势。"❶ 美国海关和专利上诉法院在一则案例中说道："申请人没有义务将实用性证明到排除合理怀疑的程度",❷ 同时"申请人也不必提供证据将实用性证明到统计上的完全确定性"。❸ 也就是说,美国海关和专利上诉法院在判例法中否决了排除合理怀疑标准和高度盖然性标准在专利审查中适用的可能性,至少对申请人一方来讲是这样。美国专利商标局在审查指南中规定,就证据总体而言,只要本领域普通技术人员认为实用性存在的可能性大于不可能性,申请人所提供的用于证明实用性的证据即为满足,❹ 可以认为是旗帜鲜明地采纳了盖然性占优势的证明标准。

（三）实用性证据的认定

我们首先来讨论一下认定专利实用性存在所需要的证据的数量和质量方面的规定性。正如美国专利商标局所言,由申请人所提供的用以证明实用性存在的证据,在其证据的数量和证据的品格（amount or character of evidence）方面并没有预先的规定性。用于证明实用性的证据数量和证据品格取决于两个方面的因素:一是权利请求的具体内容,二是看申请人所陈述的实用性是否与公认的科学原理和科学认知相悖。当申请人所陈述的实用性与公认的科学原理或认知直接相悖时,申请人欲使其实用性陈述被接受,可能需要提交更多、更有说服力的证据,有时甚至必须通过一定方式直接展示其发明的实用性。如被判定为永动机类的发明,除非能通过直观的展示证明其实用性,否则关于其实用性的任何陈述都将被认定为是不可信的。还有一类是所谓的开创性发明,由于没有任何先前的资料可供参考,一般也需要申请人直接

---

❶　兼子一,竹下守夫. 民事诉讼法［M］. 白绿铉,译. 北京:法律出版社,1995:101.

❷　In re Irons, 340 F. 2d 974, 978（CCPA 1965）.

❸　Nelson v. Bowler, 626 F. 2d 853, 856 – 57（CCPA 1980）.

❹　USPTO. Manual of Patent Examining Procedure. Rev. 9, August, 2012, p. 2100 – 2137.

展示其发明的实用性。例如，1937 年美国人切斯特·卡尔森（Chester Carlson）发明了静电复印机，引发了一场复印技术的革命。但是在其申请专利时却遇到了如何向审查员展示其发明实用性的困难。因为先前从未有过类似的技术，甚至没有过对类似技术的设想，所以对其发明只进行理论上的描述显然是不够的。1937 年 10 月 18 日，卡尔森就为他的发明设想提出了专利申请，但是当时并没有制造出想象中的复印机模型。为了形成一整套的想法和程序，记录失败的过程对于专利申请而言甚至是不可或缺的，于是他找了多位证人对其实验过程的记录进行签名认证。同时，卡尔森还利用大量时间为其设想制作出了一台完整的模型机。经过几百次的实验及现场演示其发明的可行性，卡尔森终于在 1942 年 10 月 6 日获得了专利号为 2297691 的美国专利。❶ 当然，对于绝大多数的发明创造而言，由于多属于改进性发明，且一般与现有技术之间不存在逻辑上的断点，所以一份完整的专利说明书即为满足，并不需要制作模型以展示其实用性，甚至都不需要具体的实验数据。关于证据质量的要求，一般指的就是证据要符合客观性、关联性与合法性的要求。由于关于证据"三性"的要求与诉讼法对证据的一般要求之间并无不同，故本书不再赘述。

接下来让我们再讨论一下实用性证据的具体认定问题。对申请人所提出的有关发明实用性的证据和理由的认定，类似于法官在诉讼过程中对于证据的认定过程，一般来讲包括审查员的自由心证以及对推定规则的运用两个方面。所谓的自由心证是指，法官通过斟酌证据调查结果和辩论全趣旨，以当事人在诉讼过程中出现的一切情形作为心证资料，遵循经验法则，判断待证事实存

---

❶ 戴吾三，等．影响世界的发明专利 [M]．北京：清华大学出版社，2010：537.

在与否的认证过程。❶ 自由心证包含两个方面的含义："一是法官在根据证据资料从事事实认定时，能够不受法律上的约束而进行自由判断；二是法官通过对证据资料的自由判断，达到了确信的证明程度才能认定案件事实。"❷ 自由心证就是依靠法官的主观意识与经验知识来对事实"碎片"进行必要的挑选与组合，以最终确定民事纠纷事实的过程。❸ 自由心证是法官行使司法自由裁量权的体现，是由客观事实无从被完全重现的现实条件所决定的。同样，在专利审查的过程中，专利审查员在审查证据行使自由裁量权时，可以遵循自由心证的原则，凭借自己的理性、良知和经验自由地对证据作出判断，并依照证据判断的结果作出审查决定。特别是在待证事实不明确的情况下，允许审查员自由心证更为不可缺乏。例如，对携带中药有效成分的磁、电产品发明专利申请之实用性的审查即是如此。这类产品的作用机理是将中药成分加入到磁、电产品中，利用电、磁的场效应或热效应等，使中药有效成分的药效在人体上发挥作用。其中，有些产品在使用时是直接与人体接触的，如磁疗器、电热褥等，其给药的途径是透皮吸收；而另一些产品在使用时不直接与人体接触，如磁化杯、麦饭石杯等，它们是通过磁化作用同时把一些矿物类的药物成分溶解于水中，使人们饮用这种水后而达到治疗作用。❹ 由于这类产品在使用过程中所释放的药物剂量非常小，且需要长久的使用才可能确定是否能产生相应效果，所以在审查其实用性时结论相对不明确，很多时候只能依靠审查员的自由心证来得出

❶ 石达理，朱亚滨. 自由心证适用问题研究——以自由心证与证明责任关系为视角 [J]. 河南社会科学，2013，21 (8)：21 – 23.

❷ 宋琛，孙庆童. 自由心证的"自由"与"不自由"——民事诉讼自由心证原则解读 [J]. 北京化工大学学报（社会科学版），2010 (3)：38 – 41.

❸ 程春华. 论法官的自由心证与法官对证据自由裁量——以民事诉讼为考察范围 [J]. 比较法研究，2009，23 (1)：69 – 81.

❹ 肖诗鹰，刘铜华. 中药知识产权保护 [M]. 2版. 北京：中国医药科技出版社，2002：151.

结论。

所谓推定，是指法律规定或由司法人员根据事实之间的常态联系，以某一个或若干个已知的事实为前提，推论出另一个或若干个未知事实的存在，并允许当事人举证推翻的一种证据法则。❶ 推定是对已知事实与未知事实之间因果关系的假设，这种因果关系是在事物的现象之间所体现出的一种内在的必然性联系，即如果一种现象已经实际存在，另一种现象就必定存在。推定是根据事物发展的这种必然性联系，推断出另一种现象发展的必然趋势，尽管在推定过程中可能存在着一种偶然因素，但仍然能体现出一种必然的概率性。❷ 推定又分为法律上的推定和事实上的推定。❸ 法律上的推定是指法律已经对推定的条件作出了预先规定，当法官在审理案件中确认某一事实存在时，就应当据以假定另一事实的存在。事实上的推定是指，根据两个事实之间的常态联系，在明确一事实存在的情况下，推定待证事实的存在。在实用性审查的过程中，审查员就需要时常运用到推定规则确定发明的实用性，这种推定属于事实上的推定。例如，申请专利的发明是一种化学复合物，并已知与之结构近似的另一同系化合物具有某种功能，那么在该系属下其他化合物的性能未提供相反教导的情况下，一般该化合物的功能即被推定为与已知化合物相同。与此相似，如果申请人发现某种（A Species）化合物具有某种实用性，而在提出专利申请时，将申请保护的范围扩大到包含该种化合物在内的一个更大的类（Genus），一般情况下，推定申请人的要求保护的该类化合物均有此实用性，专利法关于实用性的要求即被满足，并不要求申请人再去证明该类下的其他具体

---

❶ 张宏武.《侵权责任法》第 58 条的解释、瑕疵与修正 [J]. 孝感学院学报，2011，31（6）：29 - 34.

❷ 陈卫东，谢佑平. 证据法学 [M]. 上海：复旦大学出版社，2006：233.

❸ 常怡. 民事诉讼法学 [M]. 北京：中国政法大学出版社，2008：221.

的种也有此种实用性。❶ 当然，如果发现其他的种并没有此类实用性，则申请人应该被建议缩小其权利要求的范围。再比如，某种药物已知对治疗动物的某种疾病显示出疗效，则可以推定出对于治疗人类同种类的疾病也会有同样的疗效。根据美国专利商标局的审查规则，确定某种新药的实用性并不需要人体实验数据，相应的动物实验数据即为已足。如果审查员特别课加申请人提供人体实验数据，将会被视为给申请人增加了法律上并不存在的证明义务。在 In re Brana 一案中，美国联邦巡回上诉法院引用美国海关和专利诉讼法院的一项判决时评论道："对标准的实验动物所进行的在统计学上有意义的测试（statistically significant tests）的结果，作为证明一化合物的具有所宣称的医药特性的证据，足以证明存在实用性。"❷ 也就是说，在这种情况下，审查员只能靠推定得出结论，他没有要求申请人提供直接证据的权力。所以，掌握推定规则对于审查员来讲十分重要。当然，此类证据应该被给予适当分量的考虑。审查员不但要评估结构关系的存在状况，而且要评估申请人关于结构相似何以导出其专利申请具有实用性的推理过程。❸

第三节　实用性与充分公开的关系

中文"专利"一语译自西文 patent 一词。Patent 又来源于拉丁文 patere（意思是摆出来的衣服挂钩），其最初的，也是最基本的含义包括两个方面，即"公开"和"垄断"。❹ "不错，人们通常使用'专利'一词，就是指公开给人看、敞开受公众审查

---

❶　USPTO. Manual of Patent Examining Procedure. Rev. 9，August，2012，p. 2100 – 2131.

❷　In re Brana，51 F. 3d 1560（Fed. Cir. 1995）.

❸　USPTO. Manual of Patent Examining Procedure. Rev. 9，August，2012，p. 2100 – 2137.

❹　冯晓青，刘友华. 专利法［M］. 北京：法律出版社，2010：1.

的东西。"❶ 也就是说，专利指的是这样一种制度或者法律现象：将某项技术向社会公开，经国王或政府授权，技术发明人获得一定期限的垄断权。❷ 只不过由于翻译时所选语词上的失误，中文"专利"一词似乎独具"垄断"之意，而丢失了西语 patent 中与"垄断"居于同等重要地位的"公开"的含义，这实际上不利于我们在汉语环境中准确、完整地理解专利的应有含义，影响了我们对专利制度所内在的利益平衡精神实质的把握。加之中华文化中固有的重义轻利的传统，单独强调专利中的"独占其利"的侧面，影响了中国公众对专利制度道德正当性的判断，不利于专利文化的养成和专利法的贯彻实施。因此，前任世界知识产权组织总干事鲍胥曾建议在汉语中另选一词取代目前所使用的"专利"概念，以兼济专利本应具有的公开与垄断双层意蕴。❸ 不无遗憾的是，或许由于专利用语已成习惯，积重难返，或许由于汉语中实无适当之词，总之，至今未能如鲍胥所愿。无论社会公众是否会望文生义，给专利以偏见，但在知识产权学理界和实务界，技术公开从来都被视为是专利制度所内含的本质规定性，甚至有学者将之称为专利制度的最终目的。❹ 台湾地区有学者也认为："专利者，在产业界中，某特定人公开其创作之秘密，以换取某项物品或者制造方法之独占特权，他人不得仿效之谓。"❺专利制度所具有的技术公开的含义和要求，是通过以说明书形式表现出来的一种被称作"充分公开"或"充分披露"的制度加以保障的。"说明书是申请人向国家知识产权局提交的公开

---

❶ F.D. 罗森堡. 专利法基础［M］. 郑成思，译. 北京：对外贸易出版社，1982：5.

❷ 吴汉东. 知识产权法学［M］. 北京：北京大学出版社，2005：129.

❸ 郑成思. 知识产权论［M］. 北京：社会科学文献出版社，2007：3－5.

❹ 吕炳斌. 专利披露制度起源初探［M］//国家知识产权局条法司. 专利法研究 2009. 北京：知识产权出版社，2010：1.

❺ 何连国. 专利法规及实务［M］. 台北：台湾三民书局，1982：1.

其发明或者实用新型的文件。为获得专利权，申请人应当向国家知识产权局继而向社会公众提供为理解和实施其发明创造所必需的技术信息，这是专利制度的主要特征之一。"❶ 各国专利法和专利国际公约均对充分公开制度作出了明确规定。美国专利法第 112 条第 1 款规定："说明书应该对发明自身，以及制造和使用该项发明的方式和方法，用完整、清晰、简洁而精确的词句进行书面描述，以使任何熟悉该项发明所属技术领域或与该项发明最密切相关的技术领域的人都能制造及使用该项发明。说明书还应该提出发明人或共同发明人所能想到的实施该发明的最佳方式。"《欧洲专利公约》第 83 条规定："欧洲专利申请应当对发明作出充分、清晰和完整的说明，以使所属技术领域的熟练技术人员能够实现为准。"《欧洲专利公约实施细则》第 27 条第 1 款规定："说明书至少应当详细描述请求保护发明的一种实施方式，必要时给出实施例，如有附图，应参照说明。"欧洲专利局发布的专利审查指南则对充分公开的要求作出了进一步的解释，要求欧洲专利申请在满足欧洲专利公约及其实施细则的要求之外，还应该包含有足够的信息，以达到使所属技术领域人员在无须过度劳动（Undue Burden）及创造性技巧（Inventive Skill）的情形下就可以实现该发明。❷ 日本专利法第 36 条规定，欲获得专利，必须提交专利说明书，专利说明书应包含对发明本身的详细说明，具体要求是"必须依经济产业省令之规定、说明明确且充分使具有该发明所属技术领域的一般知识者能够实施。"❸ 由世界知识产权组织管辖的《专利合作条约》（Patent Cooperation Treaty，PCT）第 5 条规定："专利说明书应对发明作出清楚和完整的说明，足以使本技术领域的技

---

❶ 国家知识产权局条法司. 新专利法详解［M］. 北京：知识产权出版社，2001：192.

❷ 吉云. 论专利的充分公开制度［D］. 武汉：华中科技大学，2012：5.

❸ 日本国会. 日本专利法［M］. 杜颖，译. 北京：经济科学出版社，2009：13.

术人员能实施该项发明。" TRIPS 第 29 条第 1 款规定："成员方应要求专利申请者用足够清晰与完整的方式披露其发明，以便于为熟悉该门技术者所运用，并要求申请者在申请之日指明发明者已知的运用该项发明的最佳方式，若是要求取得优先权，则需在优先权申请之日指明。"我国《专利法》也作出了类似的规定："说明书应当对发明或者实用新型作出清楚、完整的说明，以所属技术领域的技术人员能够实现为准；必要的时候，应当有附图。"可以看出，对发明信息充分公开或称充分披露的要求乃是世界各国专利法和专利国际公约的共同规定。专利法设置充分公开制度的目的有两个，一是进行专利技术信息的交流，二是在专利期限届满后，其他人可以直接使用该发明创造。所以，充分公开所要求的专利信息披露不是一般意义上的对专利信息的泛泛公布，从而必须达到使所属技术领域的技术人员能够真正实施该发明的程度。由于作为专利授权要件之一的实用性要件也要求发明创造必须能够被制造或使用，所以专利披露制度的要求与实用性要件的要求在内容上就出现了重叠——发明创造必须能够制造或使用。正是这种重叠，使得充分公开与实用性之间的关系成为专利法上的一个重要话题：二者究竟是完全一致，还是有所差异？如果有所差异，那么这种差异在哪里，有多大？弄清楚这个问题无疑有助于我们加深对专利实用性要件的理解和认识，同时也有助于在专利实践中正确运用专利法关于充分公开和实用性的规定去解决它们各自所涉及的专利法律问题。

一、充分公开制度的历史沿革及其内容

对发明信息的充分公开，自专利制度诞生以来就一直存在，只不过在不同的历史阶段其具体表现形式有所不同而已。要求专利权人通过某种渠道向社会公开其发明信息是国家授予专利权的基本考虑。无论在专利法史的哪一个阶段，除非专利制度被个别统治者不当滥用的小范围的历史逆流之外，国家授予专利权的基本目的是通过引入国外新式制造业或者刺激新发明的产生和应用，普遍性地、整体性地带动国内相关产业的发展，绝非通过对个别专利权人所操专利产业或专利产品收取税费的方式达到国家授权的目的。国家从未考虑过可以通过类似商业秘密的方式给专利权人以永久或尽可能长久地垄断某项产业或者产品的权利，相反，为了促使发明信息的公开和扩散，国家采取了一系列与当时社会条件相适应的专利管制手段。早在 1421 年世界上第一件发明专利被授权的时候，作为授权主体的佛罗伦萨城市共和国政府就明确宣布，其授予 Filippo Brunelleschi 专利权的基本考虑就是，通过专利授权整个城市共和国将会得到原本隐藏的技术，这对整个国家有利。❶ 专利信息公开是国家对专利权人的基本要求，在很大程度上是由两个因素所决定的：第一，根据专利制度得以立基的专利契约理论，向社会公开其发明信息以使得其他人在专利届期后能够仿效，是专利权人就其从国家所获取的专利垄断权支付给社会的基本对价；第二，这还是由作为财产权基础的占有理论所决定的。占有是产生财产权的基本条件，于专利一类的无形财产权，除了通过公开其发明信息从而明确其对特定技术的占有边界之外，没有其他合适的手段来证成专利权人的权利，更无从把握其权利的范围。而这一点对于专利权人的权利被尊重以及避免社会公众陷入侵权的境地都十分重要。近代各国对各类知识产权普遍采取登记制度，其最重要的目的之一就是通过登记来明确权利人对特定知识产品的占有，登记中所记载的发明信息的内容，也就是专利权人权利的范围。❷ 只有将其发明信息向社会披露，专利权人才能合理地期待不被其他人侵权，否则，对于一项处于秘密状态的发明而言，谁能知道它的管辖边界到底在哪儿

---

❶　杨红军. 知识产权制度变迁中契约观念的演进及其启示 [J]. 法商研究，2007（2）：83－90.

❷　参见：布拉德·谢尔曼，莱昂内尔·本特利. 现代知识产权法的演进：英国的历程（1760－1911）[M]. 金海军，译. 北京：北京大学出版社，2012：85.

呢？法律的清晰性和可预测性价值告诉我们，对发明信息的披露，是占有该发明的不可或缺的条件。当然，需要承认的是，由于不同历史时期社会条件不同，发明自身的表现形式不同，对发明信息的披露虽一直存在，但具体方式却有很大的差异。关于发明信息公开的形式大体上可以划分为两个大的历史阶段。第一个历史阶段是在专利说明书制度形成之前。由于此时向国家申请专利并不要求提交专利说明书以阐明其发明的内容，所以此时的信息披露是由发明人直接面向社会的。早期专利法上对发明信息的披露主要通过两种途径来实现，一是国家在作出专利授权时限期专利权人实施其发明，二是国家在专利证书中附加招收本地学徒或者技术工人的有效条件。❶ 这两个条件是早期各国专利实践中极为普遍的做法。由于早期专利多与日常生活有关，发明技术本身相对简单，加之发明中的技巧成分多于技术成分，通过实施发明和招聘技术工人的方式，不但可以向社会扩散发明信息，而且还是一种最好的扩散方式。如果再考虑到当时出版印刷技术水平低下、成本高昂，无从进行专利文献的出版，就更能理解当时何以如此规定了。第二个历史阶段是在专利说明书制度形成之后。这时专利权人主要依靠专利说明书所记载的内容向社会公开其发明信息。之所以在 18 世纪中期以后，日益强调通过专利说明书公开发明信息，其原因同样包括两个方面：一方面，由于改进发明逐渐被承认，发明本身开始由早期的针对整件产品乃至整个产业的发明转向对一个生产环节或产品构件的发明，此时很多单个的发明本身已经不具备实施的条件，所以专利权人所负担的限期实施发明的义务被普遍地解除。累积发明的观念此时开始形成，人们普遍认识到，一项专利本身通常并不能直接导致某一工业部门的兴起，但是诸多专利所揭示的技术总量将大大促进相关产业

---

❶ EDWARD C. Walterscheid. The Early Evolution of the United States Patent Law: Antecedents（Part 2）[J]. J. Pat. & Trademark Off. Soc'y 1994（76）: 697 – 710.

部门的发展。❶ 在投产义务被解除之后，招工义务因"皮之不存，毛将焉附"，自然也就被取消。在这两项义务不复存在的社会条件下，发明人能向社会公开其发明信息的途径似乎也就只能是撰写一份包含发明细节的专利说明书了。另一方面，随着工业革命带来的科学与技术的日益结合，以科学理论为直接依据的远离人们常识的发明日益增多并逐渐占据了主导地位。对于这类结构复杂、原理深奥的发明，通过观察其成品往往是不足以掌握发明信息的，提供一份对发明要点及其工作原理的说明书成为完整公开发明信息的必要条件。总之，通过专利说明书公开发明信息已经成为一种客观需要。正是在这样的社会背景下，专利说明书提交逐渐由专利权人自发转变为专利机关要求，并最终被法院赋予了法律上的约束力。❷ 1787 年，英国法院认为"专利权人取得垄断权的对价是公众在专利失效后将获得的利益，这种利益的保障就是一份发明的说明书"。❸ 到 1795 年，Buller 大法官则直言不讳地宣称"说明书是专利权人为其垄断所支付的对价"。❹ 事实上，观念正在发生深刻改变——从专利是女王和专利权人之间的契约，到专利是专利权人和社会之间的契约。❺ 专利说明书只代表了发明人向国家专利机关公开其发明的内容，并不代表发明信息直接传导给了社会公众。社会公众从国家机关接收发明信息也有一个方式上的变化。在专利说明书的早期阶段，是通过社会公众"个别申请复制查阅"的方式公开专利权人的发明信息，但英国自 1852 年、美国自 1870 年之后，已经通过定期公开出版

---

❶　ROBERT P. MERGERS, JOHN F. DUFFY. Patent Law and Policy：Case and Materials［M］. 3rd Ed. Dayton：LexisNexis, 2002：259.

❷　黄海峰. 知识产权的话语与现实：版权、专利与商标史论［M］. 武汉：华中科技大学出版社, 2011：139.

❸　Turner v. Winter, 1 T. R. 605, 99 Eng. Rep. 1276.

❹　Boulton v. Bull, 2 H. Bl. 472, 126 Eng. Rep. 656

❺　H. I. DUTTON. The Patent System and Inventive Activity During the Industrial Revolution1750 – 1852［M］. Manchester University Press, 1984：75.

的方式公开发明信息。值得一提的是，虽然在专利说明书产生之初，曾有专利权人要求专利行政机关对其发明信息给予保密，但这一要求从来也没有得到过专利机关的支持，更未获得过国家的承认。相反，在专利说明书产生后不久，英国法院即通过判例确认了专利权人通过说明书向社会公开其发明信息的义务，而且对发明信息的披露必须达到足以指导同一行业的其他从业人员能够为同样的生产或制造，否则其专利权将被宣告无效。❶

为了确保社会公众从其与专利权人之间的专利契约中获得真正有益的对价，各国专利法均对专利权人在该契约中所负担的充分公开义务作出了更为细致的界定。专利权人依充分公开的要求所承担的义务主要包括三个方面，即对专利进行"书面描述"、确保专利技术"能够实现"以及按照法律要求披露实施例。

（1）所谓"书面描述"（Written Description）是指，申请人在其专利说明书中应以书面方式完整地向社会公众陈述其发明的内容。将"书面描述"设定为申请人的一项义务主要有三点考虑：其一，通过书面描述清晰地确证申请人已经完成特定主题发明的事实；其二，让社会公众了解专利权人占有的具体内容与范围，避免专利侵权的发生；其三，通过技术情报的交流，促进实用技艺的进步。在现代社会，从专利中获益的不应该仅仅是普通的社会公众，而且（甚至更重要的是）社会的其他技术人员能够从发明人的专利中学习到有用的技术，作为进一步提高技术水平的知识储备。为了实现上述三项目标，各国专利审查指南多对书面描述的标准进行了规定。判断专利申请人是否完成了书面描述的标准是：通过对专利说明书的阅读和理解，本领域熟练技术人员是否能合理地相信申请人已经实际完成并占有了该项发明，而不是在进行纯粹的理论上的推测或假设。"为了满足书面描述的要

---

❶ JOHN N. ADAMS, GWEN AVERLEY. The Patent Specification: The Role of Liardet v. Johnson [J]. Journal of Legal History, 1986, 7 (2): 156 – 177.

求，说明书必须让所属领域的普通技术人员毫无疑问地认识到，该发明人发明了其所要求保护的发明。"❶ 当然，从本质上来讲，是否满足了书面描述的要求是一个事实问题，它需要以个案为基础作出具体判断。❷ 专利法设定书面描述要求的一个基本考虑是，防止申请人在没有实际完成发明活动并不掌握技术方案的情况下，直接基于理论的推测或假设而撰写专利申请文件，以便赶到竞争对手的前面。❸ 需要指出的是，书面描述要件与接下来即将讨论的"能够实现"要件虽然存在重要关联，但是由于其立法基点不同，仍属于各自独立和不同的要件。在通常情况下，如果技术方案的公开达到了"能够实现"的程度，申请人自然也就满足了书面描述的要求，但是在个别情况下，存在这样的可能：申请人并没有完成该项发明，而是基于单纯的理论假设提出了权利要求，熟练技术人员如果愿意，就可能实现该发明，但是却仍未满足书面描述的要求。书面描述还具有限制专利申请人对说明书和权利要求书进行超范围修改的作用，以防止专利申请人在申请日确定之后，通过将申请日后创造的新技术方案加入已经提出的申请从而享受该申请所带来的时间利益情况的发生。

（2）所谓"能够实现"（Enablement）是指专利说明书必须提供关于如何制造和使用该发明的具体指导。"能够实现"要件的目的在于，要求专利说明书在描述发明时选用恰当的语词，以使本领域熟练技术人员根据该语词能够实际制造和使用该发明，以便于在发明和相关公众之间以一种有实际意义的方式建立起联系❹。这就要求专利申请文件中披露足够的信息，以满足相关领

---

❶　谢尔登·W. 哈尔彭，克雷格·艾伦·纳德，肯尼思·L. 波特 . 美国知识产权法原理 [M]. 宋慧献，译 . 北京：商务印书馆，2013：214.

❷　Vas – Cath, Inc. v. Mahurkar, 935 F. 2d 1563（Fed. Cir. 1991）.

❸　崔国斌 . 专利法：原理与案例 [M]. 北京：北京大学出版社，2012：308.

❹　USPTO. Manual of Patent Examining Procedure. Rev. 9, August, 2012, p. 2100 –2198.

域技术人员制造和使用该发明之所需。是否满足"能够实现"的披露要求，其判断标准是：本领域熟练技术人员在阅读和理解说明书之后，能否在无须过度实验或者是无须付出创造性劳动的情况下，就能够实施技术方案。如果能够实施，就满足了"能够实现"的要求，反之，则没有满足专利法关于能够实现的要求。需要注意的是，满足"能够实现"的要求并不意味着在实施发明之前不再需要进行任何实验，它只是排除了需要过度的实验或不合理的实验的情况，并没有排除实验本身。也就是说，熟练技术人员在直接实施技术前，还需要经过简单的实验以确定具体的实施办法，并不意味着申请人的披露就不符合"能够实现"的要求。实际上，很多发明在被实施之前都要进行相应的实验，以确定实现该发明所需要的具体条件，只要该实验不属于必须付出创造性劳动的过度实验就可以了，而且过度实验与实验本身的复杂程度无关。在确定实施发明所需要的实验是否为过度实验时，一般需要考虑以下几个方面的因素：①专利权利要求的宽度；②发明的性质；③现有技术的状态；④普通技术人员的水平；⑤本领域技术的可预测性水平；⑥发明人所提供的技术教导的总量；⑦实施例的存在；⑧基于所披露的内容制造或使用该发明所需要的实验的数量；等等。❶ 判断是否"能够实现"的标准时点是申请日。申请人不能利用申请日后出现的技术进步来证明自己当初的理论设想能够由本领域技术人员来实现，以避免出现与后来申请人可能发生的权利冲突。这里所讲的"能够实现"要件与前面讨论的"书面描述"要件是相互独立和不同的，书面描述要件的立法意图和要求比单纯地教导本领域普通技术人员如何制造和实用该发明的"能够实现"要件要更为宽泛。因此，一项对权利要求的额外限制可能会导致最初的专利披露无法满足书面描述的要求，但并不必然意味着该限制也会导致违反"能够实

---

❶ In re Wands, 858 F. 2d 731, 737 (Fed. Cir. 1988).

现"要求的发生。相应地，对这种限制性陈述的审查就必须分别依据书面描述和能够实现的各自不同标准各自独立地进行分析和评价。❶

（3）所谓"披露实施例"是指申请人应当在说明书中披露其在申请专利当时所能设想到的实现其发明的优选方式。我国《专利法》本身并没有要求申请人披露实施例，但《专利法实施细则》第17条明确要求申请人在说明书中披露关于其发明的具体实施方式，而且所披露的还必须是优选方式。考虑到《专利法实施细则》属于"具有绝对效力的法源"，当事人、专利局和法院必须予以遵守和适用，所以可以认为我国专利法上同样存在着对实施例的要求。只不过在专利实践中，专利局未强制要求所披露的实施例必须是最佳的，而是允许申请人根据发明的具体情况自行决定其优选方式。美国专利法第112条第1款则要求说明书必须披露申请人在专利申请当时所能想象到的实施其发明的最佳方式。根据美国海关和专利上诉法院的看法，美国专利法要求披露最佳实施例是基于这样的考虑：对最佳实施例的要求乃是法律上的一项安全措施，以防止某些人想要得到专利保护但却不愿意根据法律的规定充分公开其发明，这项要求决定了发明人不能仅向社会公开其所知道的实现其发明的次优方案，而同时将最优方案保留给自己。否则在这种情况下，申请人就会兼得专利和商业秘密的双重好处，而社会公众在付出了同样代价的情况下收获不足，有违专利法的利益平衡精神。美国法院认为，设立最佳实施例要求的目的之一还在于，通过对最佳发明信息的了解，在专利过期以后社会公众在商业上能够与专利权人公平竞争。❷ 美国专利商标局根据法院的判例在专利审查实践中通过其所创立的"两

---

❶　USPTO. Manual of Patent Examining Procedure. Rev. 9, August, 2012, p. 2100 – 2199.

❷　Christianson v. Colt Indus. Operating Corp., 870 F. 2d 1292, 1303 n. 8（7th Cir. 1989）.

步探询法"（A Two – prong Inquiry） 来判断申请人对实施例的披露是否为专利法所要求的最佳实施例。该发明的具体操作步骤是：首先，必须决定在专利申请当时发明人是否已经占有了实施其发明的最佳方式。这是一种主观上的探询，它关注于专利申请当时发明人内心的状态。其次，如果发明人的确占有了一项最佳实施例，还必须决定书面描述中是否披露了这一实施例，以至于使本领域技术人员能够将其付诸实施。这是一种客观上的探询，它关注于发明的范围以及本领域的技术水平。❶ 例如，如果发明人已经知道一种具体的材料可以最为有效地实现其发明的技术效果，但却将其隐藏起来，代而使用一个宽泛的类概念对其加以表述，那么在这种情况下，最佳实施例的要求就没有得到满足。❷

二、实用性与充分公开的联系

虽说实用性和充分公开是两项独立的专利授权条件，各自存在着不同的立法目的，但是由于二者从根本意义上来讲均指向发明创造具有实际利用的可能性，所以在专利实践中，二者的共性远大于二者的差异。比如，合成一种新的化合物，没有披露其用途，就可能既被认为不具备实用性，也被认为没有充分公开其用途，因而不符合"能够实现"的要求。❸ 从根本上来讲，二者竞合的原因在于，专利法关于充分公开的要求——即如何制造和使用发明——是对专利法实用性要求的具体执行。❹ 美国联邦巡回上诉法院在一则案例中曾说："第 112 条关于如何使用的要求作为一个法律问题涵盖了美国专利法第 101 条的要求即说明书要披

---

❶ Eli Lilly & Co. v. Barr Laboratories Inc. , 251 F. 3d 955, 963 (Fed. Cir. 2001).

❷ Union Carbide Corp. v. Borg – Warner, 550 F. 2d 555 (6th Cir. 1977).

❸ 崔国斌. 专利法：原理与案例 [M]. 北京：北京大学出版社，2012：330.

❹ USPTO. Manual of Patent Examining Procedure. Rev. 9, August, 2012, p. 2100 – 2212.

露发明创造实用性这个事实问题。"❶ 甚至可以认为，实用性的要求是目的，充分公开的要求是实现这一目的的必要手段。具体来讲，二者之间的联系包括两个方面。

第一，如果一项发明从本质上来讲缺乏实用性，则必然不能满足充分公开的要求，因为熟练技术人员根本就不能实施该发明。❷ 美国专利审查指南就此评论道：如果权利要求是因为不能使用（Non‑useful）或不能实施（Inoperative）导致不能满足专利法第 101 条关于实用性的要求，那么该权利要求必然不能满足专利法第 112 条第 1 款对于能够实现的要求。诚如美国法院尝言，如果某制造品（Compositions）实际上没有什么用途，申请人也就不可能通过说明书教导人们如何去具体使用它。因此，缺乏实用性不仅可以支持根据第 101 条作出的驳回决定，还可以支持基于第 112 条第 1 款的驳回决定。❸ 美国专利审查指南规定，如果申请人对其发明实用性的陈述是不可信的，同时又不存在公认的实用性，则应基于专利法第 101 条关于实用性的要求驳回申请，同时还应该基于专利法第 112 条第 1 款关于充分公开的要求作出驳回决定，理由在于申请人未披露如何使用该发明。基于美国专利法第 112 条第 1 款作出的驳回决定，由于与基于美国专利法第 101 条的驳回决定有联系，所以其驳回理由中应包含了与第 101 条驳回决定相一致的根据。如果申请人未对其发明陈述任何特定的和本质的实用性，而且也没有公认的实用性，那么应以缺乏实用性的理由根据第 101 条作出驳回决定，同时基于未能教导如何使用该发明的理由，根据第 112 条第 1 款的规定再单独作出一个驳回理由。当然，为了避免专利审查实践中可能发生的混

---

❶　In re Cortright, 165 F. 3d 1353, 1356（Fed. Cir. 1999）.

❷　MARTIN J. ADELMAN, RANDALL R. RADER & GORDON P. KLANCNIK. Patent Law in a Nutshell［M］. New York: Thomos West, 2008: 203.

❸　JANICE M. MUELLER. An Introduction to Patent Law［M］. 2nd Ed. New York: Aspen Publisher, Inc., 2006: 209.

涸，即使对于同一项专利申请，在依据第112条第1款关于充分公开的要求驳回申请时，也应与基于第101条之规定以缺乏实用性为由作出的驳回决定分别表述。❶ 可能有人会有这样的疑问，既然所有缺乏实用性的情形都可以为公开不充分的理由所覆盖，专利法在充分公开要求之外再设置实用性要件还有什么意义呢？笔者认为，这里正体现了实用性要件的独特价值。对发明创造信息的充分公开是实现专利法价值目标的一种手段，发明创造所具有的实用性才是专利法的目的所在。手段的作用范围取决于手段所欲达到的目的，目的对手段起到了证成和限定的作用。具体到充分公开和实用性的关系来讲，到底公开到什么程度才算是达到了法律所要求的"充分"水平，这个问题无法通过充分公开自身来界定，而必须求助于充分公开所欲达到的目的——专利的实用性。也就是说，什么时候发明信息的公开被认为达到了"实用"的要求，它才算满足了"充分"的要求。而实用性的判断需要考虑诸多因素，自身构成一个有别于充分公开的独立问题。实用性标准自身的变动，常常影响着充分公开的制度实践。那些本质上没有实用性的发明创造无论如何也不可能完成充分公开的要求，就很好地说明了实用性之于充分公开的价值。试想，如果没有实用性的要求，一方面那些能够得到清晰表达的科学原理有可能会获得专利，另一方面那些已经十分详尽的实用发明信息，可能由于并没有穷尽一切细节而被拒绝施以专利保护。总之，没有实用性这盏航灯的指引，充分公开的理论和实践就会迷失方向。只不过由于实用性定义了充分公开的目标，致使其在专利实践中被内化为充分公开的构成要素之一，但这并不能成为否认实用性要件独立价值的理由。

第二，不能满足专利法对于充分公开要求的发明在大多数情

---

❶ USPTO. Manual of Patent Examining Procedure. Rev. 9, August, 2012, p. 2100–2212.

况下同样也无法满足专利法对于实用性的要求。道理很简单，对于实用性的审查同样是以专利申请为基准，而不是离开申请文件去抽象地谈论发明是否有用。如果申请文件因为公开不充分，导致本领域技术人员不知道如何去实现申请人所宣称的实用性，那就有足够的理由怀疑这种实用性的存在，如果再无其他可靠的实验数据佐证实用性的存在，则由于申请人所宣称的实用性是不可信的，当然也就不符合专利法对于实用性的要求。甚至有学者就此评论道：对于一项未"充分公开"发明的专利申请，审查员无论是以未"充分公开"为由，还是以不具有实用性为由，提出反对意见，都不存在所谓的"混淆概念"的错误。[1] 当然，这种观点有所言过其实，实用性与充分公开之间还是存在差距的，并非完全重合。但应该没有疑问的是，在大多数情况下，如果申请人未充分公开其发明，无法说服熟练技术人员相信该发明具有实用性，则审查员可能以没有实用性，也可能以没有充分公开为由驳回该申请。[2] 1998 年，由北京市高级人民法院审结的薛海清诉国家专利局专利复审委员会一案，即为典型案例。本案涉及一种用于治疗癌症的癌静注射剂的制作方法，因为申请人没有能够充分公开其药物的实际使用方法和疗效，有人据此向专利复审委员会提出了宣告专利权无效的请求，最后专利复审委员会以该方法缺乏实用性以及说明书公开不充分的理由作出了专利权无效的决定。薛海清不服专利复审委员会的决定，起诉至法院。经北京市第一中级人民法院一审、北京市高级人民法院二审，法院最终维持了专利复审委员会的无效宣告决定。专利复审委员会认为，由于薛海清的专利申请书没有对发明所包含原料、制备方法、该方法所制得的产品（组成）及其效果（疗效）作出清楚和完整

---

[1]　黄敏，张华辉."充分公开"与实用性——谈中国专利法第二十六条第三款与第二十二条第四款的关系 [J]. 中国专利与商标，1997 (2)：58 - 64.

[2]　崔国斌. 专利法：原理与案例 [M]. 北京：北京大学出版社，2012：171.

的说明，以致本领域普通技术人员在不涉及创造性条件的情况下不能将其实现，因而不符合《专利法》第26条第3款关于充分公开的要求。北京市第一中级人民法院在判决书中还提到，由于本案说明书存在说明不清楚、公开不充分的缺陷，因而使该领域的普通技术人员仅仅根据说明书的描述，无法再现发明所要制备的产品，实现发明的目的，即该发明同样缺乏实用性。北京市高级人民法院同意专利复审委员会和下级法院关于涉案专利不具备实用性并且不符合充分公开要求的意见，终审判决维持了专利复审委员会的无效决定。❶

三、实用性与充分公开的区别

实用性与充分公开存在内在联系的同时，也存在一系列重要的区别。由于充分公开的核心内容包括了书面描述与能够实现两个方面，所以实用性与充分公开的区别也在这两个方面分别有所体现。实用性与能够实现的区别很早就被人们意识到了，甚至在很长的一段时间里它们之间的区别被等同于实用性与充分公开（"能够实现"的上位概念）之间的区别。美国专利审查指南指出，在一些情况下，发明的用途被提供，但熟练技术人员并不知道如何去实现该等用途。如果申请人为其发明披露了特定的和本质的实用性，并且为这些实用性提供了可信的证据，但这些可能并没有满足美国专利法第112条第1款（充分公开）所要求的所有条件。例如，申请人对使用某种化合物治疗某种疾病的方法提出专利权要求，并提供了该化合物哪方面有用的证据，但如果相关领域的熟练技术人员在实际使用申请人所陈述的用途时，还必须进行过度实验，则该权利要求可能并不满足专利法

---

❶ 北京市高级人民法院（1998）高知终字第62号行政判决书（薛海清诉专利复审委员会"癌静注射剂的制作方法"发明专利权无效纠纷案）[EB/OL]. [2013 - 10 - 15]. http://www.11464.com/case/xinzen/adqjm1208420166234.html.

第 112 条第 1 款关于充分公开的要求，而不是专利法第 101 条所规定的实用性。在这种情况下，就不能以专利法第 101 条关于实用性的规定为由驳回申请，而应该以专利法第 112 条第 1 款关于充分公开的规定为由作出驳回决定。❶ 美国法院在一则判例中说，一项发明或许在事实上具有重大用途，也就是说，可能是"一项非常有用的发明"，但专利说明书可能仍然未能让"所属科技领域的人员能够"（enable any person skilled in the art of science）实施该发明。❷

　　实用性与书面描述的区别是一个富有争议的话题。争议焦点在于，专利法上是否存在一个不同于"能够实现"要件的书面描述的要求。早先的观点往往认为，书面描述要件的目的就是达到能够实现的要求，因此并不存在一个单独的关于书面描述的要求。也就是说，保证发明"能够实现"是目的，"书面描述"只是实现这一目的的一种手段，手段只有相对于其目的才有意义，因此一个与"能够实现"要件相分离的独立的"书面描述"是没有必要的，也是不存在的。自 1997 年美国法院在 Regents of the University of California v. Eli Lilly 一案中提出"书面描述"可以区别于"能够实现"要件独立存在以来，学理界和实务界的争议也就更加热烈了。美国法院通过 2010 年的 Ariad v. Lilly 一案，加拿大法院通过 2012 年的 Teva v. Pfizer 一案，虽遵循不同的理论路径，但最终均得出了专利法上存在一个独立的"书面描述"要求的结论。根据法院在上述两个重要案件中的看法，书面描述的要求比能够实现的要求更为宽泛，标准也更高。因此，满足了能够实现要求的发明未必就满足了书面描述的要求。由于专利实用性的要求比充分公开中的"能够实现"的要求还要低，所以专利实用性的要求与书面描述要求的差距就更大一些。有越

---

❶　USPTO. Manual of Patent Examining Procedure. Rev. 9, August, 2012, p. 2100 – 2213.

❷　Mowry v. Whitney, 81 U. S. (14 Wall.) 620, 644 (1871).

来越多的案件显示，专利申请虽然满足了实用性的要求，但却未满足书面描述的要求，因此不符合专利授权的条件。刚才提及的上述两个案件即为典型，下面对这两个案件中所涉及的实用性与书面描述的关系问题进行简单的介绍。

2010 年，美国联邦巡回上诉法院以"全席审理"的方式审结了 Ariad v. Lilly❶ 这一重要案件，该案涉及第 6410516 号美国专利（以下简称"第 516 号专利"）。第 516 号专利与转录因子（Transcription Factor）NF－êB 控制基因表达有关。第 516 号专利的发明人第一个识别出了 NF－êB 并揭示了人体对感染的免疫反应背后 NF－êB 激活基因表达的原理。发明人发现，NF－êB 通常以不活跃的综合体的形式存在于细胞中，它带有一种蛋白质抑制剂，被称作"IêB"。NF－êB 通过细胞外的刺激激活，比如细菌产生的脂多糖（Lipopolysaccha Rides）通过一系列生化反应使得 NF－êB 脱离抑制剂 IêB 的控制。一旦脱离抑制剂，NF－êB 就进入细胞核并与之结合，在那里激活那些带有 NF－êB 识别位点的基因的转录。被激活的基因反过来帮助人体抵抗细胞外的攻击。不过，如果细胞激活素的产量过多，那也将是有害的。发明人因此意识到，人为地干涉 NF－êB 的活性能够降低某些疾病的症状。他们识别了 3 类取得了上述效果的笼统方法。基于其发现，发明人提出了对通过减少细胞内 NF－êB 的活性来调节细胞对外在刺激的反应的方法权利要求。但是，申请人只是笼统地披露过 3 类特定的生物分子（诱饵型分子、支配干预型分子、特别的抑制剂）来减少细胞内 NF－êB 的活性从而减少疾病症状的方法，而没有披露具体的生物分子，更没有披露如何应用具体的生物分子取得这一目的。❷ 也就是说，申请人所提出的方法只是一

---

❶　Ariad Pharms. , Inc. v. Eli Lilly & Co. , 598 F. 3d 1336, 1353（Fed. Cir. 2010）.

❷　参见：崔国斌. 专利法：原理与案例 [M]. 北京：北京大学出版社，2012：331－332.

种推测，并未实际完成，更没有相应的实验结果。但是，之后其他科学家成功地验证了这三类特定分子的可行性。美国联邦巡回上诉法院认为，第 516 号专利并没有披露减少 NF - êB 活动的实施例，甚至是假想的实施例，也没有披露可以减少 NF - êB 的具体物质分子。如此笼统的描述是不够的，说明书必须充分披露可以取得 NF - êB 减少效果的分子，这样才能说明 Ariad 占有了其所主张的发明。最后，美国联邦巡回上诉法院判决第 516 号专利中相关权利要求无效。该案中，美国联邦巡回上诉法院提出一种重要的思想，即对发明的占有必须通过书面描述来表达，在实践中已经付诸实施或者在实践中的确已经占有特定发明这一事实并不能满足书面描述的要求。尽管书面描述要求和能够实现的要求常常一并出现，但是，现实中确实出现了能够制造和使用，其制造和使用并不需要过度实验，然而由于并没有完全发明所以还无法进行描述的情况。❶ 占有理论是美国法院对财产权持有的一种重要的说明理论。占有理论虽来源于有形财产，但它同样适用于包括专利在内的无形财产。对无形财产的占有要通过有形载体来表达，对发明占有的体现就是专利说明书中的书面描述。美国联邦巡回上诉法院针对该案说道："只要一个人能通过对发明进行书面描述，他就可以显示他占有了该项发明。因此，'披露中显现出的占有'是一种更为完整的表达。"Ariad v. Lilly 一案的判决除了在表面上确立了书面描述和"能够实现"要求是两个独立的要件之外，更重要的是在理论上明确了占有理论与书面描述之间的关系。

加拿大最高法院在 2012 年审结的梯瓦制药公司（Teva Pharmaceutical Industries Limited）诉辉瑞制药公司（Pfizer Pharmaceutical Industries Limited）"万艾可"（伟哥）专利权无效案中，另

---

❶ 吕炳斌. 专利说明书充分公开的判断标准之争 [J]. 中国发明与专利, 2010 (10)：100 - 103.

辟蹊径，以专利契约理论为根据，论证了专利法中存在一项独立的书面描述要求。梯瓦公司提出，辉瑞公司在专利说明书中，将"万艾可"中的唯一有效成分"西地那非"（Sildenafil）隐秘地描述为"特别优选的化合物的一种"，属于对发明信息的模糊描述，这种对关键信息故意隐瞒的行为应当导致其专利权无效；梯瓦公司还提出，辉瑞公司在申请中并未对西地那非的实用性进行证实，只是进行了可行性的预测，因此不符合加拿大专利法对于充分公开的要求。辉瑞公司则辩称，其申请中不存在可以避免的模糊描述，法院只有在权利要求模棱两可，以至于本领域技术人员无法通过说明书判断发明的性质及用途的情况下，才会因为描述模糊判决专利权无效，辉瑞公司对专利药物"万艾可"的描述不符合上述情形。辉瑞公司还提出，对西地那非的实用性无须证实，因为其实用性已经通过实践被证明了。加拿大最高法院审理后认为，辉瑞公司已经通过试验证明西地那非具有治疗雄性勃起障碍（Erectile Dysfunction，ED）的功效，该发明潜在的消费群体对专利产品的接受程度也自然地表明该发明具有实用性。辉瑞公司专利的问题在于，它没有对该专利药物中的唯一有效成分进行披露，这种行为不是在预测发明的技术效果的可行性，而是未对专利进行充分公开。❶ 法院在判决书中还指出，可行性预测是判断发明是否具有实用性的参考标准，而充分公开则是独立于实用性的影响专利有效性的另一要件。由于生物医药领域属于典型的"不可预测"的技术领域，不能预见发明能否付诸实践而对其进行可行性预测与未对发明的实际效果进行说明性质不同，后者属于未对专利进行充分公开，同样会对专利的有效性造成实质性影响。❷ 在由 7 名大法官所形成的一致裁决中，加拿大最高

---

❶ Teva Canada Ltd. v. Pfizer Canada Inc. , 2012 SCC 60, at 25.

❷ 陈默. 论对价理论在专利充分公开中的适用——评加拿大最高法院"万艾可"专利无效案 [J]. 中国发明与专利, 2013（1）: 67 - 72.

法院指出，辉瑞公司没有提供足够细节说明"万艾可"中的有效成分，辉瑞公司受益于专利法的保护，在形成了排他性的垄断权力的同时坚持不公布相关信息，虽然基于专利法的要求辉瑞公司负有进行披露的义务。"辉瑞公司有足够信息作出有效成分披露，但是选择不公布，虽然该公司在申请专利时已经确知有效成分是西地那非，但是选择了一种不明确指出专利的创新部分的说明方式。"判决书最后强调："作为政策本身以及对其所作出的有效解读，专利权持有人不被允许对专利系统进行这样的'操控'，因此这一专利被裁决为无效。"❶ 根据专利契约理论，充分公开发明信息被认为是专利权人获得垄断权所必须付出的对价，这种公开正是公众的利益之所在，而不充分的公开势必会打破专利制度在权利人与公众之间建立的利益平衡，违背"等价交换"的基本原理。❷

---

❶ 孔军．加拿大最高法院裁定辉瑞失去伟哥专利权 ［EB/OL］．（2012 – 11 – 09）［2013 – 10 – 16］．http：//finance. qq. com/a/20121109/000858. htm.

❷ 陈默．论对价理论在专利充分公开中的适用——评加拿大最高法院"万艾可"专利无效案 ［J］．中国发明与专利，2013（1）：67 – 72.

第五章　实用性要件的中国实践

与世界上其他所有国家一样，我国专利法明确规定了实用性要件在专利授权中的法律地位，并通过专利局颁布的《专利审查指南2010》对其操作规则进行了相应的细化。与美、日、欧等发达国家相比，中国专利的转化率明显偏低，这种情况已经引起了专利政策制定者、执行者和专利法学者的警觉。在社会公众眼里，中国专利中混杂了大量的"垃圾专利"，中国出现了某种程度上的"专利泡沫"现象。❶中国专利整体质量不高的原因是多方面的，但由于立法缺陷以及对法律执行不严所导致的专利缺乏实用性，是其中的重要因素之一。虽然专利的实用性不是阻碍不适格专利申请的关键因素，甚至国外关于专利实用性争议的案例相对于创造性和新颖性争议也要少得多，但是中国专利局所能提供给我们的实用性案例似乎更为不成比例的低。这显然不可能是因为向中国专利局提出的专利申请都不存在实用性的问题，而是由于立法自身的缺陷以及执法上的原因，使得专利实用性要件未能发挥出其应有的阻击作用。由于在专利审查实践中专利实用性要件被弱化、虚化，在某种程度上使得实用性要件这道门槛流于形式，专利授权的质量因此普遍降低。与发达市场经济国家普遍采用的"以专利收益促专利申请"的"内源驱动"政策不同，中国的专利发展，特别是科研院所和高校的专利，普遍存在着通过给予发明人（申请人）与专利收益无关的经济利益的方式来

---

❶　参见：孙丽朝. 中国式专利泡沫是如何吹出的［N］. 北京商报，2013 – 07 – 31（5）.

刺激专利申请。有学者将这种刺激专利发展的手法称为"外源驱动"。❶"外源驱动"下的专利申请不考虑专利的实用性，更不关心专利能否转化，只注重是否能够拿到一纸专利证书。这种对专利申请进行不当激励的做法，导致中国的专利申请存在严重的实用性问题，甚至个别地方还发生了因之引起的刑事案件。❷ 设定科学合理、具有可操作性的实用性判断规则并严格执行之，似乎是解决因为实用性缺失所导致的专利授权质量不高的一条出路。在笔者看来，目前我国专利法对于实用性要件的设定不是很合理，专利局对法律的执行力度不够，存在的问题非常多。这些问题主要表现为：专利法关于"能够制造或者使用"的要求滞后于时代，关于专利应该产生"积极效果"的要求不符合实用性要件的本旨，审查指南中缺乏关于专利实用性判断的程序和证据规则方面的具体规定，等等。只有进行深入、系统的理论研究，化解上述问题，才可能建构出一套科学合理的实用性判断的规则体系，使实用性要件的作用真正发挥出来。

在实用性要件的设定上，还有一个标准高低的问题，也就是说一项专利申请要多有用才算是满足了实用性要件的要求。各国在设定其专利的实用性标准时，无不以其经济技术的发展水平为基础，甚至对不同产业依据其发展水平采取不同的标准尺度。美国在基因专利申请方面所持有的实用性标准，在20世纪八九十年代曾经历了一个从严到宽的发展过程，生动地说明了产业利益对专利实用性政策制定所产生的影响。❸ 鉴于中国目前的经济技术发展水平与发达国家仍有相当大的差距，特别是考虑到中国目

---

❶ 王楚鸿. 专利技术的"可用性"缺陷探讨 [J]. 科技管理研究, 2006, 26 (11): 200-202.

❷ 梁宗. 上海"专利"骗子被判7年 [EB/OL]. (2004-09-22) [2013-11-06]. http://old.chinacourt.org/public/detail.php? id=132501.

❸ 李水宝. 基因专利实用性标准和基因产业的关系 [D]. 重庆：西南政法大学, 2010: 11-17.

前所特有的难以立时改变的专利"外源驱动"现实情况，我们宜奉行相对较高的实用性标准，特别是在像生物技术、纳米技术等高技术领域内。波斯纳尝言："专利局宽松的（授权）标准非但不能激励发明创造，反而会刺激知识财产的策略性使用，这会使发明创造成本更高、负累更多，反而降低激励活动的效率、扭曲激励活动的目标。"❶ 专利实用性要件还存在一个与国际接轨的问题。在这个问题上，我们似乎存在着较其他可专利性要件更大的回旋余地。日、欧的"工业应用性"标准和美国的"实用性"标准至今未能在国际范围内、在一般意义上取得统一和协调，这也是导致《实质性专利法条约》流产的一个重要原因。但是在一些具体领域内，国际上也存在一些公认的实用性判断规则。比如，经过三轮的协调，美、日、欧在生物技术领域内就其实用性问题达成了较为一致的看法。美、日、欧所形成的关于生物技术专利申请的实用性判断规则，虽不是一项国际公约，对中国也没有约束力，但考虑到其科学性和日益扩大的国际影响，我国在确定生物技术专利申请的实用性判断规则时应考虑吸收和采纳，这属于郑成思教授所说的具有可能性和必要性的"与国际接轨"的情况。❷ 在生物技术领域之外，由于没有公认的国际标准，所以我们在确定自己的实用性标准时完全可以基于自己的情况和需要而灵活决定。

第一节　与实用性有关的立法与审查实践

　　自 1985 年 4 月 1 日《专利法》生效和同步展开的专利审查实践开始，对于实用性要件的规定和执行就存在了，并一直延续至

---

❶　理查德·A. 波斯纳. 我们的知识产权是不是太多？ [M] //张玉敏. 西南知识产权评论（第一辑）. 易建雄，李扬，译. 北京：知识产权出版社，2010：13.

❷　参见：郑成思. 知识产权论 [M]. 北京：社会科学文献出版社，2007：303 – 306.

今。之后，我国专利立法历经变化，专利实用性要件的判断规则也随之发生了相应的变迁。随着专利审查实践的深入发展和经验的积累，有关专利实用性的审查案例也逐步得以丰富，并反过来影响了专利法对于实用性的规制。总体来看，到目前为止，我国专利法对于实用性的规定仍较为粗浅，有关专利实用性的审查实践未有真正深入，致使专利实用性要件的作用被局限在一个十分狭窄的范围内，没有真正发挥出其应有的价值。中国目前在专利审查实践中所遇到的特殊问题及新兴技术领域内专利申请对传统授权条件所形成的挑战，都要求我们必须深化对专利实用性要件的认识、兑现专利实用性要件的要求，唯有如此，始能在新的社会条件下，在专利实践中准确地实现专利法所确定的政策目标。为了加深对专利实用性要件的理论认识和执行力度，有必要对既往的立法和相关实践进行一番认真的反思，以总结其中的经验和不足。

一、专利实用性要件在立法上的沿革

"专利法"这一概念有广义和狭义两种。狭义的专利法专指由全国人民代表大会常务委员会制定和颁布的、并以"专利法"命名的《中华人民共和国专利法》；而广义的专利法还包括了国务院颁布的《专利法实施细则》、最高人民法院发布的相关司法解释以及国务院专利行政部门制定的《专利审查指南 2010》等相关规范性法律文件。因此，广义上专利法可以被定义为："国家制定的用以调整由发明创造活动而引起的各种社会关系的法律规范的总称。"❶ 此处所讲专利实用性要件在立法上的沿革系在广义上使用专利法一语。自 1984 年 3 月 12 日《专利法》在第六届全国人大常委会第四次会议上获得通过以来，至今已有 30 多年的时间，其间先后于 1992 年 9 月 4 日、2000 年 8 月 25 日和

---

❶　冯晓青，杨利华. 知识产权法学 [M]. 北京：中国大百科全书出版社，2008：154.

2008 年 12 月 27 日被全国人民代表大会常务委员会修正三次。目前所施行的 2008 年《专利法》与 1984 年《专利法》相比，无论是条文的数量，还是内容的丰富性和科学化程度都有了明显增进，基本上适应了我国经济技术发展的需要。但是值得注意的是，至今所经历的四个版本的《专利法》关于专利实用性的规定，包括条文的编排序号在内，未曾有过丝毫变化，表现出了惊人的稳定性。四个版本的《专利法》均在第 22 条第 1 款和第 4款对专利实用性要件及其含义作出了完全相同的规定，具体内容表述为："授予专利权的发明和实用新型，应当具备新颖性、创造性和实用性"；"实用性，是指该发明或者实用新型能够制造或者使用，并且能够产生积极效果。"当然，由于《专利法》是专利立法的基础，其规定相对比较抽象和原则，在现实条件没有发生大的改变的情况下，其条文表述保持相对的稳定性也属于正常现象，甚至也是必需的。

在法律位阶上，继《专利法》之后的当属于《专利法实施细则》和最高人民法院发布的有关司法解释了。《专利法实施细则》也曾经历了若干个版本，其间在立法形式上还曾发生过一次重要变化。现行的《专利法实施细则》由国务院在 2001 年 6 月 15 日公布，此后在 2002 年 12 月 28 日和 2010 年 1 月 9 日由国务院进行了两次修订，属于标准的行政法规。在 2001 年的《专利法实施细则》施行之前，曾经存在过另外两个版本的《专利法实施细则》，分别是 1985 年 1 月 19 日经国务院批准并由中国专利局于同日发布的《专利法实施细则》以及经由国务院 1992 年 12 月 12 日批准并由中国专利局于 1992 年 12 月 21 日发布的该《专利法实施细则》的修正案。由于《专利法实施细则》在性质上属于一部行政程序法，所以除了规定专利的实用性可以作为驳回申请、提出异议、请求撤销、宣告无效、对实用新型明显缺陷的初步审查的依据以外，未对实用性要件本身作出任何具体规定。到目前为止，最高人民法院所发布的与专利法有直接关系的司法解释，均未涉及专利的实用性问题。

对专利实用性问题作出最为详细规定的当属国务院专利行政部门所颁布的历次版本的"审查指南"或者"专利审查指南"❶了。专利审查指南由国务院专利行政部门颁布，具有相当于部门规章的法律效力。截至目前，我国专利行政部门先后发布过四个版本的专利审查指南，分别是中国专利局于1993年3月10日发布的《审查指南1993》，国家知识产权局于2001年、2006年发布的《审查指南2001》《审查指南2006》以及于2010年发布的《专利审查指南2010》。四个版本的审查指南都在第二部分"实质审查"的第五章"实用性"中对专利的实用性要件作出了具体规定，其内容都包括了"引言"（申明实用性的法律地位）、实用性的概念、实用性的审查（包括审查原则、基准以及不具备实用性的典型事例）。其中《审查指南2006》《专利审查指南2010》关于实用性的规定完全相同，前三个版本的规定相互间有些许变动。《审查指南2001》相对于《审查指南1993》的变化是，取消了关于积极效果的举例，将不具备实用性的示例中的"缺乏技术手段"的情形调整到了第二部分第2章关于说明书的规定之中，同时在例举情形中增加了一项关于"测量人体在极限条件下的生理参数的方法"的举例。《审查指南2006》相对于《审查指南2001》的变化是，在"审查原则"中取消了关于"能否实施是以所属技术领域的技术人员能否实现为标准"的规定，在"无积极效果"的例举情形中取消了关于"严重污染环境、严重浪费能源或者资源、损害人身体健康"的表述。审查指南关于专利实用性要件的规定在内容上的变化，主要是为了协调与客体审查、说明书充分公开审查以及其他法律部门之间的关系。审

---

❶ 专利行政部门颁布的作为审查依据的规范性文件的名称有所变化，在2010年之前称为"审查指南"，在2010年之后称为"专利审查指南"，但是所指称的对象是完全一致的。

查指南在内容上所作出的调整，在笔者看来，既有其科学性的一面，也有其失误的一面。对其具体内容的评论将在下一节"与实用性要件有关的立法缺陷"中进行展开。四个版本的审查指南都在第二部分"实质审查"的第十章"关于化学领域发明专利申请审查的若干规定"中对一些特殊类型的专利申请的实用性问题进行了规定。这些特殊规定主要包括菜肴和烹调方法、医生处方、由自然界筛选特定微生物的方法、通过物理化学方法进行人工诱变生产新微生物的方法。给出的除外理由是，前两类缺乏工业实用性，后两类由于缺乏再现性从而亦不具有工业实用性，所以均不符合我国专利法一贯坚持的产业应用性标准。

二、有关专利实用性的审查和司法实践

专利审查和司法实践是行动中的专利法，较之于静态的专利法更有实际意义。弄清楚专利实用性要件在我国专利审查实践和司法实践中的实际运作状况，是正确评价我国专利实用性要件制度的客观基础。笔者通过检索网络资料，掌握了与专利实用性有关的大量的审查案例和一定数量的司法案例。总体看来，对于专利实用性要件的发展作出经验性贡献的主要是专利行政机关，经由司法机关裁判的与实用性有关的专利案件非常少，而且就在寥寥数件司法案件中，我国司法机关也从未有过推翻专利行政机关决定的记录，并且其说理也未超出专利行政机关所给出的法理根据。"在中国专利法领域，法院极少对专利局《审查指南》的权威性发起挑战，大多数场合会直接将《审查指南》作为专利行政诉讼案件的判案依据。中国专利法领域这一行政主导的传统对于落实政府的产业政策相当有利，但是大大降低了社会力量通过司法途径改变中国专利法的积极性，在一定程度上减缓了专利法完善的速度。"❶ 所以，笔者在本书中主要评述专利行政机关对

---

❶ 崔国斌. 专利法：原理与案例 [M]. 北京：北京大学出版社，2012：125 – 126.

于专利实用性要件的操作和运用。出于搜集资料的便利以及完整呈现审查过程的需要，笔者主要使用了国家知识产权局专利复审委员会官方网站上所公布的"审查决定检索"数据库。该数据库涵盖了现行专利法生效以来由专利复审委员会所作出的所有的复审决定和无效决定，具有广泛的代表性。笔者对该数据库的利用方法是：首先，在"法律依据"检索项中输入"专利法第22条第4款"字样，共得到473条相关的案件记录；其次，在"法律依据"检索项中再输入"专利法第26条第3款"字样，共得到4209条相关的案件记录；最后，在"法律依据"检索项中输入"专利法第22条第4款、第26条第3款"字样，共得到12条相关的案件记录。然后对通过上述方法所得到的案件进行分析解读，主要分析了专利复审委员会所作出的维持驳回申请的决定和宣告专利权无效的决定，对于那些虽然发生了争议，但最终专利权被授予或被认定有效的案件仅做参照。通过对最后进入视野的近百件专利案件的解读和研究，笔者发现，专利实用性要件在我国专利审查实践中运用的范围十分狭窄，大量的应该援引实用性要件作为驳回根据的案件都转借了其他的法律根据，专利行政机关对专利实用性要件的使用过度谨慎，甚至达到了拘谨的程度，致使可以借助案件审查发展实用性要件理论的机会被一再错失，专利实用性要件的作用被极大地弱化和虚化。从总体上来看，专利法关于专利实用性的要求在审查实践中未被准确和严格地执行。究其原因，主要是对实用性要件的本质及要求认识不清楚、不深刻，未能正确看待实用性要件的独立价值，仅仅在十分表象的层次上理解实用性要件。同时，未能正确把握实用性与其他可专利性要件之间的关系，特别是实用性与充分公开的关系，致使把实用性的要求多归结为其他可专利性要件的要求，使用其他要件替代实用性要件。

　　笔者将专利复审委员会所处理过的与实用性要件有关联的案件分为两大类。第一大类是，专利复审委员会在专利复审过程中最终依据《专利法》第 22 条第 4 款所规定的实用性要件驳回申请或者宣告专利权无效的案件。第二大类是，专利复审委员会在复审过程中采用其他法律根据驳回申请或者宣告专利权无效，但在笔者看来，实际上应该依据或者说应该同时依据专利实用性要件驳回申请或者宣告专利权无效的案件。第一大类案件代表了专利实用性要件在我国专利审查实践中的真实运用状况。据笔者对相关运用案例的分析，这类案例虽然比较多，但是类型却很单一，主要是专利申请的技术方案明确地违反了某种公认的自然规律，致使该申请所包含的技术方案在实践中根本无法实施，所以其缺乏实用性是极其直观的。在这一类中，所涉及的自然规律，莫过于能量守恒定律最为典型和集中，其占据了该类中的至少90% 以上的案例，在某种意义上可以说，这一类就是违反了能量守恒定律的一类。对于其他自然规律的违反，虽有其例，但十分罕见。由于违反能量守恒定律的发明主要集中在机械电子领域，多涉及某种机器设备，而这类机器设备又往往被统称为 "永动机"，所以这一类可以简称为 "永动机类"。实际上，在几乎所有的国内专利法或者知识产权法的教材中，凡谈到违反自然规律而不具备实用性的发明时，无不以永动机为例加以说明，❶ 这在某种程度上反映了中国专利审查的实际情况。举例来说，针对永动机类的专利复审决定，早些年的，如，1990 年 9 月 19 日作出的第 97 号复审决定，涉及一种名称为 "以静力矩的动力效应为原动力的动力机" 的产品发明；1991 年 3 月 15 日作出的第 132

---

❶ 例如，郑成思. 知识产权法 [M]. 北京：法律出版社，2003：222："不实用的发明不可能获得专利，最明显的例子之一就是 '永动机'"；刘春田. 知识产权法 [M]. 北京：高等教育出版社，北京大学出版社，2003：201："如永动机，无论是违背能量守恒定律的第一类永动机，还是违背热力学第二定律的第二类永动机，均不可能被制造出来"；吴汉东. 知识产权法 [M]. 北京：中国政法大学出版社，2009：169："例如 '永动机' 的发明因违背了能量守恒定律，而不能获得专利保护。"

号复审决定，涉及一种名称为"天平重力机"的永动机发明。近些年来专利复审委员会所作出的属于"永动机类"的复审案例有：2013年10月17日作出的第58754号复审请求审查决定，涉及一种名称为"永磁体动力装置"的永动机发明；2013年10月17日作出的第58335号复审请求审查决定，涉及一种名称为"一种X型链接伸缩臂式液压动力发动机及发电机组装置"的永动机发明；2013年9月7日作出的第57688号复审请求审查决定，涉及一种名称为"电动力装备"的永动机发明；2013年2月25日作出的第50627号复审请求审查决定，涉及一种名称为"不耗能的汽车"的永动机类发明。专利复审委员会每年都会作出若干件涉及永动机类发明申请的复审决定，凡此种种，真是不胜枚举，成为中国《专利法》第22条第4款的真正用武之地。笔者认为，永动机类专利申请不具备实用性是显而易见的，依据《专利法》第22条第4款关于实用性的规定驳回申请并没有不妥之处。但是值得注意的是这类永动机类专利申请，由于申请人所提供的技术方案根本不可能解决其所给出的任务目标，也就是说不具备其所描述的用途，因而相对于其所披露的用途而言，其所给出的技术方案显然是不充分的，本领域普通技术人员根本无法使用该发明，所以其也就不符合《专利法》第26条第3款关于充分公开的要求，因此在作出驳回决定的时候，除了援引《专利法》第22条第4款的规定之外，还应该援引第26条第3款关于充分公开的规定。虽然无论是只援引第22条第4款的规定，还是同时再援引第26条第3款的规定，对于处理结果并无本质性影响，但考虑到这两条法律规范的立法旨趣是不同的，应该同时援引并分别表述其理由。这样做，一方面可以增强驳回决定的说理性，另一方面也便于申请人有针对性地解答其发明的机理，因为在证明实用性与证明充分公开时所需要使用到的证据和理由是不同的。实际上，美国专利商标局在处理这类案件时，就要求审查员同时援引美国专利法第

101 条关于实用性的规定以及第 112 条第 1 款关于充分公开的规定，并分别给出其根据，以便于申请人在接下来可能发生的诉讼程序中救济其权利。❶ 实际上，专利复审委员会在个别案件中已经注意到了《专利法》第 22 条第 4 款和第 26 条第 3 款在驳回永动机类专利申请中所具有的不同价值，例如在前文提到的第 132 号复审请求审查决定（"天平重力机"案）中就同时援引了上述两个条文，并分别进行了理论分析，只是这一做法未在后来的复审实践中沿袭下来。

专利复审委员会所处理的与实用性审查有关的另一大类案例是，本应依据实用性要件或同时援引实用性要件作为维持驳回决定或者宣告专利权无效的理由，但由于未能准确理解实用性要件的管辖范围而将这类案件交由其他法律依据去解决。这一大类，集中体现了我国专利审查机关在专利实用性要件运用方面所存在的不足，也是导致专利实用性要件虚化的主要表现所在。这一大类又可以分为三种具体情况。

第一种情况是，专利申请文件根本未对申请专利保护的发明创造披露任何实用性或者所披露的实用性不符合专利法的要求，也就是说在形式上缺乏关于实用性的说明。对于这类申请主要应该依据《专利法》第 22 条第 4 款关于实用性的规定作为驳回根据，同时辅助援引第 26 条第 3 款关于充分公开的规定。但是在专利复审实践中，专利复审委员会却只以《专利法》第 26 条第 3 款的规定作为维持驳回决定的根据，这显然是不合适的。例如，专利复审委员会 2008 年 1 月 27 日作出的第 12619 号复审请求审查决定即为适例。该审查决定涉及一项申请号为 99812713.2、名称为"与人 G 蛋白偶联的孤儿受体"的生物技术发明。国家知识产权局于 2005 年 9 月 30 日驳回了该项专利申请。国家知识产权局所给出的主要驳回理由是："无论作为生物

---

❶ USPTO. Manual of Patent Examining Procedure. Rev. 9，August，2012，p. 2100 – 2212.

产品考虑，还是作为化学产品考虑，在说明书中都应当公开本申请要求保护的与人 G 蛋白偶联的孤儿受体的用途和使用效果，这里说的用途和效果，不仅指该多肽作为一种蛋白质来说所具有的蛋白质共有的天然的性质，更为关键的是还应包括本申请的这些序列所具有的特定的用途和效果，这也是本发明所要解决的技术问题所在，采用 DNA 序列制作探针、引物等用途是多肽/多核苷酸普遍具有的共性，并不能构成所述多肽/多核苷酸特定用途和使用效果的公开。"也就是说，申请人对于其所申请的"与人 G 蛋白偶联的孤儿受体"这一产品发明所披露的仅仅是所有蛋白质的通用用途，并不符合专利法所要求的实用性必须是特定的实用性——即本产品发明相对于其他蛋白的独特用途所在——的规定，因而应视为申请人未给其发明披露任何用途。由于"根据说明书的记载，本申请要求保护的序列与公开的 GPCR 的同源性最高仅为53%，本领域普通技术人员不能据此推断出这些序列具有所述的功能"，所以该发明的用途无法通过"结构近似，功能相似"的规则推定出来，从而该发明也没有公认的实用性。总之，申请人的发明既没有公认的实用性，也没有披露的实用性。由于申请人的产品发明无实用性可言，理所当然应当以缺乏实用性的理由作为主要驳回根据。美国联邦巡回上诉法院在 2005 年所审理的 In re Fisher 一案与本案的情况如出一辙，法院最终维持了美国专利商标局以缺乏实用性的理由作出的驳回决定。❶ 但国家知识产权局及其复审委员会却单独以不符合《专利法》第26条第 3 款所规定的充分公开的要求为由作出了驳回和维持驳回的决定。诚然，由于申请人未给其发明披露任何实用性，无法满足"能够制造或者使用"的要求，存在《专利法》第 26 条第 3 款所规定的公开不充分的问题，但是更为紧要的是，它同时还存在《专利法》第 22 条第 4 款所规定的缺乏实用性的问题，所以单纯

❶　In re Fisher, 421 F. 3d 1365（Fed. Cir. 2005）.

援引《专利法》第 26 条第 3 款的规定作为驳回根据应该说是有缺陷的。

第二种情况是，专利申请所披露的实用性明显与公认的科学原理相悖，除非申请人能提供充分、可信的证据，否则应认为所披露的实用性不存在。对于这一类专利申请，在作出驳回决定时同样应该援引《专利法》第 22 条第 4 款关于实用性的规定。但是在作出驳回决定时，专利复审委员会往往仍只依据专利法关于充分公开的规定。例如，专利复审委员会 2013 年 9 月 22 日作出的第 57456 号复审请求审查决定，涉及一项名称为"基本粒子精细结构背景干涉方法"的专利申请。经过实质审查，国家知识产权局于 2011 年 12 月 23 日作出了驳回申请的决定。专利局在驳回决定中指出："①原子能级或者原子光谱存在精细结构，但原子或者其他基本粒子本身并不存在所谓的'精细结构'，即使是原子能级或者原子光谱的'精细结构'也仅与其内部属性有关，不可能通过背景磁场'干涉'的方法加以改变；②中子或者质子以及其他放射性核素的衰变仅与其内部变化有关，加温、加压或者加磁场，均无法改变衰变现象或者规律。因此，本申请的主题不能在产业上制造或使用，不具备《专利法》第 22 条第 4 款规定的实用性。"也就是说，由于申请人的发明与科学原理相悖，其所披露的实用性是不存在的。但是专利复审委员会在对本案进行复审的时候，虽然维持了审查员作出的驳回决定，但却将驳回的依据改变为《专利法》第 26 条第 3 款所规定的充分公开的要求。专利复审委员会就此评论道："本申请请求保护的技术方案并不是建立在现有科学理论的基础上，而是建立在复审请求人自创的'终极分割'理论基础上的。但是，本申请说明书没有提供任何实验结果能够证实通过人工磁场确能够干涉工作空间的背景磁场，从而干预中子衰变。因而，所属技术领域的技术人员在实施本申请请求保护的技术方案时，无法预期并确认是否能够达到以人工磁场干预工作空间背景磁场、从而干预中子衰变的这一技术效果。在本申请说明书未提供确凿的实验证据以证明其技术效果的情况下，所属技术领域的技术人员无法预期并确认实施本申请请求保护的技术方案能够产生预期的技术效果。由于本申请说明书没有提供如上所需的实验证据，因而本申请说明书对于请求保护的技术方案公开不充分，不符合《专利法》第 26 条第 3 款的规定。"专利复审委员会认为该申请不符合充分公开的要求并无不妥，但它未对审查员所形成的并作为驳回基础的本申请无实用性的意见给予任何评论，而是另起炉灶，改用了另外一种法律根据。专利复审委员会的这种做法被复审申请人认为属于程序违法和节外生枝。实际上，由于与科学原理相悖，申请人所披露的实用性并不存在，当然申请人也就不可能教导本领域普通技术人员去使用其发明，所以应该同时基于《专利法》第 22 条第 4 款的规定和第 26 条第 3 款的规定作出驳回决定，但应首先考虑关于实用性的要求。专利复审委员会在专利实用性要件的适用上所持的过度谨慎的态度，是导致专利实用性要件无法真正发挥其价值的重要原因。

第三种情况是，专利申请所披露的实用性，虽难言与某种科学原理或自然规律相悖，但根据本领域的现有知识和申请人所披露的内容，不能合乎逻辑地得出申请人所披露的实用性，也就是说在现有知识和申请人所披露的实用性之间存在逻辑上的断点。此时应主要基于公开不充分的理由驳回申请，但同时由于申请人所披露的实用性不可信，也属于缺乏实用性的一种情况，所以应该同时援引专利法关于实用性的规定。但我国专利局和专利复审委员会在审查这类申请时，往往只以《专利法》第 26 条第 3 款所规定的充分公开的要求作为驳回或者维持驳回的根据，从而使专利实用性要件丧失了很大一块用武之地。这方面的案例非常多，甚至可以说专利局和专利复审委员会依据《专利法》第 26 条第 3 款所驳回或者维持驳回决定的绝大多数案件几乎都属于这种情况。因为从理论上来讲，《专利法》第 26 条第 3 款关于充分公开的规定是对《专利法》第 22 条第 4 款实用性要求的具体落实，不符合充分公开要求一般也就不符合实用性的要求。例如，专利复审委员会 2003 年 9 月 22 日作出的第 3863 号复审请求审查决定，涉及一项名称为"保护作物的组合物"的产品发明。专利复审委员会在决定中说："如果说明书没有公开任何实验效果数据，那么本领域技术人员完全有理由怀疑本申请的技术效果并非建立在真实的科学实验基础上，而仅仅是一种推测甚至是虚构的。"也就是说，此时申请人所披露的实用性是不可信的，所以此时该专利申请既不符合充分公开的要求，也不符合实用性必须是可信的、真实存在的要求，应该同时基于公开不充分和缺乏实用性的理由驳回申请。但是专利复审委员会在维持驳回决定时，只援引了《专利法》关于充分公开的规定。专利复审委员会就此评论道："由于本申请说明的实施例既没有提供任何组合物的具体组分及其含量，也没有公开任何实验效果数据，使得说明书内容不完整，对其发明技术方案的公开不充分，从而使得本领域技术人员难以实现本发明的技术方案，因此不符合《专利法》第 26 条第 3 款的规定。"应该说，专利复审委员会对本案所作出的维持驳回决定说理是不充分的，它遗漏了本应存在的关于实用性的理由。

再如，专利复审委员会 2011 年 4 月 22 日作出的第 31837 号复审请求审查决定，涉及一项名称为"癌萌芽检测液及制备工艺"的发明申请。复审委员会合议组在 2011 年 2 月 17 日发出的复审通知书中指出："本申请要求保护一种癌萌芽检测液及其制备工艺，所述癌萌芽检测液是一种新的药物组合物产品，其原料配方都是些日常生活中常见的食材（根据说明书和权利要求书的记载，申请人所述癌萌芽检测液的原料配方由核桃皮、栗子皮、蚕豆皮、小米糠、黄豆皮、花生皮和水按照一定配比组成——笔者注），根据常识，这些食材本身并无检测癌症的功效，其制备工艺也属于常规工艺（其制备工艺由清洗、粉碎加工、蒸煮、除渣过滤和成品分装构成，该工艺步骤仅仅起到提取和浓缩原料中部分成分的作用——笔者注），本领域技术人员无法根据现有技术预见其配制而成的组合物产品能够检测癌萌芽，即实现本申请说明书中声称的技术效果。"专利复审委员会在复审决定书中进一步指出："众所周知，癌症检测方法和检测结果依赖于癌症的种类、病因、发展程度、病灶部位、病理表现等等诸多因素，现有医学条件和技术尚无法高准确率地进行早期诊断，也不存在能针对任何癌症的广谱诊断试剂，更何况本申请的检测液仅以常规工艺提取自本身无检测癌症功效的常规食材，在没有理论依据支持的情况下，本领域技术人员有理由怀疑说明书中声称的所述检测液能够用于各种癌萌芽检测、且临床表现好、准确率高的效果是否确实存在，例如本领域技术人员有理由质疑所述检测液的有效成分、其引起潜在病灶部位疼痛的作用机理，以及使用何种先进仪器能够对检测结果进行验证等；再者本申请说明书中也没有给出这些效果和数据的获取细节，包括样本来源、体质特征、诊断条件、用于针对性检测的先进检测仪器型号、检测手段等重要信息，以至于本领域技术人员还有理由怀疑所述试验确有实施且诊断和统计方法的科学可靠性。因此本申请说明书中的相关描述相当于断言性或者宣称性的说明，不足以证明本申请的检测液能够实现其所声称的癌萌芽检测的技术效果。"通过专利复审委员会的分析可知，申请人对其发明所披露的实用性是不可信的，属于缺乏实用性的一种具体情形；同时，用途上的不可信有可能是由申请人说明书对相关信息（实验数据、相关药理学以及药代动力学等理论）披露不充分所造成的。因此，应该同时援引专利法关于实用性和充分公开的要求作为驳回申请的法律根据。但是专利复审委员会却作出结论到："本申请说明书中没有对该检测液产品的医药用途或药理作用提供具有说服力的试验数据。因此，本申请说明书没有对其技术方案做出清楚、完整的说明，不符合专利法第 26 条第 3 款的规定，不能被授予专利权。"我们虽然不能说专利复审委员会的意见是错误的，但可以有把握地说它至少是不全面的。值得注意的是，在国家知识产权局所作出的驳回决定中，已经明确提到该发明不具备《专利法》第 22 条第 4 款所规定的实用性，只不过其给出该结论的推理过程不尽合理。专利复审委员会在复审的过程中，在未对审查员作出的缺乏实用性的驳回理由进行任何评述的情况下，径直将维持驳回决定的法律根据调整为《专利法》第 26 条第 3 款关于充分公开的规定。在专利复审案件和无效案件中，专利复审委员会经常无视审查员和无效请求人所提出的缺乏实用性的理由，转而使用《专利法》第 26 条第 3 款关于充分公开的规定对争议专利进行评价并据此形成结论。专利复审委员会的这种态度和做法，使得专利实用性要件的作用范围大为缩减，并对之后的专利申请的审查起到了一种不良的导向作用。这可能是因为，专利复审委员会考虑到，由于在专利案件复审的过程中一般并不对争议专利申请的实用性进行实际验证，所以申请人所宣称的发明效果很难进行彻底的证伪，为了避免风险，所以索性对其实用性不予评价。其实，依据缺乏实用性的理由对专利申请进行驳回时，并不需要通过实验数据对其进行证伪，只要依据现有的本领域的公认知识合乎逻辑地推导出所披露的实用性是不可信赖的，即满足了实用性审查的需要。因为在实用性审查的过程中，坚持的是证据优势规则，只要不具有实用性的证据大于了具有实用性的证据的证明力就可以了，并不需要将不具有实用性的判断证明到高度盖然性的程度。

三、我国当前加强专利实用性审查的特殊意义

虽说对专利实用性的要求是世界各国专利法的通例，在专利审查实践中对实用性进行审查也是各国专利行政机关的共同做法，专利实用性要件对于各国专利体系的运转具有共通性价值。但是考虑到当前的特殊国情，在专利审查实践中强化对专利申请的实用性审查，对于我国专利事业的健康发展有着特殊的意义。

　　首先，我国当前专利发展的"外源驱动"现状以及自然人专利申请占比过高的实际情况均要求加强专利实用性审查。与国外普遍奉行的"以专利养专利"的"内源驱动"不同，我国当前存在着"以专利之外的其他利益刺激专利申请"的"外源驱动"情况。最为常见的做法是，地方政府对专利申请进行申请费、代理费和初期维持费的支持，还经常可以见到对已经成功申请下的专利进行一定物质奖励的情况。再如，在各高等院校普遍存在着利用专利获得职称评审，获取科研项目或完成项目结项，以及获取特殊的物质奖励和津贴的情况。这种做法的初衷是好的，是为了提高人们技术保护意识，减轻人们的专利费用负担，使专利制度尽快深入人心。但是，这些利益的获取与专利是否实用、是否转化往往没有多大关系，只与能否拿到专利证书有关。于是，故意编造技术方案以骗取专利授权的情况屡有发生。有学者就此痛切地指出："在大多数情况下，这些政策都或多或少地扭曲了专利制度自身的市场化的激励机制。这些政策不仅直接导致无谓的财政支出，也造就了大量的垃圾专利，增加了专利系统的负担。"❶ 令人欣慰的是，国家知识产权局已经认识到了问题的严重性，从专利制度公信力的高度出发，要求查处那些"不以保护创新成果为根本、不以提升市场竞争力为目的的专利申请"。还有，由于我国公司企业的科研能力水平还比较低，所以职务发明与非职务发明的比例中，我国的非职务个人发明专利申请所占比例较高，远高于发达资本主义国家个人专利申请在总申请中的比率。而个人专利申请常是实用性缺失的重灾区。有统计显示，永动机类专利申请几乎清一色地出现在个人专利申请之中。"外源驱动"所催生的欺骗性专利申请以及个人专利申请占比过高的现实，使得我国专利申请中缺乏实用性的情况比发达国家普遍的多。如果这些在本质上缺乏实用性的专利申请被授权，将会引发

---

❶ 崔国斌. 专利法：原理与案例 [M]. 北京：北京大学出版社，2012：24.

多方面的消极后果。例如，对专利技术贸易与实施造成危害，造成行政资源的巨大浪费，以及严重降低专利数据库的科技含量并误导科学研究的正常展开，❶等等。为了克服上述缺陷，有必要完善专利实用性的审查规则并在专利审查实践中严格予以执行。

其次，专利实用性要件对于我国在计算机软件、商业方法、生物技术等新兴领域内贯彻国家的专利政策发挥着重要的作用。在 20 世纪七八十年代，就与计算机程序有关的发明能否作为专利权的合适客体的问题上，曾经发生过激烈的争论。但是在产业利益集团的反复游说下，与计算机程序有关的发明主题逐渐被接纳为专利的对象。到目前为止，计算机程序与传统工业应用系统相结合以及程序算法与传统工艺流程相结合所形成的完整的生产工艺，满足了所谓的"机器或者转换"的测试标准，已经顺利成为专利法上的保护客体。❷ 然而，产业部门并不满足，就"计算机程序 + 普通计算机""计算机程序 + 磁盘载体"，甚至单纯的程序算法自身寻求获得专利法的承认。我国《专利审查指南 2010》对待与计算机程序有关的发明专利申请的态度是：计算机程序本身不可专利，只有与传统设备或者工艺相结合，涉及计算机程序的发明专利申请才可能获得专利授权。然而，在专利申请与审查实践中，涉及计算机程序的专利申请，很容易被描述成一种产业方法或者一种工业装置或系统，而这些方法、装置或系统与传统的产品和方法发明并无本质的界限，从而在实质上绕过了"机器或转换"的测试标准，使得一些近乎纯算法的发明专利申请获得授权成为可能。在专利审查实践中，审查员面对由具有丰富的专利文书撰写经验的专利代理人所写就的专利申请书，是否能够有效地排除那些在本质上为计算机程序的专利申请，则不无

❶ 参见：威廉·M. 兰德斯，理查德·A. 波斯纳. 知识产权法的经济结构 [M]. 金海军，译. 北京：北京大学出版社，2005：385.

❷ 崔国斌. 专利法上的抽象思想与具体技术——计算机程序算法的客体属性分析 [J]. 清华大学学报（哲学社会科学版），2005（3）：37-51.

疑问。我国的现实情况是，国家知识产权局甚至对一些接近纯计算机程序性质的发明授予专利权，比如以加密技术名义申请给予专利保护的"加密算法"。❶ 为了应付此类专利申请，在很多情况下，审查员只能武断地采用所谓"名为……实为计算机程序发明"的标签，拒绝授予专利权。而这种做法的说服力和合理性均令人怀疑。由于我国《专利审查指南2010》明确要求申请专利保护的发明创造必须能够直接在产业上利用并产生物质性效果，而那些在本质上为纯计算机程序的专利申请必然是不符合产业应用性要求的，所以以缺乏产业实用性的理由驳回此类申请，似乎更具说服力，也更加契合专利法的本旨。美国联邦最高法院在否定一项程序算法的可专利性时即说："一个人不能就抽象思想获得专利……本案所涉及的程序算法除了应用于数字计算机之外，没有任何实质性的实际用途。"❷ 可见，美国法院将能否产生实际的产业用途作为涉及计算机程序的发明专利申请是否可专利的重要判断标准之一。❸ 令人深感遗憾的是，由于专利实用性要件在我国专利审查实践中被普遍性地弱化和虚化，专利审查部门基本未曾考虑过使用缺乏实用性的理由否定纯计算机程序的可专利性，而仅仅将其作为一种法定例外来处理。虽然美国法院在State Street Bank一案中明确承认了商业方法专利，迄今为止，中国《专利审查指南2010》仍将"组织、生产、商业实施和经济等方面的管制方法及制度"作为"智力活动的规则和方法"而排除在专利客体之外。为了寻求对商业方法进行专利保护，专利申请人往往将商业方法打扮成计算机程序管理系统，使其从表面上看就是实实在在的机器系统，从而符合我国专利法对于产品发明的定义，绕开了商业方法不得专利的规定。美国法院最终不得不对

---

❶ 崔国斌. 专利法：原理与案例 [M]. 北京：北京大学出版社，2012：126.

❷ Gottschalk v. Benson, 409 U. S. 63 (1972).

❸ 陈健. 商业方法专利研究 [M]. 北京：知识产权出版社，2011：249.

通过计算机系统实现的商业方法开绿灯，实际上就是因为专利法无法拒绝这一逻辑结论。❶ 此时，如果再对这些已经被计算机化的商业方法发明贴上"智力活动的规则和方法"的标签，就会显得非常武断。国内前些年曾经被炒得沸沸扬扬的"花旗银行商业方法"一案，❷ 就说明了在所谓的商业方法和机器系统之间划出明确界限所存在的实际困难。实际上，很多新的"商业方法"类的发明在专利申请人撰写技巧的伪装下，通过对专利法上"技术方案"概念的扩大解释，顺利地获得了专利授权。对于那些被打扮成计算机系统的商业方法，由于其在本质上仍未脱离程序算法的范畴，完全有可能使用产业实用性的理由否定其可专利性。对于化学、医药和生物技术领域内的专利申请，我国《专利审查指南 2010》除要求披露其具体用途以外，往往还要求披露证明该用途的实验数据。一般认为，这是我国专利法对于此类专利申请坚持一种更为严格的实用性审查标准的具体体现。我国在计算机程序、商业方法以及化学生物技术等领域内所秉持的特殊严格的专利政策，是以我国目前在这些领域的科技发展水平为依据的，基本符合我国经济发展的需要和相应的产业利益。但是随着我国在这些领域内科学技术水平的日益提高，之前过于严格的判断标准也就有调整的空间和必要，以为产业发展提供必要的激励和保护。专利实用性要件因其所具有的较大弹性而适于在完成上述产业政策之中发挥作用，与其他法律工具一道共同构成对我国相关专利政策的守护屏障。

第二节　与实用性要件有关的立法缺陷

发达资本主义国家，特别是美国，在专利实用性判断标准的

---

❶ 崔国斌. 专利法：原理与案例 [M]. 北京：北京大学出版社，2012：126.

❷ 雷志卫，刘柏荣. 警惕花旗银行申请商业方法专利 [J]. 经济导刊，2003 (8)：58 - 61.

形成上所经历过的"摸着石头过河"的探索过程告诉我们，没有什么理性可以合乎逻辑地推导出永恒适用的实用性审查准则。专利实用性的判断标准，应该根据不同历史时期社会经济、技术的发展状况和现实需要，以审查实践中所出现的各种新的案件为经验基础，不断地形成和革新。专利实用性要件的判断标准应该和社会发展保持一种动态的平衡和适应。由于我国专利制度建立的时间还不长，经验积累比较有限，特别是经济、技术发展相对滞后的现实状况限制了具有开拓性和挑战性的鲜活案例的产生，这一切导致我国对专利实用性要件的判断标准进行创新的基础和动力不足，致使在20世纪80年代形成的判断标准至今未有实质改变，在某种程度上已经落后于社会发展的需要。要想利用专利制度促进本国经济与技术的发展，就必须设定与国情和时代相适应的实用性判断标准。实用性标准设定得过低，虽可以尽可能早地对尚远离工业应用的新技术授予专利权，进而促进基础性研究的开展，但却可能会给下游应用研究施加过度的限制，不利于终端产品的开发。实用性标准设定得过高，虽有可能尽量克服"专利丛林"现象的发生，降低技术交易成本，但却会由于使具有一定应用前景的新技术不能及时获得专利保护，从而挫伤了人们进行前期研究的积极性，最终同样不利于终端产品的尽早产生。因此，设定科学合理的实用性标准，在过高与过低两个端点之间寻求一种合理的平衡，将始终是专利法面临的一项艰巨课题。专利实用性的判断标准主要通过专利法和专利审查指南对实用性的定义体现出来，所以科学合理的专利立法对实用性判断至关重要。通过对国外经验的借鉴以及我国审查实践的考察，笔者认为，我国目前关于专利实用性要件的立法至少存在以下几个方面的不足之处。

一、"能够制造或者使用"的要求落后于时代

我国《专利法》第22条第4款规定："实用性，是指该发明或者实用新型能够制造或者使用……"此处所谓"能够制造

或者使用"是指产品发明必须能够在生产过程中被实际制造出来，方法发明必须能够在生产过程中被实际运用，也就是说发明创造所包含的技术方案本身必须具有可实施性。可实施性意味着发明或者实用新型在技术上是可以实现的，❶虽然在授权当时并不要求该发明或实用新型已经被实际制造或使用，但至少必须切实存在着被制造或使用的可能性。关于专利可实施性的要求是专利实用性标准中最早被确立下来的。在专利实践的早期阶段，特别是机械时代，专利实用性遇到的真正障碍就是发明设想如何予以实现，特别是设想中的产品如何被制造出来。因此，在威尼斯城市共和国和英国封建时代的专利授予实践中，专利审查人员经常前往专利申请人处实地查看其发明的实际操作情况，看其所称产品发明是否真的被制造出来，或方法发明是否真正能够在产业中运用。甚至在进入资本主义社会之后的很长一个历史时期，专利管理机关还要求专利申请人必须提交其发明的模型，必要的时候还得进行现场演示。因为在那个历史时期，只要申请人所述的发明能够被制造出来或被实际使用，其实用性就是必然会存在的，实用性的要求与"制造或者使用"之间存在着一种必然性的内在联系，不会发生相互分离的情况。在当时，实用性是内在于"能够制造或者使用"的要求之中的，没有发挥相应的作用就等于不能制造或者使用。例如，一件关于新式磨坊的发明专利申请或者一件关于新式蒸汽机的发明专利申请，只要它们被实际制造出来，就必然表明它可以用于磨面或者用作生产的动力；反之，如果它不能用于磨面或者生产的动力，就等于说它没有被制造出来。能够制造出来和有用性是完全重合的概念，所以专利法在实用性中强调了可实施性就等于强调了技术本身的有用性。根据当时的技术状况，在能够制造和使用之外，一个独立的有用性的概念和要求是不存在的，也是完全多余的。由于一个理性的人

---

❶ 冯晓青，刘友华. 专利法 [M]. 北京：法律出版社，2010：117.

根本不会去就一件不能制造或使用的发明设想申请专利，所以实用性这一要件在当时并未引起人们的重视，甚至处于一种可有可无的无足轻重的境地。

但是随着 20 世纪中期以来化学、医药和生物技术的深入发展并在专利申请中占据日益重要的地位，人们才发现形成于机械时代的"能够制造或者使用"的要求已经难以适应新技术给专利审查所带来的挑战。针对此类新技术领域的专利申请，如果一味固守传统的可实施性的实用性标准，就会在实质上损害专利制度的目标和宗旨。这是因为，化学以及生物技术等新兴领域内的发明具有与机械领域相当不同的性质，主要表现为：化学物质在现代技术条件下可以被轻而易举地制造出来，通过一定的基因工程方法可以得到大量的基因或蛋白质，并且专利申请中所包含的技术方案具有良好的可再现性，完全满足了专利法对于"专利产品能够被制造出来以及专利方法能够被使用"的要求。但是此时经常遇到的真正困难是，被制造出来的化学物质或被分离出来的基因和蛋白质等生物材料到底有什么用途？这是专利法在机械时代从未遇到过的问题，但却又是关系到专利法宗旨能否得到实现而必须予以解决的问题。例如，1991 年，美国国立卫生研究院（National Institutes of Health，NIH）在其专利申请中，要求美国专利商标局对其研究人员 Crag Venter 博士在实验室中获得的 351 个 cDNA 片断以及包含这些片断的整个 cDNA 链授予专利权。在披露该 cDNA 片断的实用性时，NIH 认为这些片断可以被用作基因标记（Genetic Markers）或者其他研究领域（Forensic Identification，PCR primers，Tissue Typing 等）。但是，根据生物技术学原理，此类序列在工业领域内的应用，必须通过此类 cDNA 或其中基因信息所编码表达的蛋白质的应用来体现。所以，申请人必须清楚地指出该 cDNA 所编码的蛋白质的实际产业用途，才能说明该 cDNA 序列本身具有实用性。这正如美国联邦最高法院在 Brenner v. Manson 一案所确立的发明人必须证明化合物的实用性才能满足专利法对合成该化合物的方法的实用性要求的情况大致相近。NIH 所提出的其申请专利的 cDNA 的各种应用，均是作为研究工具的使用，这只能说明该技术方案还停留在思想领域（the Realm of Philosophy）之中，因而不具备工业实用性。❶ 这是因为，专利法被认为是服从和服务于产业利益的，一项未知用途的化学物质或生物物质对于产业实践没有直接的现实价值。根据专利契约理论，社会公众受制于专利权的基本对价就是从专利所保护的发明中得到切实的好处。很显然，授予此类用途不明的物质或生产该物质的方法以专利权，社会公众只是受到了专利权的制约，而并未从中得到任何有价值的真正回报。而且，由于此类物质被制造出来相对简单，而寻找用途则要困难得多，如液晶材料从其被在实验室中合成出来到最终运用于工业生产曾经历了一百多年的漫长等待。很显然，如果此时再按照机械时代形成的"能够制造或者使用"作为授权标准，必将会造成该领域内专利泛滥成灾。正是在这样的历史背景下，美国联邦最高法院在 1966 年的 Brenner v. Manson 一案中，创造性地发展了实用性的判断标准，提出了实用性必须是特定性的和本质性的这一新的判断基准。日本和欧洲的专利实践响应了美国所形成的新的判断标准。目前，国际范围内形成的基本共识是：化学或生物物质的产品发明必须指明其实际用途；生产特定化学或生物物质的方法发明，只有在该产品有实际用途的情况下，才视为符合了专利实用性的要求。实际上，我国《专利审查指南 2010》对化学和生物技术领域内的发明专利申请已经作出了类似的规定。只是我国《专利法》对于实用性的定义尚未跟进，造成了《专利法》和《专利审查指南 2010》之间的脱节。借用美国联邦巡回上诉法院 Rader 法官在 In

---

❶　G. KENNETH DENISE, M. KETTELBERGER. Patents and The Human Genome Project [J]. Aipla Quarterly Journal, 1994, 22 (1): 27 – 64. 转引自：崔国斌. 基因序列的专利性审查 [M] //国家知识产权局专利法研究所. 专利法研究 1999. 北京：知识产权出版社, 1999: 85 – 86.

re Bilski 一案中所提出的异议意见中的一句话来表达，我国专利法是在亚原子粒子和千兆字节时代适用钢铁时代的可专利性标准。❶ 对新技术领域内的专利申请，着重考察其"有用性"是国际专利审查实践的共同趋势。❷ 因此，在新的技术条件下，我国专利法对于实用性内涵的界定应进行相应的发展和更新。

二、"能够产生积极效果"的要求难合立法之本旨

我国《专利法》第 22 条第 4 款规定："实用性，是指该发明或者实用新型……能够产生积极效果。"在《专利法》对于实用性所下的定义中，申请专利保护的发明创造"能够产生积极效果"的要求被视为实用性概念的当然内涵之一，即以立法的形式明确了"积极效果"在实用性判断中的重要地位。这一规定是中国专利法所独有的，迄今为止未见到有他国法或国际公约作出过类似规定。虽然欧美专利法基于实用性或者工业实用性要件的考虑，要求发明必须具备技术性特征，但是并不要求具有技术上的积极效果。❸ 我国《专利审查指南 2010》对专利法所要求的"积极效果"作出了进一步界定："能够产生积极效果，是指发明或者实用新型专利申请在提出申请之日，其产生的经济、技术和社会的效果是所属技术领域的技术人员可以预料到的。这些效果应当是积极的和有益的。"《专利审查指南 2010》在其给出的不具备实用性的示例中，特别就"无积极效果"的情形进行了解释性说明，其表述道："具备实用性的发明或者实用新型专利申请的技术方案应当能够产生预期的积极效果。明显无益、脱离社会需要的发明或者实用新型专利申请的技术方案不具备实用性。"《审查指南 1993》《审查指南 2001》还更为具体地提醒审查

---

❶ In re Bilski, 545 F. 3d 943 (Fed. Cir. 2008).

❷ 赵琳. 专利的实用性标准比较研究 [D]. 上海：华东政法大学，2011：27.

❸ 张晓都. 发明与实用新型的实用性 [M] //国家知识产权局条法司. 专利法研究 2002. 北京：知识产权出版社，2002：58.

员，哪些"严重污染环境、严重浪费能源或者资源、损害人身健康"的发明或者实用新型必然是不具备实用性的，甚至《审查指南1993》还提示了"积极效果"的主要表现形式，即"质量改善、产量提高、节约能源、防治环境污染等"。我国审查指南对于专利申请应当"能够产生积极效果"的规定，随着其版本的历史演进，总体上呈现出一种抽象化的发展趋势。在专利审查实践中，国家知识产权局以专利申请缺乏积极效果的理由驳回申请的情形是罕见的，《专利法》的这项要求事实上被束之高阁，远未达到立法者通过该规范想要达到的制度目的。虽然审查指南和审查实践都在弱化"积极效果"的影响，但在笔者看来，仅就立法论而言，要求专利申请"能够产生积极效果"并不符合专利法设置实用性要件之本旨，实用性要件仅仅要求专利"有用"而非"有益"，同时实用性要件自身也难以担当起专利申请"能够产生积极效果"的保证人。也就是说，专利法对于"能够产生积极效果"的要求在总体上是失策的，应该予以废除，其主要理由如下。

首先，申请专利保护的技术方案能否产生"积极效果"难以判断。导致难以对"积极效果"作出客观判断的原因有两个方面。其一，对于"积极效果"的定义决定其难以由审查员判断。专利法对于申请专利保护的技术方案"能够产生积极效果"的要求，到底是要求该技术方案在整体上呈现出"积极效果"的面貌，还是说只要在任何一方面有"积极效果"就可以了呢？对此，国内学者普遍认为所谓"积极效果"指的是申请专利保护的技术方案所能产生的整体效果，应采用一种"整体论"的眼光来审视其是否存在。冯晓青教授认为："这里说的积极效果是指技术、经济、社会方面的综合积极效果。……有益性并不要求发明或实用新型完美无缺。有些缺陷的存在是允许的，只要它无碍于在整体上使有益性占主导地位。"❶ 崔国斌副教授认为：

---

❶ 冯晓青，刘友华. 专利法 [M]. 北京：法律出版社，2010：118.

"一项发明的效果是否是'积极'的，是看该发明整体效果，即正面和负面效果综合后的结果是否为'积极'的。"❶ 也就是说，专利法上所讲的积极效果应该是一种正面效果冲抵负面效果后的剩余效果。如果这一剩余效果为正，则为积极效果；否则，为消极效果。有些学者在这一问题上走得更远，认为专利法所要求的"能够产生积极效果""是指该项发明或者实用新型被实施后，不产生对社会的危害，不产生对人类生存、安全、环境的危害，不损害社会公共道德"。❷ 也就是说，"积极效果"指的是一种无负面效果的纯正面作用。很显然，这种看法不切合实际。我们常说科学技术是把双刃剑，再进步的技术也会有其负面效应，只不过负面效应的大小有所不同而已。即使在整体论意义上看待"积极效果"的要求，在审查实践中也难以作出准确判断。因为有关"积极效果"的判断实属一种价值判断，❸ 不同的人因立场或观察视角的不同而会得出不同结论。试想一下近年来社会上对于转基因食品所产生的争论，即可以理解这一点。即使将其视为一种事实判断，由于一项发明可能引发的正面和负面效果都是多样化的，审查员很难全面掌握这些效果，所以要求审查员在信息不充分的条件下作出准确判断只能是一种奢望和过度的苛求。在专利审查实践中，专利复审委员会曾经多次拒绝无效请求人以争议专利存在重大缺陷从而在整体上无积极效果为由宣告专利权无效的请求，司法机关毫无例外地和专利复审委员会秉持了同样的立场。例如，2000 年 7 月 4 日，无效请求人郭行干向专利复审委员会提出请求，要求宣告一项申请号为 95217004.3、名称为"鉴相鉴幅无声运行漏电保护器"的实用新型专利无效。郭行干提出的无效理由是："专利是否实用性，要在实际应用中评估是否有积极的和有益的效果。本案专利存在着威胁人身安全的危险，故

---

❶❸　崔国斌．专利法：原理与案例 [M]．北京：北京大学出版社，2012：139．
❷　吴汉东．知识产权法学 [M]．北京：北京大学出版社，2007：161．

不符合《专利法》第 22 条第 4 款的规定，不具备实用性。"专利复审委员会和一、二审法院都没有支持郭行干的无效请求。法院给出的理由是："具备专利性的发明或者实用新型并非是十全十美的技术方案，它们往往存在某种缺陷，只要所存在的缺点或不足之处没有严重到使其技术方案根本无法实施或根本无法实现其发明目的的程度，就不能因为其存在不足或缺点就认为该技术方案失去专利法意义上的实用性……至于涉及人身安全的工业产品的市场准入问题，与专利法所指的实用性无关，不受专利法的调整，不是本案审理的范围。"类似的案例在实践中还有不少。

那么，如果我们不将"积极效果"视为一种整体效果，而理解为是申请专利保护的技术方案可能产生的任一侧面的有益效果，情形又会怎样呢？我们知道矛盾是普遍存在的，发明的积极效果与消极效果同样构成一对矛盾，它们统一于发明效果之中。无论其消极效果有多大，积极效果总是存在的，否则矛盾对立面的消失意味着事物自身的灭亡。所以，如果我们可以接纳一项关于"积极效果"的很低水平的要求，那么几乎没有什么发明不能通过积极效果的检验。甚至有观点认为："一项发明或者实用新型与现有技术相比即使谈不上有什么优点，仅从它为公众提供了更多的选择余地来看，也可以认为它能够产生本条第四款所要求的积极效果。"❶ 例如，一项申请号为 02261686.1、名称为"手动插秧机"的实用新型专利被授权后，就有人提出了无效宣告请求。其理由是，现有技术中已有机械插秧机，手动插秧机相比机械插秧机工作效率更低，属于技术上的退步，未产生专利法所要求的积极效果，所以不具备实用性。❷ 专利复审委员会未支持无效宣告请求人的请求。因为，手动插秧机虽然效率相对较低，但仍有自己的优势，至少其相比机械插秧机更环保、价格也更低。

---

❶ 尹新天. 中国专利法详解 [M]. 北京：知识产权出版社，2011：277.

❷ 曹义怀. 专利文件撰写实务与案例 [M]. 北京：知识产权出版社，2010：54.

这个事例说明，为专利找到一个方面的积极效果其实很容易，不存在没有任何优点的技术。既然所有的发明都必定有其"积极效果"，那么再设定"积极效果"的要求还有什么意义呢？总之，无论在整体论意义上，还是在单个侧面的意义上，要求发明"能够产生积极效果"均属不可能或者多余。其二，由于在申请专利当时并不要求发明创造已经投入使用，所以专利法所讲的积极效果往往只是一种预测、一种可能性，而不是一种现实。由于人类预知未来的能力是有限的，在未经实践检验前，审查员很难准确预期一件专利申请在未来可能产生的确切效果。世界上第一台蒸汽机、第一只白炽灯、第一辆火车出世的时候，都曾因为过于笨重、寿命短、速度慢而为时人所讥讽，但日后的实践以无可争辩的事实证明了上述发明的"积极效果"和重要价值。当然，也有大量的发明，在作出的当时被普遍看好，而事后的实践却证明其只不过是纸上谈兵或者昙花一现。有学者就此指出："从立法论的角度而言，发明或者实用新型是否能够产生积极的效果，只有经过市场化应用之后才能确实加以事后判断。我国专利法要求申请专利的发明或者实用新型必须具备积极效果，存在先入为主之嫌疑，不但大大增加了审查员审查的难度，而且减少了申请人获得专利的机会。"[1] 所以，自 19 世纪初期以来，欧美的专利法上存在一项基本共识，即发明的社会价值应交由市场而非专利局去判断，专利局仅仅审查专利申请是否能够产生申请人所披露的用途，即是否有用，而不会去过问这种作用的大小以及性质。例如，上述"手动插秧机"案例，虽然专利复审委员会维持其有效，但可能是由于缺乏真正的市场价值，在授权后的不久，专利权人即放弃了该专利的维持。

其次，对"积极效果"的要求不符合专利法设定实用性要

---

[1]　李扬．知识产权法基本原理 [M]．北京：中国社会科学出版社，2010：451.

件的本旨。所谓"积极效果"必定是一个对比中的概念，是相对于某种"消极效果"而言的。而这种作为对比对象而存在的、体现着"消极效果"的技术，显然不可能是申请专利保护的发明创造本身，而应该是该发明创造之外的其他的某种现有技术。这也就是说，专利法所讲的"积极效果"是相对于某种现有技术的消极效果而言的。《审查指南1993》曾明确规定，所谓能够产生积极效果，是指"同现有技术相比，这些效果应当是积极的和有益的"。然而，就专利法设定实用性要件的本旨而言，它只是要求申请专利保护的发明创造具有某种用途，而不仅仅是一种技术空想，并无意将之与现有技术的效果进行优劣对比。一项发明创造为了取得专利而须具有的实用性，并不要求比其以前的那些发明创造的效果更好；实用性要件的价值在于确保一项发明创造能够在最低限度上发挥作用。❶ 在作为专利授权基础的"三性"要件中，新颖性和创造性是对比性概念，其评价结论是在与现有技术进行比较后才可以得出的；而实用性则完全不是这样，现有技术的概念对于实用性的判断没有价值。对此，国家知识产权局条法司编著的《新专利法详解》评论道："实用性涉及的是对发明或者实用新型本身性质的判断，而不是一种比较性质的判断。"正是基于这样的认识，该书进一步指出："要求申请专利的发明或者实用新型具有实用性，并不是要求发明或者实用新型已经高度完善，毫无缺陷。事实上，任何技术方案都不可能是完美无缺的。只要存在的缺点或者不足之处没有严重到使有关技术方案根本无法实施，或者根本无法实现其发明目的的程度，就不能因为存在这样或者那样的缺点或者不足之处，否认该技术方案具有实用性。"❷ 相反，如果认为有关实用性的要求是一项对比

---

❶ JANICE M. MUELLER. An Introduction to Patent Law [M]. 2nd Ed. New York: Aspen Publisher, Inc., 2006: 198.

❷ 国家知识产权局条法司. 新专利法详解 [M]. 北京: 知识产权出版社, 2001: 151 – 152.

性概念，就不可能允许品质如此之低——刚刚脱离根本无法实施或者无法实现其发明目的的程度——的发明通过实用性标准的测试。《审查指南 2001》之后的审查指南在谈到有关"能够产生积极效果"的认定时，删除了《审查指南 1993》中"同现有技术相比"的字样，即为最好的说明，它体现了我国专利行政机关对于专利实用性要件认识的深化。美国学者 Curtis 早在 1873 年的一篇论文中就注意到了人们经常在两种不同的意义上——即对比意义与非对比意义——使用"实用性"一语。他将这两种意义上的实用性分别称为"绝对的实用性"（Positive Utility）与"比较或相对的实用性"（Comparative or Relative Utility）。他认为，不与现有技术相比的"绝对实用性"是发明创造成为有效专利的条件，而与现有技术对比产生的"相对实用性"可用于作为识别某一发明是否与其他发明有区别的测试，但这并不是立法所关注的。❶

最后，"积极效果"的要求容易与其他可专利性条件的审查形成不必要的法律竞合，违背立法上的资源节约原则。一般认为，专利法对"积极效果"的要求可以分解为正反两个侧面：反面的要求是，发明创造的实施不得给社会造成严重伤害；正面的要求是，发明创造的实施必须产生某种有益的效果。反面的要求是为了限制那些有害于社会的发明创造获取专利权，比如那些严重污染环境、严重浪费资源或者能源以及损害人体健康的发明。而我国《专利法》第 5 条在客体审查环节所规定的公共秩序和道德条款所发挥的作用正是排除这类对社会和道德原则造成严重伤害发明创造，所以二者会形成很大程度的重叠，特别是在发明的实施会引发公共道德上的关切时。❷ 由于在专利审查的程

---

❶ G. T. CURTIS. A Treatise on the Law of Patents for Useful Inventions［M］. 4th Ed. New York：Little, Brown and Co., 1873. 转引自：徐棣枫. 专利权的扩张与限制［M］. 北京：知识产权出版社, 2007：204.

❷ 崔国斌. 专利法：原理与案例［M］. 北京：北京大学出版社, 2012：139.

序上，客体审查先于专利"三性"审查，所以，那些在本质上严重违背公共秩序和道德原则的发明往往在客体审查环节就被排除了，致使在可专利性审查环节以缺乏实用性的理由再次否定此类专利申请的可专利性成为一种多余，徒增程序上的累赘。❶ 除非在立法上打破现有体制，将客体审查中的公共秩序和社会公德审查后移至实质性审查环节，作为缺乏实用性的一种情况。正面的要求——实施效果优于甚至全面超越现有技术——一般认为是通过专利的"创造性"要件加以保障的。根据创造性的要求，获取专利的发明创造相较于现有技术必须具有（突出的）实质性特点和（显著的）进步。这里所讲的"显著的进步"或者"进步"，是指申请专利的发明或者实用新型同申请日以前已有的技术相比，其技术方案具有良好的效果。❷ 这种良好的效果表现在发明克服了现有技术中存在的缺点和不足，或者使现有技术具有新的功能和用途，或者在现在发明所代表的某种新技术趋势等方面。❸ 取得了预料不到的技术效果是证明创造性存在的一项重要辅助因素。当然，这里所讲的"进步"并不一定是全面的进步，因为对于绝大多数发明创造来讲，在一个方面取得进步，有时就不得不在另外一些方面作出牺牲。要求发明创造在所有方面都有进步或者显著进步不但过于苛刻，而且多数情况下不切实际。创造性中的"进步性"要求的主要目的在于防止那些在技术上具有特点，但其技术实质却是倒退或对科技进步没有益处的发明被授权。❹ 因此，实用性中对积极效果的要求与创造性中之进步性的要求发生了过度的重叠，既不符合立法资源节约的原则，又人为地造成了法律适用上的复杂化。从立法的整体布局上

---

❶ 张勇. 发明的技术性与实用性研究 [D]. 上海：华中科技大学，2006：40.

❷ 国家知识产权局条法司. 新专利法详解 [M]. 北京：知识产权出版社，2001：146.

❸ 汤宗舜. 专利法教程 [M]. 北京：法律出版社，2003：94.

❹ 冯晓青，刘友华. 专利法 [M]. 北京：法律出版社，2010：114.

来考虑，实用性中所包含的对积极效果的要求基本上已为其他法律规范所涵盖，实无存在的必要。

三、与实用性审查有关的程序和证据规定上的缺失

专利实用性审查属于实质审查中的一个环节，服从于专利实质审查在程序上的一般原则和规定。专利实质审查的一般程序是：（1）阅读申请文件，理解发明，进行实质审查；（2）撰写第一次审查意见通知书；（3）研究申请人的答复和/或修改，进行再次审查；（4）作出审查结论（驳回专利申请或授予专利权）。❶ 有关实质审查的证据问题，我国现行专利法基本未涉及。专利申请的实用性审查在程序和证据方面，除了与一般实质性审查相一致的一面之外，还存在一些重要的不同之处，其中最核心的问题就是有关实用性的证明责任。由于我国专利法和专利审查指南未对实用性的举证责任的分配与转移的证据规则作出具体性规定，导致审查员在实用性的判定上拥有过大的自由裁量权，这不但加重了专利申请人的负担，也影响了实用性审查科学结论的形成。❷ 具体而言，我国《专利法》以及《专利审查指南2010》在与实用性审查有关的程序和证据方面，存在如下几个方面的不足之处。

1. 未就实用性的披露作出一般规定

我国专利审查指南对于化学产品发明和涉及遗传工程的产品及其制备方法的发明，明确要求专利申请必须披露相应专利产品的至少一种用途。但对于这两类特殊专利申请之外的其他一般性发明创造是否需要披露其实用性，指南的规定并不是很明确。我国《专利审查指南2010》在关于"说明书""应当满足的要求"中规定："一份完整的说明书应当包含下列各项内容……确定发

---

❶ 张清奎. 专利审查概说［M］. 北京：知识产权出版社，2002：387-388.

❷ 邓艳娜. 基因专利的实用性标准研究［D］. 重庆：西南政法大学，2006：49.

明或者实用新型具有新颖性、创造性和实用性所需的内容。例如，发明或者实用新型所要解决的技术问题，解决其技术问题采用的技术方案和发明或者实用新型的有益效果。"这一规定貌似要求所有的专利申请必须披露其实用性，但是由于示例中所说的"有益效果"与实用性虽有密切关联，但毕竟属于不同的概念，披露了"有益效果"不等于就披露了实用性。因为"有益效果"可以是一个很抽象的概念，例如提出了产品质量、降低了成本等，而实用性指的是一种具体的实际用途，是技术特征与有益效果之间的连接方式，所以披露了"有益效果"并不等于实用性的要求被满足。《专利审查指南 2010》在关于实用性的"审查原则"部分规定，审查发明或者实用新型专利申请的实用性时，应"以申请日提交的说明书（包括附图）和权利要求书所公开的整体技术内容为依据，而不仅仅局限于权利要求所记载的内容。"这意味着，实用性审查的主要对象是权利要求书，实用性主要寓于权利要求之中，由此更说明说明书中"有益效果"的记载与实用性是不同的概念。如果二者是相对称的概念，专利审查指南又一般性要求说明书披露"有益效果"，那么在进行实用性审查时完全可以单独审查说明书记载的内容，再考察权利要求书就显属多余了。实际上，由于有些发明创造的实用性具有显而易见性，而另外一些则正好相反，所以对于是否披露发明创造的实用性，应视具体情况而定。无论是一般性地要求必须披露，还是完全交由当事人自行决定，均难以契合实用性审查的实际需要。

2. 未就是否应该首先推定申请人关于实用性的披露为真作出一般性规定

当专利申请的实用性并非显而易见时，一般认为申请人有义务披露这种实用性的具体内容。接下来的一个重要问题是，申请人关于实用性的披露是否应该首先被推定为真或称满足了专利法关于实用性披露的要求？对此，我国《专利审查指南 2010》未作出一般性规定。但在"关于化学领域发明专利申请审查的若干规定"一章中，针对化学产品发明以及新的药物化合物或者药物组合物发明，如果所属技术领域的技术人员无法根据现有技术预测发明能够实现所述用途和/或实用效果，要求说明书必须记载"足以证明发明的技术方案可以实现所述用途和/或达到预期效果的定性或者定量实验数据"。也就是说，至少在化学、医药领域内，对于相关的新产品发明，申请人一般应使用实验数据来证明其所披露的实用性的可信性，而所给出的实用性陈述并无一般性推定为真或者推定适法的效力。在专利审查实践中，我国专利审查机关以缺乏实验数据为由驳回了大量的化学、医药与生物技术领域内的专利申请，其中甚至包括部分已经在国外获得授权的同族专利申请。在我国当前科学技术水平、审查员自身的水平等客观条件与发达国家尚有差距的情况下，这种更为严格性的规定自有其合理性的一面，但也应该看到这种做法加重了申请人的负担，甚至在一些难以使用定量数据描述的领域造成了专利申请上的特别困难。例如，2011 年 4 月 22 日专利复审委员会作出第31837 号复审请求审查决定，维持了专利局对一项名称为"癌萌芽检测液及制备工艺"发明专利申请的驳回决定。驳回申请的基本理由是，"本申请书中没有对该检测液产品的医药用途或药理作用提供具有说服力的实验数据。"就专利复审委员会在复审通知书中提到的维持驳回决定的理由，复审请求人陈述了如下意见："复审请求人经多年试验摸索，总结出了检测癌萌芽的定性定量组方，解决了需要解决的问题，达到了预期的效果，可以实施，像是中药秘方，虽能药到病除，发明者没有条件或未必需要做药效药理试验，但不能以此否认其功效"，要求提供相应的药理或药效试验数据，"为复审请求人设置了一个难以逾越的门槛，使得一些民间秘方或精髓在申请知识产权保护方面难以实现，即便是方法可行，效果再好，因为自己感觉没有必要，同时也没有条件去做所要求的实验检测，面对多面堵截的审查，只能是无奈地放弃，将技术创新的成果无偿地公之于社会，结果很伤积极性。"中国传统的中医药领域就属于典型的难以使用定量数据试验描述的技术领域。西药的疗效以定量的生理生化指标变化为衡量基础，其疗效数据完全可以由科学统计学方法予以支撑；而中医药的药理分析大都属于描述性的，且疗效判断本身多也属于定性描述，往往难以使用定量数据描述其客观疗效。❶ 中医药较于西药所存在的这种不同植根于东西方文化的差异，❷ 要求该领域内的发明创造必须提供试验数据，确实有强人所难之嫌，很可能会造成该领域内技术创新成果保护的不足，最终影响创新的步伐。判断申请人对其发明所披露的实用性是否存在，关键的不是看有无试验数据，实际上此类数据十分容易编造，而是要看，根据本领域的现有知识储备，申请人所披露的实用性是否可信，也就是是否与现有知识形成对立。甚至在与现有知识形成对立的情况下，也不应简单地否定所披露的实用性的可信性，而应允许申请人提供进一步的证据或说理，甚至包括产品演示。美、日、欧专利局在证明实用性的问题上都不要求必须提供实验数据，更不要求在申请当时就提交。只有在审查员已经证明申请人所披露的实用性不符合法定标准或者不可信时，专利局才会建议或者要求申请人提交实验数据和文献证据，以支持其实用性主张。实际上，专利复审委员会对上述案件的处理结果可能并没有错，但是其论证过程不妥当，如果是援引实用性中关于可信性的要求，并辅之以相应的说理过程，可能就会获得复审请求人更大程度上的认可。在我国目前的专利审查实践中，普遍存在着首先质疑而不是相信申请人对发明实用性的陈述的现象。这不但加重了申请人的举证负担和审查员的审查任务，而且可能还导致一些真正有用的专利申请得不到保护。只要申请人对实用性的陈述并非不可

---

❶ 刘菊芳. 医药专利审查中有关"公开"问题探析 [D]. 北京：中国政法大学，2005：18.

❷ 王琦. 论中医学与东西方文化差异与认同 [J]. 中国医药学报，2002，17 (1)：4-7.

信，哪怕没有完整的试验数据的支持，专利局也应该接受该陈述。因为专利不同于科技论文，只要申请人所披露的技术方案能够实现并且达到预期效果，就不得因为论证不够严密而拒绝施以专利保护。

3. 几乎未就实用性审查中涉及的证据问题作出任何规定

专利实用性审查的过程，在某种意义上，就是一个对证据进行判断和认定的过程。在专利审查的过程中，注重证据的运用，降低因个人的技术背景或者个人创造力的差异带来的主观影响，作出尽量客观的评判，是提高专利审查质量的重要基础。[1] 所以，证据问题对于专利实用性审查至关重要。专利"三性"审查均涉及证据问题，实用性审查在证据方面还有自己的特殊性。我国《专利审查指南 2010》几乎未对包括实用性审查在内的专利实质性审查中的证据问题作出任何规定，致使专利实用性审查的结论难以预测，影响了专利申请人对法律可预期性的期待，同时也不利于通过对审查过程的要求倒逼申请人撰写合乎专利法要求的申请文件，借此全面提升专利申请的质量。与专利实用性有关的证据问题主要包含以下三个方面。

首先，如何把握实用性的证明标准。在证据法上，针对不同性质的法律过程存在着不尽一致的证明标准，这主要包括盖然性占优势标准、高度盖然性标准以及排除合理怀疑标准等。关于专利实用性的证成或否证到底应采用什么样的证明标准，在我国专利法和专利审查指南上似乎并不清楚。证明标准的不清是导致我国专利审查部门在永动机类发明之外几乎从不敢使用实用性要件驳回专利申请的一个重要原因，唯恐自己对于实用性的否证难以满足法律的要求和获得法院的支持，所以取而代之广泛使用甚至滥用专利法关于充分公开的规定。明确实用性证成或否证的证明

---

[1]　杨铁军. 准确理解立法宗旨，培育专利审查文化 [N]. 中国知识产权报，2012 – 07 – 11（01）.

标准，是正确运用实用性进行专利审查的重要基础。

其次，关于实用性是否存在的推定规则的运用。根据一事实的存在或不存在推定另一事实的存在或不存在，是证据运用中的一个重要问题。在实用性的判断过程中，广泛存在着"结构类似，功能相似"的推定规则运用的余地。当然，这一规则的运用仍有很多具体的限制性条件，并且在不同的技术领域可能还有不同的具体表现。我国《专利审查指南2010》未对这一规则及其运用条件进行规定，所以才导致在化学、医药和生物技术等一系列领域内要求必须提供定量的实验数据来证明专利申请的实用性，客观上增加了法律运行的成本。在国外特别是美国的专利审查实践中，广泛存在这对"结构类似，功能相似"推定规则的运用，极大地减轻了申请人就专利实用性所承担的证明责任。我国专利审查指南也应该考虑就这一重要证据运用规则作出具体的规定。

最后，关于准用于证明实用性存在的证据形式的问题。根据我国《专利审查指南2010》的规定，准用于证明实用性存在的往往只能是定性或定量的试验数据，或其他相关的科技论文、报告、书籍等科学文献。而在美国，包括实验数据、实验过程记录、本领域专家的宣誓书或声明、专利或者出版物等任何证据记录都可以被用来证明实用性的存在。❶ 正如前文所指出的，对于那些难以使用科学数据来描述的技术领域内的发明，或申请人因自身主观原因难以使用科学证据证实的发明，接受其他形式的证据似乎就成为进行实用性认定的不二选择。我国专利审查指南应该对可以用于证明实用性的证据种类和形式作出相应的规定，主要是扩大可以接受的证据的种类和范围，以满足不同条件的申请人或不同性质的发明创造在证明其专利申请实用性

---

❶ USPTO. Manual of Patent Examining Procedure. Rev. 9, August, 2012, p. 2100 – 2124.

时的实际需要。

第三节　专利实用性要件的完善措施

专利实用性要件主要体现在我国《专利法》《专利审查指南2010》以及专利审查实践之中。其中,《专利法》是专利实用性要件的立法基础,《专利审查指南2010》是专利实用性要件的具体操作规范,专利审查实践则体现着专利实用性要件的实际运作状况。三者虽有不同,但彼此配合,相互承接,共同发挥着实现专利实用性要件及其立法目的的功能。任何一个层次上出现问题,都会影响到专利实用性要件制度目的的实现。正如上文所分析,我国《专利法》《专利审查指南2010》对专利实用性要件的立法规制及专利审查实践对实用性要件的执行均存在不同程度的问题,影响了专利实用性要件所承担的促进专利法价值目标实现的使命,降低了专利实践的运作水平。为了完善我国专利法律制度,提高专利审查工作水平,提升专利授权质量,应该对专利实用性要件在立法和实践中存在的不足之处进行改进,以建立一套科学合理的专利实用性要件制度。

一、《专利法》上实用性要件的完善

《专利法》是我国专利制度和专利实践的法律基础,对我国专利事业的发展发挥着方向性指引作用。如果《专利法》的规定有失科学、合理,必将给整个专利制度和专利实践产生危害。因此,《专利法》内容设计的科学合理是健全专利制度、优化专利实践的根本所在。实用性要求既是发明所应满足的条件,同时也是整个专利制度运行的基础。❶ 我国《专利法》按照国际通例规定了专利的实用性要件,但对专利实用性的界定却不尽科学合

---

❶ 冯晓青. 知识产权法 [M]. 北京:中国政法大学出版社,2010:240.

理。正如上文所分析，这种规定的不科学之处主要表现为，《专利法》第 22 条第 4 款对专利实用性要件所下的定义中，关于"能够制造或者使用"的规定落后于时代的需求，无法满足新技术领域内专利实用性审查的需要；关于"能够产生积极效果"的规定不符合专利法设定实用性要件之本旨，而且在专利审查实践中也无从加以把握和实际操作，致使该规定完全流于形式。因此，笔者建议删除《专利法》第 22 条第 4 款关于发明或者实用新型"能够制造或者使用"以及"能够产生积极效果"的要求。《专利法》第 22 条第 4 款是关于实用性的定义，其核心元素即在于规定了上述两个方面的内容。如果舍弃这两个方面的规定性，实际上就等于取消了《专利法》第 22 条第 4 款及其所内含的专利实用性的定义。然而笔者认为，虽然可以取消专利实用性定义中"能够制造或者使用"以及"能够产生积极效果"的规定，但却不应取消专利实用性定义本身。这是因为，虽然《专利法》作为专利立法的基础应保持一定的抽象性和稳定性，因而不宜对于实用性判断之具体操作性规则进行规范，但是对内含于专利实用性要件之中的本质性的东西还是应该通过定义的方式保留在《专利法》中，以为《专利审查指南 2010》和专利审查实践提供方向性指导。

借鉴欧洲和日本专利立法的经验，笔者认为专利实用性中不变的本质规定性在于其工业实用性或称产业应用性，因此应该在专利法中运用工业实用性或者产业应用性的范畴来界定实用性概念，避免因为"实用性"一词的过度抽象而可能产生的理解上的歧义。考虑到"工业"一词在汉语中可能会被狭义化理解，以及在专利实践中我们已经使用"产业"一词界定实用性的既有习惯，笔者建议选用"产业应用性"一词来对实用性作出进一步的界定。如此修正之后，《专利法》关于实用性的定义具体可以表述为："实用性，是指该发明或者实用新型具备产业应用性。"运用"产业应用性"来界定实用性要件的内涵有以下几个方面的优势。

首先，"产业应用性"意味着申请专利保护的发明创造必须真正有用，完全契合了"实用性"要件所承担的立法使命。有学者指出："申请专利的发明或者实用新型必须能在产业中应用，是指发明或者实用新型不能是抽象的、纯理论的，只能在理论上、思维上予以应用，而必须是能在实际产业中予以应用。"❶因此，所谓实用性就是一种产业应用性，产业应用性这一概念代表了发明创造的直接实践性和稳定的再现性，完全符合了实用性要件所承担的立法使命。

其次，"产业应用性"一词虽较实用性一词具体，但其本身仍比较抽象，包含了使专利法的相关规定保持相对稳定性的足够弹性。产业应用性的具体内含可有多种解读方式，完全可以适应不同技术领域内专利审查的需要以及技术发展的需要，因此符合《专利法》作为专利制度的立法基础其内容须保持相对稳定性的要求。

最后，用产业应用性一词来界定实用性可以调和日、欧的"工业实用性"标准和美国的"实用性"标准之间存在的冲突，便于我国的专利立法和实践与国际接轨。按照美国专利法的规定，专利的实用性必须是特定的、本质的和可信的。这三个方面的要求完全可以融入"产业应用性"的内含之中，作为对于我国"产业应用性"标准的具体解读，从而可以实现日、欧的"工业实用性"标准和美国的"实用性"标准的协调，兼采二者之所长，共同丰富我国的专利实用性要件制度。考虑到《专利法》内容的相对稳定性以及专利审查实践的易变性，除了"产业应用性"这一限定语之外不应再在专利法中对实用性作出更为具体的规定。包括实用性的判断基准在内的实用性判定的具体问题宜在《专利审查指南 2010》中作出规定。

---

❶ 尹新天. 中国专利法详解 [M]. 北京：知识产权出版社，2011：276.

二、《专利审查指南2010》上实用性要件的完善

为了细化《专利法》的规定以便于专利审查实践的顺利展开，美、日、欧等主要资本主义国家的专利行政机关均发布了各自的专利审查指南。专利审查指南非由立法机关制定，其法律位阶较低，然因其规定相对于专利法更为具体和富有可操作性，事实上对专利审查实践发挥着十分重要的影响。各国专利审查指南均对专利实用性的判定作出了具体规定，其中以美国专利商标局所发布的专利审查程序手册最具代表性。我国国家知识产权局所发布的《专利审查指南2010》同样对专利实用性的判定作出了具体规定，但相较于发达国家更为详细、成熟的审查指南，我国《专利审查指南2010》尚存在一些不足之处，笔者认为应从以下几个方面予以完善。

（一）引入"公认的实用性"（Well – established Utility）概念，以解决实用性披露的问题

申请专利保护的发明创造必须具备某种产业上的应用性，既是专利法的基本规定，也在专利审查实践中没有争议，但尚不清楚的是，在专利申请的过程中，是否必须披露发明创造实用性的具体内容。出于专利审查便利的考虑，似乎应当在专利说明书中披露这种实用性的存在。但出于资源节约和申请便利的考虑，似乎又没有必要对实用性的披露作出强制性的统一要求。这就像专利创造性一样，我国专利法只要求实用性内含于发明创造的技术方案之中，只要审查员通过技术方案可以理解这种实用性，就不存在必须予以披露的要求。由于专利实用性的审查以申请时提交的专利文件为准，一般不允许使用事后的证据证明专利申请的实用性，为了兼顾专利申请人的利益和专利审查机关的审查需要，笔者建议引入美国专利法上的"公认的实用性"的概念，来解决专利实用性披露的问题。所谓"公认的实用性"是指，该技术领域的普通技术人员基于发明的特性（如产品或方法的特点和

应用）能够迅速领会为什么该发明是有用的，并且这种有用性是特定的、实质的和可信的。❶ 例如，一种新式的帽子、水杯、生产工艺等，只要根据发明创造的技术特征可以很容易地理解其实用性，那么对这种实用性的披露就不是必需的，同样地，审查机关不得以缺乏实用性为由驳回申请。但对于像一种全新的化学物质发明、新的基因序列发明等其用途尚不清楚的发明，则由于缺乏"公认的实用性"而必须披露其实用性的具体内容，否则审查机关有权以缺乏实用性为由予以驳回。欧洲专利局审查指南也作出了类似的规定："如果根据说明书或者发明的特性，申请专利保护的发明创造的工业实用性不是显而易见的，说明书就应该明确地阐释发明创造可得在工业上应用的具体方式。……在多数案例中，发明创造可得在工业上应用的具体方式都具有不证自明的特性，所以对于这一点一般不再提出明确要求。但是有一些事例，例如，关于测试的方法（in relation to methods of testing），它的工业应用方式不是外显的，所以必须明确揭示之。还有，某些与生物技术有关的发明创造，即基因序列和基因片段，其工业实用性也不是不证自明的。这类基因序列的工业实用性需要在专利申请中予以披露。"❷ 当然，在需要披露实用性的情况下，申请人为其发明所披露的实用性还必须符合实用性的其他判断标准。关于"公认的实用性"的条文设计，笔者认为可以表述为："发明或者实用新型的实用性，除非在本领域普通技术人员看来是显而易见的，否则必须予以披露。"

（二）引入"特定的、本质的和可信的实用性"的审查标准，以解决产业实用性基准的具体落实问题

我国《专利审查指南 2010》规定，专利实用性的审查应该

---

❶ USPTO. Manual of Patent Examining Procedure. Rev. 9, August, 2012, p. 2100 – 2124.

❷ EPO. Guidelines for Examination, 4. 9 "Industrial application" [EB/OL]. [2013 – 12 – 27]. http：//www. epo. org/law – practice/legal – texts/html/guidelines/e/f_ ii_ 4_ 9. htm.

以《专利法》第 22 条第 4 款所规定的 "能够制造或者使用" 并且 "能够产生积极效果" 作为审查基准。但正如上文分析的那样，以这两项要件作为判断专利实用性的标准，既不符合时代的要求，也不符合专利制度的本旨。在舍弃这两项判断基准之后，就存在一个树立什么样的判断标准的问题。虽然笔者认为，我国专利法宜采纳产业应用性标准，而且这一标准自身即意味着发明创造的可再现性以及不与公序良俗原则发生根本性冲突。但是产业应用性这一标准本身仍显得过于抽象，在专利审查中可操作性不强，宜寻求一种相对具体的判断基准。笔者认为，应该引入美国专利审查指南所确立的 "特定的实用性、本质的实用性以及可信的实用性" 作为产业应用性标准的具体判断基准，以取代目前所奉行的 "能够制造或者使用" 并且 "能够产生积极效果" 的判断基准。笔者主张引入美国专利审查奉行的 "特定的、本质的和可信的实用性" 标准，理由有以下三点：（1）这一基准完全合乎产业应用性标准的内在要求。"特定的实用性" 就是要求专利的实用性是具体而非抽象的并真正基于其创新点，避免名义上的实用性、浪费的实用性等在本质上对产业无益的所谓实用性也能通过实用性审查；"本质的实用性" 就是要求申请专利保护的发明创造已经超出了纯科学研究范畴，并取得了进入产业应用的可能性；"可信的实用性" 就是要求申请专利保护的发明创造的产业效果，可以被合理地预期，为在产业上应用提供一种必要的技术安全保障。所以，"特定的、本质的和可信的实用性" 完全合乎产业应用性标准的内在要求，可以恰当地作为产业应用性标准的执行机制。（2）这一设想已经为世界知识产权组织主持起草的《实质性专利法条约》（Substantive Patent Law Treaty，SPLT）的谈判文件所倡议。虽然《实质性专利法条约》至今未能生效，但在其谈判过程中所取得的共识、阶段性成果等，对于完善各国国内专利法仍有借鉴价值。在《实质性专利法条约》谈判的过程中，有关专利的实用性问题分歧颇大，各方争论也较激烈，但在该条约草案的谈判过程中形成了一种十分重要的建议意见，那就是将实用性视为一种工业实用性（产业应用性），同时将美国专利审查中所形成的"特定的、本质的和可信的实用性"作为工业实用性标准的具体执行机制，以协调美国与日、欧之间所存在的分歧。笔者认为，这种建议颇为合理，兼采两种法例之所长，值得借鉴。这种操作模式被作为一种建议方案写进该条约的最终草案文本，说明该模式已经为很多谈判方所认可，在某种程度上相对更具科学性。（3）美国专利审查的成功经验证明了这一标准本身的科学性。"特定的、本质的和可信的实用性"的判断标准自1966年由美国联邦最高法院确立以来，一直被美国专利商标局作为实用性审查的根本准则，至今已有半个多世纪的经验历程。美国专利商标局借助于这一审查基准，有效地解决了例如化学、生物技术等新兴领域内的专利审查。美国在专利事业上所取得巨大成功也间接地说明了这一标准的合理性。（4）这一审查标准已经部分地得到了国际社会的承认。经过美、日、欧三方专利局的多次国际协调，在生物技术领域内，日、欧接受了美国的"特定的、本质的和可信的实用性"标准，将其视为本国专利法所规定的工业实用性的一种执行机制。经由美、日、欧专利实践的辐射和带动，目前在生物技术领域内，美国专利商标局的实用性判断标准已经成为国际社会公认的准则。在实用性的判断上，虽然生物技术领域内的发明创造有一定的特殊性，但与其他领域内发明创造的共性仍居于主导地位。而且出于法律规则统一和简化的需要，其他领域内的专利申请的实用性审查也应该接受这一标准。总之，笔者认为，"特定的、本质的和可信的实用性"与产业应用性标准其内在目标是一致的，且更为具体和富有可操作性，宜引入"特定的、本质的和可信的实用性"作为产业应用性标准的一种执行机制。笔者建议，我国《专利审查指南2010》关于实用性"审查基准"的规定可以表述为："专利法第二十二条第四款所说的'产业应用性'是指发明或者实用新型应当具备特定的、本质的和可信的实用性。"

（三）明确规定实用性审查中的关键性程序权利以及主要的证据运用规则，以增强审查过程的透明度和审查结论的可预期性

程序发挥着保障实体性权利实现的重要作用，同时还有自身相对独立的价值。实用性审查的程序和证据运用规则具有一定的特殊性，我国《专利审查指南 2010》未对其作出相应的规范，这是导致我国专利法实用性要件被弱化和虚化的一个重要原因。规范专利实用性审查的程序和证据运用规则，特别是其中关键性的程序权利以及主要的举证责任规则，对于实用性要件在审查环节的落实十分重要。程序是通过程序性权利来体现和实现的，专利实用性审查中最关键的程序性权利就是专利申请人有权利要求推定其关于实用性的陈述为真且适格，由专利局对这一推定承担反证的义务，而不是首先由申请人对这一陈述承担证实义务。因此，专利局在否认申请人关于其专利申请的实用性陈述时，不得简单地断定不符合法律要求，而必须提出证据和理由，并进行必要的逻辑论证。只有当专利局的否证符合了表面证据案件的要求时，提供进一步证据证实其实用性陈述的义务才转移至申请人。这一程序性权利，对于减轻申请人的负担，敦促审查员认真履行审查职责，都发挥着十分重要的作用。建议《专利审查指南 2010》规定："除非审查员有相反的证据足以否证，申请人关于实用性的陈述应被推定为真实并且符合专利法要求。"

由于专利审查的过程具有准司法性，在整个专利审查过程之中始终贯穿着举证责任的分配、转移等问题，❶ 所以证据的运用问题是专利审查中的一个关键性问题。其中与实用性审查有关的内容主要表现在三个方面：证明标准的设定、推定规则的运用以

---

❶ 周元. 专利审查中举证责任问题研究 [D]. 北京：中国政法大学，2010："摘要"第 1 页.

及可以接受的证据的种类和形式。我国《专利审查指南 2010》未规定对实用性的证实和否证应达到的证明水平或程度，即未明确证明标准，这导致申请人和专利局两方面的共同困难。笔者建议，应将证据盖然性占优明确规定为实用性的证明标准，即只要证明实用性存在的证据的证明力大于实用性不存在的证据的证明力，即可认定实用性的存在；反之，则可认定实用性不存在。这种结论可能和客观事实之间存在一定的张力。但同认定其他事实一样，专利审查所认定的实用性存在与否的事实也只能是一种法律事实。既然是法律事实，就可能和客观事实有出入，这不但不可避免，甚至是实现法律其他价值目标所必需的。笔者建议，在《专利审查指南 2010》中规定："证据盖然性占优势为专利实用性的证明标准。"为了减轻申请人提供实验数据的负担，"结构类似，功能相似"的推定规则在国外专利实用性审查实践中被广泛运用，我国《专利审查指南 2010》也应该明确规定这一证据运用规则。这一规则主要运用在生物和化学等新兴技术领域内，对于便利此领域内的专利申请的实用性的披露和审查有重要作用。同时，这一规则的运用还附带有若干限制性条件。建议《专利审查指南 2010》将这一规则及其限制性条件规定为："除非有相反证据，某一发明或者实用新型与现有技术结构相似，则可以推定该发明或者实用新型具有已知技术所具备的实用性。"申请人对于实用性的主张有时候可能需要相应的证据来支持，所以应该明确在专利审查过程中可为国家知识产权局接受的证据的种类和形式。笔者认为，应该突破在实用性证明中只接受实验数据的狭隘观念和实践，借鉴美、日、欧专利局的通行做法，规定包括实验数据、实验过程记录、专家证言、专利和科技文献等一切具有法律意义的证据种类都可以被用来证明实用性的存在。鉴于新证据在证明实用性时的独特价值，审查指南还应该规定申请日后提交的新证据的法律效力。为了防止与在先权利相冲突，对于在申请日后提交的用于证明发明效果的证据，只有在该效果在原申

请中有记载或者隐含或至少与原申请公开的效果有关才可被接受。❶

三、专利审查实践中实用性要件的完善

立法本身不等于法律的实施，制定得再好的法律也必须通过法的实施才能落到实处，发挥出对社会生活的调整作用。"如果包含在法律规则部分中的'应然'内容仍停留在纸面上，而并不对人的行为产生影响，那么法律只是一种神话，而非现实。"❷立法本身再科学、再完善，如果在实践中弃之不用，立法便无意义。专利实用性要件最终有赖于通过专利审查实践来发挥对专利实际运作的影响，进而促进专利法价值目标的实现。所以，在完善专利法和专利审查指南关于专利实用性要件的立法规定时，还必须回顾和反思我国专利实用性审查实践。正如上文所分析，在专利审查实践中，有关专利实用性要件的审查存在着明显的弱化乃至虚化的现象。如若要发挥实用性要件促进专利法立法目的实现的功能，还必须就实践中所存在的问题有针对性地进行解决。笔者认为，基于我国专利审查实践的现状和所存在的实际问题，在专利审查实践中应该从以下三个方面进行解决。

首先，对不符合实用性审查标准，从而无法通过实用性审查的专利申请，应该具体说明其在实用性方面所存在的问题，并将缺乏实用性作为驳回根据之一。在对专利申请的实用性进行审查时，应依次进行产业应用性审查→特定的、本质的实用性审查→可信的实用性审查。如果专利申请在任何一个环节不能通过相应的审查，则应指出其中所存在的实用性缺乏的问题，并进行相应的论证。但是在实际的专利审查实践中，很多不能通过实用性审

---

❶ 参见：欧洲专利局审查指南（2009）第 C 部分第 Ⅵ 章第 5.3.5 节关于"证据"的规定。

❷ E. 博登海默. 法理学：法律哲学与法律方法 [M]. 邓正来，译. 北京：中国政法大学出版社，2004：255.

查的专利申请，国家知识产权局或专利复审委员会最终未能作出实用性缺乏的结论，而往往以"公开不充分"取而代之，自然也就不会以缺乏实用性的理由加以驳回。要知道"公开不充分"的潜台词是申请人已经掌握了充分的信息，只是由于某种原因未能将其披露。而实践中专利局以"公开不充分"驳回的很多申请，都属于在本质上没有实用性或者申请人尚未掌握这种实用性的情况，所以并不符合"公开不充分"适用的前提条件。针对此类本质上不能满足实用性标准的专利申请，在今后的专利审查实践中应明确地作出缺乏实用性的结论，并以缺乏实用性作为驳回理由之一，不应该再以其他事由取而代之，致使实用性要件被弱化和虚化。有学者建议，对于医药技术、生物技术、信息技术等领域的专利申请，如果在提交专利申请时仅仅处于研发阶段，实用信息尚未被真正开发出来，国家知识产权局在处理类似专利申请时，除了适用《专利法》第 25 条的规定之外，还可以考虑用实用性条款驳回这样的申请。❶

其次，对于审定为"公开不充分"的专利申请，应同时进行实用性的审查。在我国专利法上，由于不存在单独的书面陈述的要求，判断说明书公开是否充分，以专利申请文件所披露的技术方案能否实现为标准，而这一标准又和实用性中的产业应用性（"能够制造或者使用"为其要求之一）的要求存在很大程度上的重叠，所以凡是公开不充分的专利申请多数也不符合实用性的要求。针对此类专利申请，应分别援引专利法关于充分公开的规定和关于实用性的规定作为驳回根据并进行分别说理。然而在我国的专利审查实践中，注重对"公开是否充分"的审查，忽视对实用性的审查，凡是已经确定不能满足充分公开要求的专利申

---

❶ 付明星. 专利国际保护的新动向——兼评《实质专利法条约》对我国的影响[M]//国家知识产权局条法司. 专利法研究 2005. 北京：知识产权出版社，2006：415.

请，一般不再进行实用性审查，而径直以公开不充分为由驳回申请。这种做法可能会加大国家知识产权局驳回决定被撤销的风险，因为一旦这一单一的驳回理由被认定不成立，专利审查决定很可能被撤销。而同时施加公开不充分和缺乏实用性两个方面的理由，无疑会使国家知识产权局的驳回决定更具稳定性。公开不充分与缺乏实用性毕竟属于两种不同性质的判断，分别作出，亦有利于当事人深入理解其专利申请被驳回的原因，便于其提出针对性解决措施。如果没有确定实用性这一靶标，申请人怎么能判断到底将发明信息公开到什么程度才算是达到了"充分"的程度呢？因此，在今后的专利审查实践中，笔者建议，对于"公开不充分"的案件应同时再进行实用性审查，如确定其不能通过实用性审查，应同时辅以缺乏实用性的理由驳回。

最后，在专利复审和无效程序中，针对已经提出的缺乏实用性的事由，专利复审委员会应进行正面回应。在我国目前的专利复审和无效程序中，普遍存在着这样的情况：专利审查员以缺乏实用性的理由作出了驳回决定，或无效宣告请求人以缺乏实用性的理由提出无效请求，专利复审委员会在审理过程中，虽支持了审查员的决定或无效宣告请求人的请求，但却在未对实用性缺乏事由进行评论的情况下，径直使用公开不充分、不具备创造性等其他事由作出了复审决定或无效宣告决定。专利复审委员会的这种做法产生了一种极其不好的影响，似乎在告诫专利审查员和社会公众，专利实用性要件只是一只花瓶，专利复审委员会并不打算真正运用它，除非是用来解决永动机类专利申请。根据请求原则，在今后的专利复审或无效程序中，凡是已经明确提出以缺乏实用性为由的案件中，专利复审委员会应对实用性问题进行正面评述，而不应偷梁换柱般地简单借用其他的事由作出决定。只有专利复审委员会在案件审理中勇于直面专利的实用性问题，我国专利法上的实用性要件才可能被落到实处，真正发挥它对专利申请的门槛作用。

与专利实用性有关的实践，不唯专利审查实践，也还包括专利司法实践。只不过，由于我国坚持专利效力审查的行政前置程序，法院不得直接审查专利的法律效力，而又由于国家知识产权局和专利复审委员会在专利审查的过程中一直在弱化、虚化专利实用性审查，除若干永动机类专利申请以外，国家知识产权局极少以缺乏实用性的理由驳回专利申请，所以导致司法机关基本上没有机会审理与实用性有关的案件。通观美国的专利法史可以看到，美国专利法上实用性要件的演进几乎主要依靠法院的创造性判决。这说明，司法机关完全可以而且应该积极参与专利实用性判断规则的形成和发展。考虑到行政诉讼上的请求原则和法院监督专利行政机关的双重需要，在专利效力案件中，凡是当事人（行政诉讼原告）在专利行政程序中提到了专利的实用性问题，而国家知识产权局未对此进行评议或评议结论不适当，且原告在行政诉讼中又提出缺乏实用性的理由时，法院应谨慎地对争议专利的实用性作出判断，借以司法的力量推动专利实用性判断规则的发展。这既会给社会力量通过司法渠道改变国家知识产权局审查规则的合理诉求以希望，又会敦促专利行政机关不断改进和完善专利审查规则，从而使我国专利制度能够不断地与时代的要求和技术的发展保持一致。

结　论

申请专利保护的发明创造必须以某种形式对社会有用，即专利的实用性，自专利制度诞生以来即被人们普遍认可。专利的实用性关系到专利制度价值目标的实现，同时也是专利正当性的最好诠释。对专利实用性的要求，在专利法的不同历史时期，有着不同的表现形式，并与当时社会的经济和技术状况相一致。在专利法的早期阶段，专利的实用性曾是授予专利权的最重要考虑因素。此时，对专利实用性的要求很高。它不但要求专利具有某种形式的有用性，而且这种有用性还必须是重大的，往往表现为在国内开创了一种新产业或者使用了一种新工艺，那些对现有技术的一般改进发明是不够的。早期专利法上的实用性一般通过专利可能产生的经济效益来体现，可以称之为是一种"经济实用性"。对专利实用性的高要求，是由当时专利权的特权性质以及封建君主的重商主义政策所决定的。为了保证专利的经济实用性，专利权往往附带有一系列义务，例如限期投产、招聘国内学徒或工人、保证产品质量并限制产品价格、依法纳税或者支付专利权租金等。实践证明，早期的专利实践对于促进封建国家经济的发展产生了重大的作用。资产阶级革命以后，随着自然权利观念的深入和自由放任经济思想的盛行，专利权日益被视为是发明人的一种财产权，专利的效用被认为应该由市场来决断。于是，早期专利法对于专利应具备高度经济实用性的要求已经不合时宜。只要专利不至于危害社会，同时能具有某种最低限度的有用性，即被认为满足了实用性的要求。此时，专利实用性的要求被降到谷底，可以称之为是一种"无害实用性"或者"道德实用性"。各国在专利授予实践中，普遍奉行不审查制，将那些不具有真正价值的专利交由市场去淘汰，将那些有害于社会道德的专利交由司法机关去评断。除了偶尔被用于对付永动机类发明或者有害于社会道德的赌具类发明以外，实用性要件几乎没有什么其他的价值，因此也不再为人们所重视。20 世纪 50 年代以来，随着化学、生物技术等新兴科学技术的发展，发明的有用性与发明"能够制造或者使用"之间出现了分离，专利的实用性要件再一次为人们所重新重视。申请专利保护的发明创造不但应"能够制造或者使用"，还必须具有某种真正的现实用途，而且要求以其当前的形势即对社会有用。由于此时专利法并不要求发明创造已经实施，只要求具有实施以及发挥实际作用的可能性即可，而且实施的可能性和效果的可能性是由其技术特征来保障的，所以，现代专利法上的实用性可以称之为是一种"技术实用性"。随着计算机软件、商业方法和医疗方法日益被接纳为专利客体，专利实用性的判断标准又受到了新的挑战。这一切推动了实用性要件地位的提升和专利实用性理论研究的勃兴。

专利制度产生之后，人们不断创立和运用各种理论对其进行阐释，以期能够在深化认识的基础上恰当地把握其作用的维度。其中，与专利实用性有关的理论学说至少包括如下几种。首先，基础研究和应用研究相区分的理论。科学与技术，自其产生以来，曾经历了一个"分离→接触→结合"的过程。专利自其发轫以来，一直是作为技术的促进和保护手段，而与科学没有多大的关系。在科学与技术都采用了"研究"这一共同的进步范式之后，专利仍只宜作为应用研究的促进手段，而与基础研究基本无关。专利的本质在于以市场化的手段促进实用技术的进步，所以它只适合于与市场密切相关的应用研究，不适合与市场关系疏远的基础研究。基础研究虽对人类社会进步有益，但应该采用与之性质相一致的激励手段。专利实用性要件的存在，保证了专利以市场化的力量激励应用研究的进步，同时又不至于侵蚀基础研究领域应有的开放性。其次，专利权社会契约理论。契约理论乃是西方文化阐释人际关系的一种基本范式，甚至形成了一定程度的契约图腾。专利制度形成之后，对其合理性最重要的说明理论即是专利权社会契约理论。根据该理论，为了换取发明人对其实用技术信息的公开，社会公众对该技术的使用权有必要受到一定的限制，这种限制形成了发明人的专利权。社会公众从专利契约中所得到的对价是一项有真正价值的实用技艺，以便在专利权届期后加以使用或者在此基础上做进一步的开发。在专利法上，保障社会公众权利的基本制度架构就是对专利实用性的要求。社会公众不是专业技术人员，那些无直接、现实用处的纯科学信息，对他们没有真正的意义，或者即使有一定意义，作为获取专利权的对价也不够充分。专利实用性要件将专利授权对象限制在那些能便利生活、发展生产的实用技艺之上，以保障社会公众从专利契约中所获对价的真实、充分和有效。最后，专利权的法律建构性理论。从法律哲学上来讲，专利权属于一种由国家创设的法定权利，而非自然权利。在自然权利之外创设法定权利，必定会形成对一部分人天然自由的限制，而与法律保障普遍自由的基本价值取向有冲突。因此，除非能保证这种权利的创设对社会整体有益，否则国家不得创设。国家创设专利权的基本目的就是运用该权利激励发明创造，促进社会进步和经济发展。专利实用性要件的存在保证了国家创设专利权对社会真正有益。

如何判断一项发明创造的实用性，是专利实用性理论的核心问题。专利实用性的判断标准，决定着实用性的判断结果。目前，国际上存在着日本和欧洲的"工业实用性"标准和美国的"实用性"标准。二者在理念和操作规则上均存在一些重要的不同。"工业实用性"标准正确定位了专利实用性要件的价值和功能，"实用性"标准则以其富于可操作性并能适应新技术领域内专利实用性的审查而见长。在借鉴和吸收两种实用性标准优势的基础上，笔者认为，实用性的判断应该考虑以下三项因素综合断定。首先，申请专利保护的发明创造必须可在产业上加以运用。专利法以发展经济为根本目的，只有那些能够直接在产业上加以运用的发明才值得、适合运用专利加以激励。能够在产业上运用，意味着发明创造已经超出了纯科学的范畴，取得了直接的实践性；可为商业化运营；以及技术本身已经成熟，可以稳定地再现。其次，申请专利保护的发明创造必须在技术上具备可实施性。也就是说，如果申请专利保护的对象是一种产品，该产品必须能够被制造出来；如果申请专利保护的对象是一种方法，该方法必须能够被实际加以运用。那些违背自然规律的发明必定是不可实施的。那些虽未明确违背某种自然规律，但根据本领域现有知识，其技术方案和效果不可信的发明，同样是缺乏实用性的。发明创造的可实施性还要求技术的客观化和可交流性，因此，发明创造本身必须具备技术性特征。最后，发明创造的用途必须是现实性的。那些过于一般化的用途、纯研究用途以及浪费的用途，由于没有直接的现实价值，必定是不满足实用性要求的。为此，要求实用性必须是特定的、本质的，并以发明点为根据。特定的和本质的实用性标准特别适合于解决化学、生物技术等新兴领域内专利实用性的审查。

审查一项发明创造的实用性，判断标准固然是关键因素，发挥着决定性作用，但它同时还会受到一些相关因素的影响和制约。正确处理与实用性审查有关的因素，有助于在实用性审查中形成科学的结论，提高实用性审查的水平。与专利实用性审查有关的因素主要包括三个方面。首先，与实用性审查有关的辅助因素。商业上的成功、侵权行为的发生以及取得预料不到的技术效果、在国外获得专利授权、获得科学技术奖励等因素，一般可以佐证申请专利的发明创造的实用性。一般来说，辅助因素的出现可以佐证实用性的存在，但是辅助因素未出现，则不能作为专利申请缺乏实用性的证据。同时，辅助因素只能作为判断实用性的参考，不能脱离判断标准成为实用性判断的独立因素，而且辅助因素佐证价值的大小尚有赖于其与发明创造实用性之间的牵连关系。其次，与专利实用性判断有关的程序和证据问题。专利实用性的判断还依赖于科学的程序设置和证据规则。为了减轻申请人的负担、督促审查员认真履行其职责，在实用性审查的过程中，应该首先推定待审专利具有公认的实用性或者申请人关于实用性的披露为真且适法。挑战专利实用性的证明责任首先在审查员一方。只有当审查员证明申请人的发明创造没有实用性，而且这种证明形成了一项表面证据案件时，提供进一步证据的义务才转移至申请人。对专利实用性的证成或者否证，应以证据盖然性占优势作为证明标准，无须证明到高度盖然性或者超出合理怀疑的程度。准用于证明专利实用性的证据的种类和形式应该是多样化的，一切有法律意义的证据均得接受，不应将实验数据作为唯一的证据形式。"结构近似，功能相似"的推定规则在证明专利实用性时发挥着重要作用，应该明确其发挥作用的条件和限度。最后，正确处理实用性和充分公开的关系。专利实用性的判断与对说明书充分公开的审查关系十分密切。在多数情况下，二者呈现出了判断结论相一致的现象。一般来说，不具备实用性的发明创造必定是不符合充分公开要求的，而不符合充分公开要求的发明创造，常常也缺乏专利法上的实用性。但二者毕竟属于不同性质的判断，申请人用于阐明实用性和公开充分的推理过程和证据运用也不尽一致。所以，在专利审查的过程中，应该对实用性和充分公开分别判断，各自说理，即使结论相同，也不能使用其中一个代替另一个。

　　我国专利法明确规定了专利实用性要件的法律地位，专利审查实践中也将其作为专利授权实质性条件之一进行审查。我国《专利法》关于实用性的规定，自其通过以来，30多年从未进行过修正。审查指南虽先后经历了数个版本，但有关专利实用性的判断规则也从未发生过实质性变化。在专利审查实践中，我国《专利法》上的实用性要件只被用来作为对付明显违反热力学定律的永动机类专利申请的工具，大量的应该通过实用性要件审查阻却不当专利申请的场合，并未让实用性要件显露其身手，本应进行的实用性审查到处被对充分公开的审查所取代。在很大程度上，我国《专利法》对于实用性的要求在专利审查实践中被普遍性地弱化和虚化，远未达到新颖性和创造性所受到的重视程度，同时也与实用性要件自身的价值分量不相适应。在当前我国整体专利质量不高、知识产权泡沫高企、专利"外源驱动"风靡的现实条件下，加强专利实用性审查，对于我国专利事业的健康发展意义重大。我国专利立法上实用性规定的不足主要表现为："能够制造或者使用"的要求落后于时代，无法满足新技术领域专利审查的需要；"能够产生积极效果"的要求不符合立法技术之考量，缺乏可操作性；缺乏实用性审查的程序和证据运用规则方面的细化规定，不当加重了申请人的举证负担。笔者认为，我国《专利法》应该明确将实用性定义到"产业应用性"范畴中去，删除"能够制造或者使用"以及"能够产生积极效果"的要求，使专利法对于实用性的规定保持必要的抽象性，以实现专利法规定的稳定性。审查指南应该引入"公认的实用性"理论，以解决专利实用性披露的问题；引入"特定的、本质的和可信的实用性"标准，作为"产业应用性"基准的执行机制，以增强法律规则的可操作性。同时，出于合理配置程序性权利和优化举证责任规则的考虑，宜在审查指南中细化实用性审查的程序以及证据运用的规则。审查指南应该明确规定申请人关于实用性的陈述及其理由具有推定适法的效力，审查员对于实用性的反驳必须达到表面证据案件的要求，实用性的证明标准为证据优势规则，实用性准予通过推定规则来阐明并且允许使用包括实验记录、证人证言在内的多种形式的证据来证明。国家知识产权局在专利审查的过程中，应切实发挥实用性要件的价值，不能再使用充分公开等其他专利法律制度占取实用性要件的用武之地。司法机关在审查国家知识产权局授权行为之合法性时，同样应该重视实用性要件的重要价值，并应通过司法的力量推动专利实用性要件制度的完善。在专利审查和司法实践中，实用性要件被弱化和虚化的错误做法必须被纠正，真正做到使实用性要件成为名副其实的专利授权条件。

参考文献

一、中文著作类（含译著）

[1] 郑成思. 知识产权法 [M]. 北京：法律出版社，2003.

[2] 刘春田. 知识产权法 [M]. 北京：高等教育出版社，2010.

[3] 吴汉东. 知识产权基本问题研究（总论）[M]. 北京：中国人民大学出版社，2009.

[4] 冯晓青，刘友华. 专利法 [M]. 北京：法律出版社，2010.

[5] 崔国斌. 专利法原理与案例 [M]. 北京：北京大学出版社，2012.

[6] 张楚. 知识产权法 [M]. 北京：高等教育出版社，2010.

[7] 来小鹏. 知识产权法学 [M]. 北京：中国政法大学出版社，2008.

[8] 张今. 知识产权法 [M]. 北京：中国人民大学出版社，2011.

[9] 黄海峰. 知识产权的话语与现实：版权、专利与商标史论 [M]. 武汉：华中科技大学出版社，2011.

[10] 李明德，闫文君，黄晖，等. 欧盟知识产权法 [M]. 北京：法律出版社，2010.

[11] 罗伯特·P. 墨杰斯，比特·S. 迈乃尔，马克·A. 莱姆利，等. 新技术时代的知识产权法 [M]. 齐筠，张清，彭霞，等，译. 北京：中国政法大学出版社，2003.

[12] 丹·L. 伯克，马克·A. 莱姆利. 专利危机与应对之道 [M]. 马宁，余俊，译. 北京：中国政法大学出版社，2013.

[13] 吉藤幸朔. 专利法概论 [M]. 宋永林，魏启学，译. 北京：专利文献出版社，1990.

[14] 尼古拉斯·布宁. 西方哲学英汉对照辞典 [M]. 涂纪元，译. 北京：人民出版社，2001.

[15] 罗斯科·庞德. 通过法律的社会控制 [M]. 沈宗灵，译. 北京：商务印书馆，1984.

[16] K. 茨威格特，H. 克茨. 比较法总论 [M]. 潘汉典，米健，高鸿钧，

等，译. 北京：法律出版社，2004.

[17] 理查德·A. 波斯纳. 法律的经济分析（上）［M］. 蒋兆康，译. 北京：中国大百科全书出版社，1997.

[18] 威廉·M. 兰德斯，理查德·A. 波斯纳. 知识产权法的经济结构［M］. 金海军，译. 北京：北京大学出版社，2005.

[19] 魏衍亮. 生物技术的专利保护研究［M］. 北京：知识产权出版社，2004.

[20] 布拉德·谢尔曼，莱昂内尔·本特利. 现代知识产权法的演进：英国的历程（1760–1911）［M］. 金海军，译. 北京：北京大学出版社，2012.

[21] 克里斯·弗里曼，罗克·苏特. 工业创新经济学［M］. 华宏勋，华宏慈，等，译. 北京：北京大学出版社，2004.

[22] 斯塔夫里阿诺斯. 全球通史：从史前史到21世纪［M］. 7版. 董书慧，王昶，徐正源，译. 北京：北京大学出版社，2005.

[23] 文希凯，陈仲华. 专利法［M］. 北京：中国科学技术出版社，1993.

[24] 戴吾三. 影响世界的发明专利［M］. 北京：清华大学出版社，2010.

[25] 刘绪贻. 美国通史（第1卷）［M］. 北京：人民出版社，2001.

[26] 杨利华. 美国专利法史研究［M］. 北京：中国政法大学出版社，2012.

[27] MARTIN J. ADELMAN，RANDALL R. RADER，GORDON P. KLANCNIK. 美国专利法［M］. 郑胜利，刘江彬，主持翻译. 北京：知识产权出版社，2011.

[28] 胡波. 专利法的伦理基础［M］. 武汉：华中科技大学出版社，2011.

[29] 吴汉东，胡开忠. 无形财产权制度研究［M］. 北京：法律出版社，2005.

[30] 田村善之. 日本知识产权法［M］. 4版. 周超，李雨峰，李希同，译. 北京：知识产权出版社，2011.

[31] 彼得·德霍斯. 知识财产法哲学［M］. 周林，译. 北京：商务印书馆，2008.

[32] 王迁. 知识产权法教程［M］. 北京：中国人民大学出版社，2009.

[33] 卡尔·拉伦茨. 法学方法论［M］. 陈爱娥，译. 北京：商务印书馆，2003.

[34] 姜振寰. 技术哲学概论［M］. 北京：人民出版社，2009.

[35] J. E. 麦克莱伦第三, 哈罗德·多恩. 世界科学技术通史 [M]. 王鸣阳, 译. 上海：上海世纪出版集团, 2007.

[36] 培根. 新工具 [M]. 许宝骙译. 北京：商务印书馆, 1984.

[37] 马克思恩格斯选集（第四卷）[M]. 北京：人民出版社, 1972.

[38] 王顺义. 西方科技十二讲 [M]. 重庆：重庆出版社, 2008.

[39] 王家福, 夏叔华. 专利法简论 [M]. 北京：法律出版社, 1984.

[40] 杨一凡, 陈寒枫. 中华人民共和国法制史 [M]. 哈尔滨：黑龙江人民出版社, 1996.

[41] 李奋武. 专利法概论 [M]. 长沙：湖南大学出版社, 1988.

[42] V. 布什. 科学：永无止境的前沿 [M]. 张炜, 等, 译. 北京：中国科学院政策研究室编, 1985.

[43] 冯晓青. 知识产权法哲学 [M]. 北京：中国人民大学出版社, 2003.

[44] 孙同鹏. 经济立法问题研究——制度变迁与公共选择的视角 [M]. 北京：中国人民大学出版社, 2004.

[45] 卢梭. 社会契约论 [M]. 何兆武, 译. 北京：商务印书馆, 1982.

[46] 洛克. 政府论（下篇）[M]. 叶启芳, 瞿菊农, 译. 北京：商务印书馆, 1996.

[47] 崔广平. 合同法诸问题比较研究 [M]. 成都：四川大学出版社, 2001.

[48] 刘承韪. 英美法对价原则研究：解读英美合同法王国中的"理论与规则之王"[M]. 北京：法律出版社, 2006.

[49] 卡尔·拉伦茨. 德国民法通论：上册[M]. 王晓晔, 邵建东, 程建英, 等, 译. 北京：法律出版社, 2003.

[50] 国家知识产权局条法司. 新专利法详解 [M]. 北京：知识产权出版社, 2001.

[51] 张晓都. 专利实质条件 [M]. 北京：知识产权出版社, 2002.

[52] 徐棣枫. 专利权的扩张与限制 [M]. 北京：知识产权出版社, 2007.

[53] 北京市第一中级人民法院知识产权庭. 侵犯专利权抗辩事由 [M]. 北京：知识产权出版社, 2011.

[54] 冯晓青. 知识产权法利益平衡理论 [M]. 北京：中国政法大学出版社, 2007.

[55] 尹新天. 专利权的保护 [M]. 2 版. 北京：知识产权出版社, 2005.

[56] 吴汉东. 知识产权法学 [M]. 北京：北京大学出版社，2007.

[57] 胡佐超. 专利基础知识 [M]. 北京：知识产权出版社，2004.

[58] 肖诗鹰，刘铜华. 中药知识产权保护 [M]. 2版. 北京：中国医药科技出版社，2002.

[59] 阿尔伯特·爱因斯坦. 爱因斯坦文集（第1卷）[M]. 许良英，李宝恒，赵中立，等，编译. 北京：商务印书馆，1976.

[60] 卡尔·波普尔. 客观知识：一个进化论的研究 [M]. 舒炜光，卓如飞，周柏乔，等，译. 上海：上海译文出版社，1987.

[61] 肇旭. 美国生物技术专利经典判例译评 [M]. 北京：法律出版社，2012.

[62] 梁慧星. 民法总论 [M]. 北京：法律出版社，2007.

[63] 陈自强. 民法讲义 I——契约之成立与生效 [M]. 北京：法律出版社，2002.

[64] 张乃根，等. 美国专利法：判例与分析 [M]. 上海：上海交通大学出版社，2010.

[65] 苏珊·K. 塞尔. 私权、公法：知识产权的全球化 [M]. 董刚，周超，译. 北京：中国人民大学出版社，2008.

[66] 柳卸林. 技术创新经济学 [M]. 北京：中国经济出版社，1993.

[67] 马丁·洛克林. 公法与政治理论 [M]. 郑戈，译. 北京：商务印书馆，2003.

[68] P. D. 罗森堡. 专利法基础 [M]. 郑成思，译. 北京：对外贸易出版社，1982.

[69] A. J. M. 米尔恩. 人的权利与人的多样性：人权哲学 [M]. 夏勇，张志铭，译. 北京：中国大百科全书出版社，1995.

[70] 张清奎. 化学领域发明专利申请的文件撰写与审查 [M]. 北京：专利文献出版社，1998.

[71] 曾世雄. 民法总则之现在与未来 [M]. 北京：中国政法大学出版社，2001.

[72] 石必胜. 专利创造性判断研究 [M]. 北京：知识产权出版社，2012.

[73] 姜明安. 行政法与行政诉讼法 [M]. 北京：北京大学出版社，高等教育出版社，2007.

[74] 王学辉. 行政程序法精要 [M]. 北京：群众出版社，2001.

［75］陈卫东，谢佑平．证据法学［M］．上海：复旦大学出版社，2006.

［76］顾培东．社会冲突与诉讼机制［M］．成都：四川人民出版社，1991.

［77］陈光中．证据法学［M］．北京：法律出版社，2011.

［78］兼子一，竹下守夫．民事诉讼法［M］．白绿铉，译．北京：法律出版社，1995.

［79］郑成思．知识产权论［M］．北京：社会科学文献出版社，2007.

［80］何连国．专利法规及实务［M］．台北：台湾三民书局，1982.

［81］李扬．知识产权法基本原理［M］．北京：中国社会科学出版社，2010.

［82］汤宗舜．专利法教程［M］．北京：法律出版社，2003.

［83］张清奎．专利审查概说［M］．北京：知识产权出版社，2002.

［84］冯晓青．知识产权法［M］．北京：中国政法大学出版社，2010.

［85］E. 博登海默．法理学：法律哲学与法律方法［M］．邓正来，译．北京：中国政法大学出版社，2004.

［86］彭立静．伦理视野中的知识产权［M］．北京：知识产权出版社，2010.

［87］吴汉东．知识产权制度基础理论研究［M］．北京：知识产权出版社，2009.

［88］谢尔登·W. 哈尔彭，克雷格·艾伦·纳德，肯尼思·L. 波特．美国知识产权法原理［M］．宋慧献，译．北京：商务印书馆，2013.

［89］张玉瑞．生物技术、信息技术的知识产权保护［M］．北京：中国社会科学院出版社，2009.

［90］陈健．商业方法专利研究［M］．北京：知识产权出版社，2011.

二、中文论文类（含译文）

［1］刘珍兰．公众参与专利评审机制研究［D］．武汉：华中科技大学，2011.

［2］冯晓青．专利权的扩张及其缘由探析［J］．湖南大学学报（社会科学版），2006（5）：137－138.

［3］崔英敏，吕刚．液晶的历史［J］．现代物理知识，2006（3）：3－6.

［4］崔国斌．专利法上的抽象思想与具体技术——计算机程序算法的字体属性分析［J］．清华大学学报（哲学社会科学版），2005（3）：37－51.

［5］刘洋，郭剑．我国专利质量状况与影响因素调查研究［J］．知识产权，

2012 (9): 72 - 77.

[6] 黎运智, 孟奇勋. 问题专利的产生及其控制 [J]. 科学学研究, 2009, 27 (5): 660 - 665.

[7] 谢黎, 邓勇, 张苏闽. 我国问题专利现状及其形成原因初探 [J]. 图书情报工作, 2012, 56 (24): 102 - 107.

[8] 王春蕊. 《美国发明法案》改革专利制度 [J]. 中国海关, 2011 (12): 36 - 38.

[9] 宋洁. 如何判断含有违背自然规律内容的发明的实用性 [J]. 中国发明与专利, 2011 (6): 86 - 87.

[10] 张勇, 朱雪忠. 专利实用性要件的国际协调研究 [J]. 政法论丛, 2005 (4): 88 - 92.

[11] 彭玉勇, 张少华. 专利法实用性要求的演进 [J]. 人民论坛, 2010 (14): 128 - 129.

[12] 冯晓青. 专利权扩张下的科学研究 [J]. 中国发明与专利, 2007 (3): 52 - 53.

[13] 夏正林. 论规范分析方法与法学研究方法 [M] //葛洪义. 法律方法与法律思维 (第7辑). 北京: 法律出版社, 2011.

[14] 邱国栋. 专利实用性条件研究 [D]. 上海: 华东政法学院, 2005.

[15] 赵琳. 专利的实用性标准比较研究 [D]. 上海: 华东政法大学, 2009.

[16] 张勇, 朱雪忠. 商业世界 Vs. 思想王国——以实用性要件为主线的专利制度发展研究 [J]. 科技与法律, 2006 (2): 73 - 80.

[17] 张弘. 电子商务环境下商业方法专利的实用性审查——兼析专利实用性与技术性的替代关系 [J]. 长春工程学院学报 (社会科学版), 2009, 10 (3): 28 - 30.

[18] 张晓都. 发明与实用新型的实用性 [M] //国家知识产权局条法司. 专利法研究 2002. 北京: 知识产权出版社, 2002.

[19] 吴文英. 非治疗目的的外科手术方法与实用性 [J]. 中国发明与专利, 2011 (10): 77 - 79.

[20] 崔国斌. 基因序列的专利性审查 [M] //国家知识产权局专利法研究所. 专利法研究 1999. 北京: 知识产权出版社, 1999.

[21] 张平、卢海鹰. 从拒绝保护到大门洞开——纵论计算机软件的可专利

性 [J]. 中外法学, 2001 (2): 222 - 237.

[22] 杨利华. 从"特权"到"财产权": 专利制度之起源探微 [J]. 湘潭大学学报 (哲学社会科学版), 2009, 33 (1): 40 - 43.

[23] 杨利华. 英国《垄断法》与现代专利法的关系探析 [J]. 知识产权, 2010, 20 (4): 77 - 83.

[24] 邹琳. 英国专利制度发展史研究 [D]. 湘潭: 湘潭大学, 2011.

[25] 冯晓青、刘淑华. 试论知识产权的私权属性及其公权化趋向 [J]. 中国法学, 2004 (1): 63 - 70.

[26] 李醒民. 科学和技术关系的历史演变 [J]. 科学, 2007, 59 (6): 28 - 32.

[27] 姚荣. 从科学与技术关系解李约瑟难题 [D]. 杭州: 浙江工业大学, 2012.

[28] 眭纪刚. 科学与技术: 关系演进与政策涵义 [J]. 科学学研究, 2009, 27 (6): 801 - 807.

[29] 刘则渊、陈锐. 新巴斯德象限: 高科技政策的新范式 [R]. 中国科技政策与管理学术研讨会, 2005: 346 - 353.

[30] 王云心. 对我国基础理论研究的几点思考 [J]. 科学管理研究, 1993 (1): 21 - 24.

[31] 方岩. 基础研究成果获取专利及其效应 [J]. 研究与发展管理, 2004, 16 (2): 93 - 97.

[32] 文剑英. 基础研究和应用研究划界的社会学分析 [J]. 自然辩证法研究, 2007, 23 (7): 79 - 83.

[33] 李晓霓、李晓农、刘瑞爽、王岳. 基因科技的法律问题研究——"发明"基因? "发现"基因? [J]. 中国卫生法制, 2005 (4): 21 - 22.

[34] 胡志坚、周寄中、熊伟. 发现、发明、创新、学习和知识生产模式 [J]. 中国软科学, 2003 (9): 92 - 95.

[35] 朱川、陆飞. 基因专利法律保护的几个基本问题 [J]. 复旦学报 (社会科学版), 2001 (5): 104 - 110.

[36] 贾小龙. 关于专利法中发明与发现区分的思考——以基因专利保护问题为视角 [J]. 陕西理工学院学报 (社会科学版), 2006, 24 (3): 76 - 80.

[37] 崔国斌. 基因技术的专利保护与利益分享 [M] // 郑成思. 知识产权

文丛：第三卷. 北京：中国政法大学出版社，2000.

[38] 余甜. 基础研究成果可专利性对专利制度的影响研究 [D]. 武汉：华中科技大学，2006.

[39] 唐嘉欣. 试论发现权的性质 [J]. 管理观察，2009（14）：68 - 70.

[40] 袁真富. 发现权诸问题与新展望 [J]. 中国发明与专利，2009（11）：21 - 25.

[41] 马军. 发现权的若干法律问题 [J]. 人民司法，2009（2）：99 - 103.

[42] 张晋藩. 综论百年法学与法治中国 [J]. 中国法学，2005（5）：185 - 192.

[43] 黄武双. 制度移植和功能回归——新中国专利制度的孕育与发展历程 [D]. 上海：华东政法学院，2006.

[44] 成素梅，孙林叶. 如何理解基础研究和应用研究 [J]. 自然辩证法通讯，2000，22（4）：50 - 56.

[45] 张平. 国家发展与知识产权战略实施 [J]. 中国发明与专利，2008（8）：2 - 5.

[46] 郑成思. 信息、知识产权与中国知识产权战略若干问题 [J]. 环球法律评论，2004，28（7）：11 - 15.

[47] 陈沄沄. 印度《专利法》对其制药业的保护及启示 [J]. 江苏科技信息，2012（11）：1 - 3.

[48] 刘银良. 美国商业方法专利的十年扩张与轮回：从道富案到 Bilski 案的历史考察 [J]. 知识产权，2010，20（6）：91 - 102.

[49] 和育东. 专利契约论 [J]. 社会科学辑刊，2013（2）：48 - 53.

[50] 杨红军. 知识产权制度变迁中契约观念的演进及其启示 [J]. 法商研究，2007（2）：83 - 90.

[51] 吕炳斌. 专利契约论的二元范式 [J]. 南京大学法律评论，2012（12）：212 - 222.

[52] 吴汉东. 法哲学家对知识产权法的哲学解读 [J]. 法商研究，2003（5）：77 - 85.

[53] 郑胜利. 论知识产权法定主义 [J]. 中国发展，2006（3）：49 - 54.

[54] 彭学龙. 知识产权：自然权利亦或法定之权 [J]. 电子知识产权，2007（8）：14 - 17.

[55] 李扬. 知识产权法定主义及其适用——兼与梁慧星、易继明教授商榷

[J]. 法学研究, 2006 (2): 3 – 16.

[56] 冯晓青. 知识产权法目的与利益平衡研究 [J]. 南都学坛: 南阳师范学院人文社会科学学报, 2004 (3): 77 – 83.

[57] 王太平. 论知识产权的公共政策性 [J]. 湘潭大学学报 (哲学社会科学版), 2009, 33 (1): 35 – 39.

[58] 杜莉, 高振勇. 法经济学释义及其辨析 [J]. 吉林大学社会科学学报, 2006 (3): 59 – 66.

[59] 曲振涛. 论法经济学的发展、逻辑基础及其基本理论 [J]. 经济研究, 2005 (9): 113 – 121.

[60] 史晋川. 法律经济学评述 [J]. 经济社会体制比较, 2003 (2): 95 – 103.

[61] 史晋川. 法律经济学: 回顾与展望 [J]. 浙江社会科学, 2001 (2): 55 – 59.

[62] 和育东. 专利预期理论及其批判 [J]. 科研管理, 2012, 33 (10): 145 – 150.

[63] 马海生. 生物技术对专利法的挑战 [D]. 重庆: 西南政法大学, 2002.

[64] 张卫东, 童睿. 租值消散理论述评 [J]. 江西师范大学学报 (哲学社会科学版), 2005, 38 (3): 44 – 48.

[65] 陈新岗. "公地悲剧" 与 "反公地悲剧" 理论在中国的应用研究 [J]. 山东社会科学, 2005 (3): 75 – 78.

[66] 马煜程. 现代中成药发明专利实质条件判定研究 [D]. 武汉: 华中科技大学, 2011.

[67] 陈凡、陈玉林. 技术概念与技术文化的建构 [J]. 科学技术与辩证法, 2008, 25 (3): 39 – 45.

[68] 吴忠. 自然法、自然规律与近代科学 [J]. 自然辩证法通讯, 1985 (6): 25 – 33.

[69] 张剑云. 机电领域永动机类专利申请的审查方式研究 [M] //魏保志. 专利审查研究 2010. 北京: 知识产权出版社, 2011.

[70] 谭斌昭. 技术概念与技术哲学的核心问题 [J]. 山东科技大学学报 (社会科学版), 2005, 7 (1): 14 – 16.

[71] 吴国盛. 技术释义 [J]. 哲学动态, 2010 (4): 86 – 89.

[72] 冯术杰, 崔国振. 从 "发明" 的技术性特征看电子商业方法的可专

利性 [J]. 科技与法律, 2010, 83 (1): 36 – 41.

[73] 岳永娟, 梁燕, 朱晓琳. 浅谈专利保护客体的技术性审查 [J]. 中国发明与专利, 2011 (12): 96 – 99.

[74] 张之沧. 当代科技创新中的非理性思维和方法 [J]. 自然辩证法研究, 2008 (10): 98 – 102.

[75] 马超, 赵贵军. 论创造性思维的逻辑性与非逻辑性 [J]. 许昌师专学报 (社会科学版), 1992 (3): 107 – 111.

[76] 王荣江. "本体论承诺" 与科学知识不确定性的根源 [J]. 自然辩证法研究, 2008, 24 (2): 16 – 19.

[77] 张鑫. 科学知识不确定性问题及其当代启示 [D]. 桂林: 广西师范大学, 2011.

[78] 吴国林. 论知识的不确定性 [J]. 学习与探索, 2002 (1): 14 – 18.

[79] 王荣江. 知识不确定性的凸现与社会科学的发展 [J]. 淮阴师范学院学报哲学社会科学版, 2004, 26 (5): 596 – 602.

[80] 杨巧. 民法理论在知识产权法中的应用 [J]. 政法论坛, 2004, 22 (4): 65 – 69.

[81] 齐爱民. 论民法基本原则在知识产权法上的应用 [J]. 电子知识产权, 2010 (1): 45 – 49.

[82] 易军. 论私法上公序良俗条款的基本功能 [J]. 比较法研究, 2006 (5): 27 – 34.

[83] 李霞. 公序良俗原则及其适用的法哲学阐释 [J]. 山东社会科学, 2008 (5): 77 – 80.

[84] 张晓都. 公共秩序或者道德与生物技术发明的可专利性 [J]. 科技与法律, 2002 (1): 79 – 84.

[85] 郑丽娜. 论公序良俗原则在人类基因专利制度中的应用——兼论基因专利利用的道德边缘 [J]. 中国 – 东盟博览, 2013 (7).

[86] 陈熊. 基因技术专利保护的伦理调控之新标准——以 "实用性" 的扩大解释代替公序良俗原则 [J]. 律师世界, 2003 (5): 14 – 16.

[87] 范进学. 论道德法律化与法律道德化 [J]. 法学评论, 1998 (2): 37 – 44.

[88] 闫卫军. 论可专利性的道德例外——以《欧洲专利公约》为例 [J]. 科技与法律, 2007 (5): 72 – 79.

[89] 柯岚. 法与道德的永恒难题——关于法与道德的主要法理学争论 [J]. 研究生法学, 2003 (4)：49 - 57.

[90] 郑友德, 金明浩. 从 Madey 诉杜克大学案谈实验使用抗辩原则的适用——兼论我国大学知识产权政策的调整 [J]. 知识产权, 2006 (2).

[91] 张新锋. 药品专利权的 Bolar 例外——从一例专利侵权案探析 [J]. 中国发明与专利, 2009 (4)：59 - 60.

[92] 吴玉和, 熊延峰. 中美两国有关 Bolar 例外的理论与实践 [J]. 中国专利与商标, 2008 (3)：3 - 23.

[93] 萧海. 英国专利判例：凸显欧美在工业实用性要求上的差异 [J]. 中国专利与商标, 2012 (1)：66 - 66.

[94] 欧阳石文. 申请日后证据在专利审查中的应用研究 [M] //魏保志. 专利审查研究 2009. 北京：知识产权出版社, 2011.

[95] 郑永锋. 民事诉讼证据制度在专利审查中的应用 [J]. 知识产权, 2001, 11 (2)：30 - 33.

[96] 龙宗智, 何家弘. 刑事证明标准纵横论 [M] //何家弘. 证据学论坛：(第 4 卷). 北京：中国检察出版社, 2002.

[97] 樊崇义, 等. 刑事诉讼证据前沿问题研究 [M] //何家弘. 证据学论坛 (第 1 卷). 北京：中国检察出版社, 2000.

[98] 石达理, 朱亚滨. 自由心证适用问题研究——以自由心证与证明责任关系为视角 [J]. 河南社会科学, 2013, 21 (8)：21 - 23.

[99] 宋琛, 孙庆童. 自由心证的"自由"与"不自由"——民事诉讼自由心证原则解读 [J]. 北京化工大学学报 (社会科学版), 2010 (3)：38 - 41.

[100] 程春华. 论法官的自由心证与法官对证据自由裁量——以民事诉讼为考察范围 [J]. 比较法研究, 2009, 23 (1)：69 - 81.

[101] 吕炳斌. 专利披露制度起源初探 [M] //国家知识产权局条法司. 专利法研究 2009. 北京：知识产权出版社, 2010.

[102] 吉云. 论专利的充分公开制度 [D]. 武汉：华中科技大学, 2012.

[103] 徐国栋. 市民社会与市民法——民法的调整对象研究 [J]. 法学研究, 1994 (4)：3 - 9.

[104] 陈默. 论对价理论在专利充分公开中的适用——评加拿大最高法院"万艾可"专利无效案 [J]. 中国发明与专利, 2013 (1)：67 - 72.

［105］王楚鸿．专利技术的"可用性"缺陷探讨［J］．科技管理研究，2006，26（11）：200－202.

［106］李水宝．基因专利实用性标准和基因产业的关系［D］．重庆：西南政法大学，2010.

［107］理查德·A．波斯纳．我们的知识产权是不是太多［M］//易建雄，李扬，译．张玉敏．西南知识产权评论（第一辑）．北京：知识产权出版社，2010.

［108］张勇．发明的技术性与实用性研究［D］．武汉：华中科技大学，2006.

［109］王琦．论中医学与东西方文化差异与认同［J］．中国医药学报，2002，17（1）：4－7.

［110］潘珂．从自然界筛选微生物的方法是否具备实用性——由两个专利复审案件引发的思考［J］．中国发明与专利，2012（3）：29－31.

三、英文著述类

［1］JANICE M. MUELLER. An Introduction to Patent Law［M］. New York：Aspen Publisher, Inc. , 2006.

［2］LIZA VERTINSKY, Todd M. Rice. Thinking about Thinking Machines：Implications of Machine Inventors for Patent Law［J］. B. U. J. SCI. &TECH. L. 574, 2002（2）：574－614.

［3］WORLD INTELLECTUAL PROPERTY ORGANIZATION. SCP/9/5："Industrial Applicability" and "Utility" Requirements：Commonalities and Differences. Ninth Session, Geneva, May 12 to 16, 2003.

［4］MARTIN J. ADELMAN, RANDALL R. RADER, JOHN R. THOMAS, HAROLD C. WEGNER. Case and Materials on Patent Law［M］. 2nd Ed. New York：Thomson West, 2013.

［5］W. ROBINSON. The Law of Patents for Useful Inventions［M］. Boston：Little, Brown, and Company, 1980.

［6］NATHAN MACHIN. Prospective Utility：A New Interpretation of the Utility Requirement of Section 101 of the Patent Act［J］. California Law Review, 1999, 87（2）：421－456.

［7］DAVID G. PERRYMAN, NAGENDRA SETTY. The Basis and Limits of the

Patent and Trademark Office's Credible Utility Standard [EB/OL]. http: //
digitalcommons. law. uga. edu/jip/vol2/iss213.

[8] DAVID S. ALMELING. Patenting Nanotechnology: Problems with the Utility
Requirement [J]. stanford Technology Law Review, 2004 (Dec).

[9] GRAHAM REYNOLDS. Nanotechnology and the Tragedy of the Anti – com-
mons: Towards a Strict Utility Requirement [J]. University of Ottawa Law &
Technology Journal, 2009 (6): 79 – 114.

[10] AMY L. LANDERS. Understanding Patent Law [M]. Matthew Bender &
Company, Inc. , 2008.

[11] FRITZ MACHLUP. An Economic Review of the Patent System [M].
Washington: United States Government Printing Office, 1958.

[12] HAROLD G. FOX. Monopoly and patents: A Study of the History and Fu-
ture of the Patent Monopoly [M]. Toronto: The University of Toronto
Press, 1947.

[13] RAMON A. KLITZKE. Historical Background of the English Patent Law
[J]. Journal of the Patent Office Society, 1959, 41 (9): 615 – 650.

[14] FRANK D. PRAGER. A History of Intellectual Property From 1545 to 1787
[J]. Journal of the Patent Office Society, 1944, 26 (11)

[15] ULF ANDERFELT. International Patent Legislation and Developing Coun-
tries [M]. Boston: Martinus Nijhoff, 1971.

[16] M. L. BLAKENEY AND J. MCKEOUGH. Intellectual Property – Commentary
and Materials [M]. Sydney: The Law Books Co. Ltd. , 1987.

[17] IKECHI MGBEOJI. The Juridical Origins of the International Patent System:
Towards of Historiography of the Role of Patents in Industrialization [J].
Journal of the History of International Law, 2003, 5 (2): 403 – 422.

[18] CHRISTOPHER MAY, SUSAN K. SELL. Intellectual Property Rights – A
Critical History [M]. Boulder: lynne Rienner Publishiers, Inc. , 2006.

[19] BUGBEE, BRUCE W. Genesis of American Parent and Copyright Law
[M]. Washington: Public Affairs Press, 1967.

[20] EDWARD C. WALTERSCHEID. The Early Evolution of the United States Pa-
tent Law: Antecedents (Part 1) [J]. J. Pat. &. Trademark Off. Soc'y, 1994
(76): 697 – 710.

[21] GIULIO MANDICH. Venetian Patents (1450 – 1550) [J]. Journal of the

Patent Office Society, 1948, 30 (3): 166 – 224.

[22] STONE. Elizabetban Overseas Trade [J]. Econ. Hist. Rev. , 1949 (2).

[23] E. WYNDHAM HULME. The History of the Patent System under the Prerogative and at Common Law [J]. The Law Quarterly Review, 1896 (66).

[24] OREN BRACHA. The Commodification of Patents 1600 – 1836: How Patents Became Rights and Why We Should Care [J]. Loyal of Los Angles Law Review, 2004 (38): 177 – 244.

[25] BRUCE W. BUGBEE. The Genesis of American Patent and Copyright Law [M]. Washington: Public Affairs Press, 1967.

[26] L. GETZ. History of the Patentee's Obligations in Great Britain (part I) [J]. Journal of the Patent Office Society, January, 1964, 46 (1).

[27] CHRISTINE MACLEOD. Inventing the Industrial Revolution: The English Parent System, 1660 – 1800 [M]. Cambridge: Cambridge University Press, 1988.

[28] ADAM MOSSOF. Rethinking the Development of Patents: An Intellectual History, 1550 – 1800 [J]. Hastings Law Journal, 2006, 52 (6): 1255 – 1322.

[29] D. SEABORNE DAVIES. The Early History of the Patent Specification [J]. The Law Quarterly Review, 1934, 197 (50).

[30] G. ARMSTRONG. From the Fetishism of Commodities to the Regulated Marker: The Rise and Decline of Property [J]. Northwestern University Law Review, 1987, 82 (1): 79 – 108.

[31] STOKES D. E. Pasteur's Quadrant: Basic Science and Technological Innovation [M]. Washington: Brookings Institution Press, 1997.

[32] NORMAN, A. L. Information Society: an economic theory of discovery, invention, and innovation [M]. Norwell: Kluwer Academic Publishers, 1993.

[33] K T ARROW. The Economic Implications of Learning by Doing [J]. Review of Economic Studies, 1962 (29).

[34] ROBERT PATRICK MERGES. Patent Law and Policy [M]. 2nd Ed London: The Michie Company, 1997.

[35] ARTI KAUR RAI. Regulating Scientific Research: Intellectual Property Rights and the Norms of Science [J]. Northwestern University Law Review, 1999, 94 (1): 77 – 152.

[36] NATALIE M. DERZKO. In Search of a Compromised Solution to the Problem Arising from Patenting Biomedical Research Tools [J]. Santa Clara Computer & High – technology Law Journal, 2004, 20 (2): 347 – 410.

[37] ARTI K. RAI. Fostering Cumulative Innovation in the Bio – pharmaceutical Industry: The Role of Patents and Antitrust [J]. Berkeley Technology Law Journal, 2001, 16 (2).

[38] REBECCA S. EISENBERG. Analyze This: A Law and Economics Agenda for the Patent System [J]. Vanderbilt Law Review, 2000, 53 (6): 2081 – 2098.

[39] JOHN R. ALLISON & MARK A. LEMLEY. The Growing Complexity of the United States Patent System [J]. Social Science Electronic Publishing, 2002, 82 (1): 77 – 144.

[40] EDWIN MANSFI. Patents and Innovation: An Empirical Study [J]. Management Science, 1986, 32 (2): 173 – 181.

[41] ARTI K. RAI. Engaging Facts and Policy: A Multi – Institutional Approach to Patent System Reform [J]. Columbia Law Review, 2003, 103 (5): 1035 – 1135.

[42] MICHAEL A. Heller & Rebecca S. Eisenberg. Can Patents Deter Innovation? The Anti – commons in Biomedical Research [J]. Science, 1998, 280 (5364): 698 – 701.

[43] DAN L. BURK, MARK A. LEMLEY. Biotechnology's Uncertainty Principle [J]. Case Western Reserve Law Review, 2003 (50): 305 – 353.

[44] KATHERINE J. STRANDBURG. What Does the Public Get? Experimental Use and the Patent Bargain [J]. SSRN Electronic Tournal, 2004, 1 (1): 81 – 182.

[45] SIMON THORLEY. Terrell on the Law of Patents [M]. London: Sweet & Maxwell, 2006.

[46] F. SCOTT KIEFF. Cases and Materials: Principles of Patent Law [M]. 4th Ed. New York: Foundations Press, 2008.

[47] EDMUND W. KITCH. The Nature and Function of the Patent System [J]. Journal of Law and Economics, 1977, 20 (2): 265 – 290.

[48] MATTHEW FISHER. Fundamentals of Patent Law – Interpretation and Scope of Protection [M]. Oxford and Portland: Hart Publishing, 2007.

[49] PETER HEFFER, JEANNIE PATTERSON, ANDREW ROBERTSON. Principle of Contract [M]. Sydney: Lawbook Co. , 2002.

[50] WILLIAM HOLDSWORTH. A History of English Law (vol. VIII) [M]. London: Methuen & Co. and Sweet & Maxwell, 1937.

[51] MOUREEN COULTER. Property in Ideas: The Patent Question in Mid - Victorian Britain [M]. Philadelphia: The Thomas Jefferson University Press, 1991.

[52] ROBERT ANDREW MACFIE. The Patent Question Under Free Trade: A Solution of Difficulties by Abolishing the Inventions'Monopoly, and Instituting National Recompenses [M]. 2th Ed. London: W. Johnson, 1863.

[53] J. E. T. ROGERS. On the Rationale and Working of the Patent Laws [J]. Journal of the Statistical Society of London, 1863, 26 (2): 121 - 142.

[54] MARK F. GRADY, JAY I. ALEXANDER. Patent law and Rent Dissipation [J]. Virginia Law Review, 1992, 78 (1): 305 - 350.

[55] ROBERT PATRICK MERGES. Patent and Policy [M]. 2nd Ed. London: Michie Law Publishers, 1997.

[56] GUIDO GALABRESI & A. DOUGLAS MELAMED. Property Rules, Liability Rules, and Inalienability: One View of the Cathedral [J]. Harvard Law Review Association, 1972, 85 (6): 1089 - 1128.

[57] CAROL ROSE. The Comedy of the Commons: Custom, Commerce, and Inherently Public Property [J]. University of Chicago Law Review, 1986, 53 (3): 711 - 781.

[58] MARK A. LEMLEY. Place and Cyberspace [J]. California Law Review, 2003, 91 (2): 521 - 542.

[59] MICHAEL A. HELLER. The Tragedy of the Anti - commons: Property in the Transition from Marx to Markets [J]. Harvard Law Review Association, 1998, 111 (3): 621 - 688.

[60] MARK A. LEMLEY & PHILIP J. WEISER. Should Property or Liability Rules Govern Information? [J]. Texas Law Review, 2007, 85 (4): 783 - 841.

[61] DOUGLAS LICHTMAN. Property Rights in Emerging Platform Technologies [J]. Journal of Legal Stuady, 2000, 29 (2): 615 - 648.

[62] R. DAVID KRYDER, STANLEY P. KOWALSKI, ANATOLE F. KRATTIGER

. The Intellectual and Technical Property Components of Pro – Vitamin A Rice (Golden Riceta): A Preliminary Freedom – To – Operate Review [EB/OL]. http://core. ac. uk/download/pdf/13528644. pdf.

[63] PHILIPPE JACOBS, GEENTRUI VAN OVERWALLE. Gene Patents: A Different Approach [J]. Social Scienc Electronic Publishing.

[64] GUY TRITTON. Intellectual Property in Europe [M]. 3rd Ed. London: Sweet & Maxwell, 2008.

[65] BRETT G. ALTEN. Left to One's Devices: Congress Limits Patents on Medical Procedures [J]. Fordham Intell. Prop. Media & Ent. L. J. , 1997 (3): 837.

[66] KLAUS KORNWACHS. A Formal Thoery of Technology? [J]. Journal of the Society for Philosophy and Technology, 1998, 4 (1).

[67] BRAD. Utility in a Pharmaceutical Patent [J]. Food Drug & Cosmetics I. J, 1984, 39 (4): 480 –496.

[68] ROBERT MERGES. Interlectual Property in Higher Life Forms: the Patent System and Controversial Technologies [J]. Maryland Law Review, 1987, 47 (4): 1051 – 1075.

[69] STUART A. NEWMAN. The Human Chimera Patent Initiative [J]. Medical. Ethics, 2002, 9 (1): 4 –7.

[70] N. SCOTT PIERCE. In re Dane K. Fisher: An Exercise in Utility [J]. Journal. High Technology Law, 2010 (6).